半亩方塘一鉴开

理学视野下的东方园林散步

选编·注释　**云嘉燕**

审校　**张纵**

东南大学出版社

SOUTHEAST UNIVERSITY PRESS

·南京·

图书在版编目（CIP）数据

半亩方塘一鉴开：理学视野下的东方园林散步 / 云嘉燕选编、注释；张纵审校. -- 南京：东南大学出版社，2024.5

ISBN 978-7-5766-1079-6

Ⅰ. ①半… Ⅱ. ①云… ②张… Ⅲ. ①园林艺术－艺术美学－东方国家 Ⅳ. ①TU986.1

中国国家版本馆CIP数据核字（2023）第246912号

责任编辑：朱震霞　责任校对：张万莹　封面设计：顾晓阳　责任印制：周荣虎

江苏高校优势学科建设工程资助项目（PAPD）

书　　名：半亩方塘一鉴开：理学视野下的东方园林散步
　　　　　Banmu Fangtang Yijiankai : Lixue Shiye Xia De Dongfang Yuanlin Sanbu

选编·注释：云嘉燕
出版发行：东南大学出版社
出 版 人：白云飞
社　　址：南京四牌楼2号　邮编：210096　电话：025-83793330
网　　址：http://www.seupress.com
电子邮件：press@ seupress.com
经　　销：全国各地新华书店
印　　刷：苏州市古得堡数码印刷有限公司
开　　本：880 mm×1230 mm　1/32
印　　张：13.625
字　　数：380 千
版　　次：2024 年 5 月第 1 版
印　　次：2024 年 5 月第 1 次印刷
书　　号：ISBN 978-7-5766-1079-6
定　　价：65.00 元

本社图书若有印装质量问题，请直接与营销部调换。电话（传真）：025-83791830

献给在园林史研究领域前行着的同伴们

风吹炊烟
果园就在我的身旁静静叫喊
双手劳动
慰藉心灵

——海子《重建家园》

目 录

写在前面

积土成山，风雨兴焉；积水成渊，蛟龙生焉；积善成德，而神明自得，圣心备焉。故不积跬步，无以至千里；不积小流，无以成江海。骐骥一跃，不能十步；驽马十驾，功在不舍。锲而舍之，朽木不折；锲而不舍，金石可镂。

—— 荀子《劝学》

  韩国朝鲜时代（1392—1910）对应中国明清时期。明初朱元璋颁布《营缮令》禁止造园，韩国也受到影响镇压造园活动；明中叶起园林营造逐步恢复，韩国园林也陆续开始营建；至晚明中国园林迎来发展的鼎盛期，无论是造园形式还是审美趣味更趋于多元化，但在依旧处于严谨的儒家治国理念支配下的韩国，园林作为承载士人儒学情致的空间，呈现出朴素、古拙的风格形式。到了清代，中国皇家园林迎来全盛期，但在同一时期的韩国朝鲜时代末叶，作为儒学意蕴载体的造园风格依旧延续着，但也受到来自中国造园热潮的影响，韩国园林中开始出现仿制中国式样的景观要素，以及一些类似中国园林中较为多见的精巧设计与装饰。

  对应明清时期中国出现的《园冶》《长物志》《闲情偶寄》及多类园记，韩国也出现了多种园林书籍与相关记述文献。朝鲜时代前期的园林代表著作有《养花小录》，记载了有关园林植物的特性、培植法、园林中怪石的配置、盆栽种植法、催花法、养花的禁忌、摆放花盆的方法及植物管理法等内容。1614年出版的《芝峰类说》卉木篇中对梅花、牡丹、蔷薇、映山红、山茶、菖蒲、乌竹、松、银杏、合欢等植物进行了详细说明。《闲情录》治农篇中，分别论述了宅地、定居、树植、养鱼等5部分与造园相关的内容。朝鲜时代中期以后出现的《山林经济》中各分成卜居、摄生、治农、治圃、种树、养花、治膳等篇目，在养花篇中收录了松、竹、梅、菊、兰、莲、石榴、瑞香、紫薇、山茱萸、牡丹、芍药、芭蕉、石菖蒲等植物的特性和栽培方法。《林园经济志》园艺志篇中，记述了65种造景植物，在相宅志篇里的占基总论中分别说明了地理、水土、生利避忌、营治、开荒、种植、建置、井池、沟渠等造园内容。

较以上成书的园林文献而言，另有大量园记，散见于朝鲜时代保存至今的士大夫及文人所作文集中，但当前韩国学界并没有对这些园林文献做较为系统性的整理与编纂，追究其最主要的原因在于语言的断层。韩国朝鲜时代古典文献大多由汉字写成，也就是中国称之为的古代汉语，即古文，朝鲜王朝世宗（1397—1450）即位后，创造了属于韩国的本国文字，并编纂释读韩国语的《训民正音》，使得韩国语广为流传并沿用至今。也正因如此，当前在韩国学界能够识读朝鲜时代古典文献的研究者仅限于国语国文专业或史学等相关领域的学者，这也让韩国风景园林学领域学者，并未充分地将这些呈碎片化状态分布在众多朝鲜时代文人及士大夫文集中的园记进行整理选编。

本书在海量韩国朝鲜时代士人文集中选录了园林文化与艺术相关文献共340篇，其中"園"编37篇、"墅·山莊·別業"编6篇、"精舍·草堂"编16篇、"書院·學堂"编9篇、"寺·菴"编19篇、"室·廬"编10篇、"堂"编49篇、"齋·書屋"编18篇、"軒·閣"编35篇、"樓·臺"编28篇、"亭"编74篇、"花木"编18篇、"水石"编17篇、"園居"编4篇。本书以园林的类型及规模大小为序编排，内容围绕园林景观的布局、营造及其文化意蕴展开，大体勾勒出韩国朝鲜时代园林的基本营造形式、景观特征及其内涵，由此填补了我国对韩国朝鲜时代传统园林资料研究方面的空白。需要说明的是，为保持与原文献的一致性，本书中保留了原版本的繁体字。书中选录的每篇文献皆对作者、地名、生僻词、典故进行标注解释，以便读者阅读与理解。

本书的学术价值及意义体现在：①弥补我国当前对韩国传统园林研究中原始文献资料方面的不足，本书的出版可为东亚园林及中韩园林比较研究提供文献依据及学术参考，为中国学界园林历史研究提供新素材，拓展研究视角与维度；②韩国朝鲜时代对应中国明清时期，这个时期的中国园林文化也对韩国园林产生了一定影响，本书将所选文献的年限设定在朝鲜时代，以便于厘清明清时期中国园林文化在韩国的传播流变，以及韩国传统园林本身所具有的景观特征，进一步推进我国学界对东亚园林研究的深度与广度。中国学界对园林文献的编撰大多集中于中国园林，而本书基于国内对韩国传统园林研究资料不足的现状，以韩国园林文献为主要内容进行整理，以更全面、更详尽、更系统性的视角来梳理韩国朝鲜时代园林文献，为建筑学专业、风景园林学专业中园林历史与理论研究方向、园林遗产保护研究方向、东亚园林文化研究方向的本科生、研究生、科研人员、高等院校教师，以及相关园林爱好者提供参考。

本书所录文献为编者多年阅读积累整理而成，不求一次性网罗韩国所有朝代、所有园林相关文献，意在所编纂的韩国园林文献能与中国园林研究形成一定的对照，读者在阅读文献时不止习得韩国园林的相关知识，也能与同时代的中国园林相互对应解读，从而进一步深入理解中国园林的发展脉络和影响圈。本书作为把韩国园林文献引入中国园林历史研究学界的一个开端，其中肯定会遗漏一些园记，将在今后陆续整理挖掘出新文献后再行增订，以补全本版的不足。编者将不断完善对韩国朝鲜时代园林史料的搜集工作，也希望本书的出版能唤来志同道合的学者同伴加入这一行列，为扩充我国园林历史研究尽一份绵薄之力。

最后，特别感谢东南大学出版社的编辑老师们，他们在校对和审核本书的过程中表现出极高的专业水平和责任感，由此这本书才得以顺利出版。也很感谢金荷仙老师一直关注本书的出版状况，这使我也不敢松懈，一遍遍仔细核对书中每一篇内容，希望能把完整的文献呈现给读者们。感谢周向频先生，在本书审核的最后阶段给以我十分中肯的建议。谢谢我学生时代同寝室的珠瑛姐姐，领着我一起去校园内的奎章阁做志愿者，使我第一次接触到了韩国朝鲜时代的古籍，于是便开始一点一点阅读与收集，才有了今天这本书的出版。

云嘉燕
2023 年 12 月
于同济大学明成楼

【園】编

十靑園記

許　穆[1]

　　吾衰懶，不治人事，於蒔花灌園，有獨好也。然竊嘆其榮枯隨變，快然不樂，多植柯葉長靑者，若檜，柏，檀，榧，老松，蔓松，篁竹，杜沖。吾平生好山澤之遊，今老矣，徒懷想渺然。園中積石，爲奇峯秀嶺，間植石草之毿毿[2]者，冬夏長靑，石色雨過益蒼然，得此爲園中佳玩，爲十長靑，名吾園曰十靑園。吾老無事，常讀書，倦則吟哦自暢，或拽杖逍遙，適雨新晴，林影蒼蒼。每歲寒雪霜交墜，萬木凋枯，獨吾園深翠可愛。

　　十靑佳樹，皆取冬靑多壽木。松，形如偃蓋，其葉食之，令人不飢長年；其液入地千年，爲茯苓，史記曰"松爲百木之長"，其上綠苔曰艾納香，又曰狼苔。柏，樹西向，得金之正氣，其性堅，有脂香烈，禹貢，荆州貢柏、柏茶，止血滋陰。檜，說文亦曰圓柏，東海作舟，唐時，檜有一枝再生，宋興，亦有此異，壽木。五葉松，葉五出，松類，實大，服之功力倍之，多生深山，海上謂之海松。萬年松，多生海上，謂之藤香，香氣淸冽，葉條無刺者佳，性惡人煙氣，山僧燒之，以事佛。竹，竹譜曰不剛不柔，非草非木，或生巖陸，或茂沙水，條暢敷，芬篁竹曰淡竹，又曰甘竹，竹實曰練實。紫竹，曰苦竹，又曰篔竹，尤堅勁，可爲笛，其實通神明。榧，生南海上者佳，曰玉榧，又曰玉山果，亦曰赤果，說文曰文木也，其木甘，其葉冬靑，山榧一也，山榧，叢生不高。

1　许穆（1595—1682）为朝鲜后期文臣士大夫，十青园是其在临近汉阳都城（首尔）的故乡京畿道涟川郡石鹿地区所建园林。

2　形容植物枝条等细长的样子。

卷柏，生石上，本草曰治五臟邪，益精。冬靑，麥門冬，本草曰安心神，調中止嘔。怪石，禹貢，靑州貢怪石，說文曰石山石也，廣韻曰山體爲石，增韻曰山骨也，石千年長一尺。

（录自《記言》卷之十四中篇田園居）

逍遙園記

丁若鏞[1]

《詩》云二矛重喬，河上乎逍遙。逍遙者，無適無莫，聊以自遣之意也。李君景祉[2]，少游京師，旣而時不利，退而耕乎春州之野，旣又學書無所成，習騎射無所遇。於是治小園，蒔花接樹，歡詠其中，名之曰逍遙之園。不知者以爲逍遙之名自園始，以余觀之，方景祉之歸也，紀律已解，選擧不公，士志以衰，武力不競，如淸人之師老於河上。然則景祉之所謂耕，聊以逍遙乎耕也；其所謂書，聊以逍遙乎書也；其所謂騎射，聊以逍遙乎騎射也。逍遙之名，不自園始。凡游逍遙之園者，以是而求其意，庶乎其得之矣。是爲記。

（录自《丁若鏞文集》卷十三記）

1　丁若鏞（1762—1836）为朝鲜后期文臣兼学者，官拜兵曹参知、副护军、刑曹参议，为著名儒学家、实学家。
2　李景祉，景祉为其字，名为李容肃（1818—卒年未详），朝鲜后期文臣，任翻译官、外交官。

停琴園記

申景濬[1]

停琴山在伊水上，山下卽我里也。琴之可樂者，在於鼓之時。而古之名是山者，特取乎停何居。今夫琴之鼓也，大者爲宮，細者爲羽。操絃驟作，忽然變之，急者悽然以促，緩者舒然以和，如崩崖裂石，高山出泉而風雨夜至也，如怨夫寡媍之歎息，雌雄雍雍之相鳴也，其憂深思遠則舜與文王孔子之遺音也，悲愁感憤則伯奇孤子屈原忠臣之所歎也。喜怒哀樂，動人必深，而純古淡泊，與夫堯舜三代之言語，孔子之文章，易之憂患，詩之怨刺，無以異。其能聽之以耳，應之以手，取其和者，道其湮欝[2]，寫其幽思，則感人之際，亦有至者焉。及其曲終絃停，匣琴而藏之，正襟危坐，目無瞬心無思，寂然對水上之數峯而已。是時也，卽子思子所謂未發之中也，散而爲萬事者，卒歸於無聲無臭者耶。

（录自《旅菴遺稿》卷之四記）

松石園記

朴允默[3]

松石園在玉洞北，有松葱欝蟠結，緣崖環列，其深若不可測。而又有石屹然壁立，其高幾丈許，使人望之，尤可愛也。千翁君善氏廬於其間，自號曰松石。岸幘而撫松，解衣而枕石。日與文人才子，吟哦婆娑，若將終老，是可謂好之之篤也。凡園

---

1 申景濬（1712—1781），朝鲜后期文臣，著名实学家。
2 欝欝无闻，郁郁不得志；心情抑郁不畅。
3 朴允默（1771—1849），朝鲜后期文臣。

中可悦之物，如桃之夭也，杏之艶也，蘭之芳馨也，菊之幽淡也，非不美且繁也，此特一時而止焉。至於松也石也，則貫四時而長青，閲千歲而不泐[1]。落落而凌雲，巖巖而出類，側耳其韵可聽，擧目其容可掬，以之發其志趣，勵其節操，無往非有觸而有助焉，則此豈可與一時之草木同日而語哉。翁今老白首，其姿如松，其骨如石，其貞心苦節。在於松石之間，雖老而益壯，雖貧而益勵，其於簞瓢之屢空，亦處之晏如也。山之北，無問賢與不肖，稱以松石則可知以爲翁，翁亦盛矣哉。園久是堆沙荒草虫蛇之所寄伏，鼬狸之所出沒，而自翁之居之也，松如益高，石如益奇，似有待乎今日，而溪朋社友相與接踵於門，日不暇焉，亦豈非翁之故也歟。翁以保晚之契，非但託物而寓興，以自怡其性情而已，又好與朋儕共之，余於是乎樂爲之書。

（录自《存齋集》卷之二十三記）

附：又惠泉記[2]

松石園，有泉滃然，自巖底出，成小泓，深可爲一尺，廣不過數武[3]。其冷如氷[4]，其清如玉，其味如醍醐也。一日蓬萊先生飮而甘之，曰此異泉也。昔劉伯蒭論天下水品，以惠泉爲第二，若使伯蒭在，亦當並列於二十種之中矣。遂名之曰又惠泉，盖追惠泉之意也，仍特書三字於石壁上以識之，其於園永有光焉。若非先生，其孰能錫以嘉名，發之潛光，俾作千古不朽之傳耶。余甞聞之，正直上出曰檻泉，從上溜下曰下泉，湧出曰濆泉，今園之泉，亦可以謂濆泉也歟。泉者山之精氣之所發也，

1　石头依纹理裂开之意。
2　记松石园内又惠泉。
3　六尺为步，半步为武。
4　即“冰”。

仁山爲國都之精靈，玉溪爲仁山之特異焉，則其泄之爲名泉固宜也。然過者不問其地，飮者不解其味，徒然棄置於空園寂寞之濱。茂草擁翳，崩沙塡塞，貯精液而若無，抱清德而莫售者，未知爲幾百年矣。一自松翁之居之也，翳者蔮之塞者後之，疊石以防之，鑿道而疏之。於是乎是泉也清而益清，甘而益甘，而饘粥之所煎，茶湯之所烹，盥漱之所用，浣濯之所資，以至於花卉菜蔬之所灌漑，皆翁之取之，而未嘗有竭者也。旣托主人清源而利用，又遇知者闡幽而著名，此皆千載之奇遇，而顯晦亦各有時歟。余亦樂道其事，爲之記以備玉溪故事。

（录自《存齋集》卷之二十三記）

擬作梅岡園記

安錫儆[1]

梅岡之園，蓋近西湖韓將軍良臣之別業也。將軍百戰驚天下，將滅仇讎[2]還車駕，比因斥和議忤權相，得罷而休於家，園於是乎作。將軍間抵書，令余記之。余顧老於荒遠，所謂西湖者，僅得一寄目焉。佳冶澹蕩，尚記其槩[3]，而餘不可記矣。今園之於湖，果在何偏，而有何可翫[4]之卉木，有何可玩之魚鳥。槩聞將軍謝客不言兵，時跨驢挈酒，從一二童奴，縱遊於湖上。而遊息於園中，想必有可玩而爲樂者也。然大丈夫磊落抗慨，自當有物事，若烟波花鳥，則兒女子之好也。將軍奚樂於此，嗚乎此何時也。國有終天之痛，國有終天之恥，嗚乎此何時也。血完顏[5]

1　安錫儆（1717—1774）为朝鲜后期文人，出版有《雪桥漫录》留存于世。

2　同"讎"，仇恨、仇怨之意。

3　同"概"，此处为大概、大致之意。

4　同"玩"。

5　完顏宗弼（生年未详—1148），女真名斡啜，又作兀术、斡出、晃斡出，女真族，太祖完顏阿骨打第四子，金朝名将、开国功臣。

光舊土，奉梓宮於六陵，回北轅於華河。嗚乎，此乃將軍之志也。志之不遂矣，雖則物有可翫，而將軍肎[1]以爲樂也哉。嗚呼有志矣，顧有噤之，顧有抑之，其爲无奈何如此。則握冰握火日運甓，畫地爲軍陳。使或有古人之事者，顧不亦今人之所諱耶，乃不免事於是園而托謂之樂也。夫既於斯而有事矣，夫既於斯而謂樂矣，漫浪之遊，非無臺榭矣。曠散之居，非無烟月矣，鳴鳥而春矣，水花而秋矣。恐將軍之壯心日隤，將軍之烈氣日解，以慷慨魁壘之婆，侵漸於澹蕩明媚之觀，化之以歲月之久，吾未知將軍之誠樂於兒女子之樂也。嗚呼，方將軍擒字撻跳兀尤[2]，縱橫於江淮之上，駤弓鐵馬何其壯也，其能皷天下之氣也，不謂園圃之頹棄，水竹之流連，今乃以是而爲樂也。嗚乎惜哉，時之使然也。雖然，天人有心，祖宗有靈，而幺人之恒於今顛亂時議，必無是理也，夫豈使將軍於是而畢身耶。嗚呼，終天之痛，不可以不復也，終天之恥，不可以不灑也。願將軍念之，將軍勉之，一皷九江之外，再皷長河之北，三皷而屠黃龍之府，尙必有日矣。將軍顧自惜，勿使雄心壯氣，遽荒於是園之樂也。紹興十三年月日，岣嶁老樵記。

（录自《雪橋集》卷三記））

坦園記

姜至德[3]

坦園者何，坦齋之園也。何云乎坦園，園舊稱徐園，以園主徐姓也，又曰西園，於漢師屬西也，今也坦齋夫子居之，

---

1 同"肯"。
2 即完顏宗弼。
3 姜至德（1772—1832)为朝鲜后期女性文人，坦園主人尹光演之妻。

曷不坦園云乎。鄭公之鄉，高陽之里，蘇之堤[1]，歐之亭[2]，隨其人而名焉。園稱坦園，不其宜乎，坦之號孰與之，剛齋宋先生與之，坦之義何居焉，君子坦蕩蕩爾。嘗試觀乎坦園，則其土确，其樹樛，其屋隘，有隆然高者，俯仰臺，中和壇也，有崒然峙者，起墩，文阜也，薰珮逕幽而曲，小崑溪側而折，園不可謂坦矣。然而主人以坦坦心，行坦坦道，荒谿窮谷不爲嶮，圭竇蓽戶不爲阨，方將戒珍。駕馭直轡，平驅乎仁義之域。其視确者樛者隘者，隆然而崒然者，或幽而或側者，無往而非坦塗也。壘石可以爲山，引泉可以爲池，栽花接果，種菜鋤藥，可以爲閑中經濟。琴酒圖書之間，日與山朋野客，逍遙自適，皆可以傲公卿輕爵祿。是則坦園主人之眞樂也，彼乘肥衣輕，躝康莊而遨嬉者，一遇風波，顚躓不振，豈若棲遲一園之中而不失坦坦之地哉。《易》曰，履道坦坦，又曰，賁于邱園，坦園主人以之。

（录自《靜一堂遺稿》記）

黃園記

李民宬[3]

蓬萊縣之城東，有花園可賞。一沙彌導台軒，白沙。泊[4]余尾至，有屋矮陋，如入區脫[5]，惟屋後有園僅數畝，花卉怪石，駢羅錯置。海榴，月季，叢蘭，細柳之屬，灼鑠點綴於綠縟紛葩之間，其餘細瑣不知名者頗多。盆池有小魚十餘，鱗鬐皆赤，如經點砂，

1　苏堤。
2　欧阳修的醉翁亭。
3　李民宬（1570—1629），朝鲜时代文臣。
4　到、之意。
5　指汉时与匈奴连界的边塞所立土堡哨所。

問其主則黃姓長吾其名也。神短氣昏而跛一足，問奚事焉則曰，晨而早起，視園內之莘莘茸茸者[1]，鋤以薙之，以遂我植，又暮而視之如初，無使茸茸莘莘者害我植焉。暇日則汲井澆花，撘撘然[2]若將不及，不則萎焉不敷榮也。故行年六十，而唯種養是事，又奚事焉。然視其人，知其紅紫之爲花，綠縟之爲葉，而於賞趣昧昧焉。噫，微是無以窮吾子，而子之窮宜矣。惟我四海九州之人，隨緣而至，把杯賞花，滿意而歸，既不費力，又不吝情。子之爲此，殆爲吾輩設也。意造物者，以是窮吾子，而子之窮，有以夫，台諭曰然，於是乎書。

（録自《敬亭先生集》卷之十三記）

石竹園記

丁範祖[3]

余友姜聖初，少以詩賦擅，陞[4]庠聲[5]，中進士，思用賢良進，而坐畸數見絀。困不得志，蔭補寢郎，遭憂遞，遂絕意進取。築室陰竹之長圓野，課農桑，訓子孫，樂而忘憂。余不見聖初十餘年，嘗邂近中原之月灘亭，瞳神不耗，韶顏如童，蕭然山澤狀也。睨余謂曰，子誠能文章，馳響當世，然吾讀吾書，著吾文，不求人知。弗子畏也，子登金門，上玉堂，甚清顯，然吾衣褐以當冕紱，服穭以代祿食。弗子艷也，其言固戲然，知聖初能有以自守，不外誘者也。園種石竹，自號石竹園居士，

---

1 茂盛的杂草。
2 用力貌。
3 丁範祖（1723—1801），朝鲜后期文臣。
4 升入。
5 庠，音 xiáng，学校。聲同"生"，生員、学生。庠生，秀才之意，明清时期叫州县生員为"庠生"，秀才向官府呈文自称"庠生"。

求余爲記。夫石竹，小草花也。居小而自足，知聖初能齊小大。一得喪，超乎物之外者也，抑石取其堅，竹取其貞，知能窮益堅者也，幽人貞者也。

（录自《海左先生文集》卷之二十三記）

百花園記甲戌八月

趙冕鎬[1]

　　士君子以園屋用心者末也，進身於國，以國事用心，此之謂知本。申聖言解[2]光山[3]綬[4]，始營嘉會[5]東園。園固好矣，失屢主人修治，聖言曰陶靖節[6]庭柯籬菊，必歸去來以後事，乃種花木數十本，名之曰百花園。園有一間茅亭，翼然改新，朴瓛齋[7]相公扁有心亭者是耳。以亭之冪松柏而寓其意者乎，然區而別之，松柏者本而草木之花者末歟。聖言日邀同志于園亭，余亦亟往焉。北眺三角山，龍飛鳳舞，縹緲爲面嶽之勢，聳然可喜。東折南下，鷹峰白麓蟠胚止于園，驪然可親。東墙有限，象緯天闕，紫籞禁林，截然其不可梯也。從面嶽分右枝，巃嵷戀態，仁王千尋，屹于其西，又爽然可愛，隱隱居沒，弼雲白虎之岡，峯崒週遭。南馳陡然特立而可恃者，引慶之山，越瞻顧瞻城內外，培塿盤薄者，歷歷然可拾而取之。樓閣閭井，葱籠紛綸於是，繡明畫活，不待花已十分好矣。聖言必欲以百花名何也，今園之種，纔數

1　趙冕鎬（1803—1887），韩国朝鲜时代末期的著名词人，留下了40调63首词，是作品数量和词调使用上均为最多的词人。

2　卸任。

3　地名，光山县。

4　指古代系印纽的丝绳，亦指官印，此处代指官职。

5　位于首尔的嘉会洞。

6　东晋陶渊明。

7　朴瓛齋（1807—1877），朝鲜时期文臣。

十本，欲乘而計之歟，隣園種之入矚，不特數百，欲合而除之歟。今既始種者數十本，欲明年又種幾十本，又明年又種幾十本，必準其百而實之歟。吾知其皆非也，今握瑾懷瑜，文采燁郁者聖言也；治絲製錦，聲績彪茂者聖言也；欲久作園裏閒漢，其可得乎。聖言匪久又將出，瓊琚玉珮，大振餘蘊，金章紫綬，大展餘步。以種花之心，移之于汲引人士，寧謐烝庶，使各敷榮發輝。若花之蓓蕾爛漫，此豈非用心國事者乎。吾知聖言用心，在本不在末。而園之寓名於末者，必本於亭之名而名者也。

（录自《玉垂先生集》卷之三十記）

樛園記

許　傳[1]

上洛之曲木里，侍讀學士趙君景羲桑梓之鄉也。夫木之枝，曲而下垂曰樛，國風之樛木[2]，美君子之德逮下[3]也，學士取其義名其居曰樛園，善乎逮下之義也。《書》曰爲上爲德，爲下爲民；大學曰明明德於天下，德修于身而惠及于下，致君澤民者之所能也，學士之志，其在斯歟。今之時好德者尠矣，惟嶺南有古君子遺風焉。學士自少時從余求入德之門，既出而仕，猶拳拳乎爲己之學，源源而來，問業論道，余亦老而忘倦。已而見吾道日孤，士風日壞，浩然有歸志曰樛園之土可以畊，樛園之木可以庇，樛園之室可以讀，因拜辭而去。余無以贐行，乃書此爲樛園記。

（录自《性齋先生文集》卷之十五記）

1　許傳（1797—1886），朝鲜后期文臣。樛园为趙龍九的园林。

2　《诗经·周南·樛木》。

3　恩惠及于下人。

百榴園記

許　傳

　　植物之中，最爲人所貴，花之美者也。然古今不同，名實有異，芍藥牧丹，肇於神農之經，其根用之爲醫藥而已。花之名則盛於唐，梅雖詠於詩著於書，以實不以華。至於南北詩人輩之好風流者，花之名章章乎世矣。若夫鞠之華，正色之黃，表出於月令，而散芳於楚騷。陶淵明以其霜下之傑，爲花之隱逸焉。蓮之濯清而淨植則濂溪周子爲其有君子之象，愛之重之，獨異於衆芳。物之遭遇，亦各有所待而然歟。道州雲門之南仙巖之北，朴氏世居也，其間有曰百榴園者，上舍生在馨手種百榴於園中，因以名之。榴亦可謂有遭遇矣。夫榴本安石國之產，而張博望致之上苑者也，故曰石榴。其物稟正陽之精，朱明之色，花似紅綃巾，實如紫錦囊。萬木青葱之時，丹萼韡韡，千林黃落之日，赤顆離離。發於外而文章煥爛，積於中而珠璣璀璨，名實相副，文質彬彬，宜其爲君子之所愛也。余嘗至檜淵見百梅園，乃寒岡鄭先生遺芬賸馥也。百榴園，聞先生之風者云爾。

（录自《性齋先生文集》卷之十五記）

何去園記

權以鎮[1]

　　先墓直西三百餘武，有屋十楹，盖以風雨便祭祀也。顔曰有懷，取類義于錢牧齋明發堂之意也。堂之東有池，受自東注之溪爲澤，號以納汙，盖兼受庭廡諸水，則取川澤納汙之意也。

1　权以镇（1668—1734），朝鲜时期文臣。

池之東山高數十仞，楓躅杜鵑被之，太半手植也。割山腰爲臺以臨池，其上一松下竦而上張，以青松傍紅桃嫣然，躑躅特茂，皆不舉，名臺[1]曰孤秀，貴松之節也。臺側巖石陂陀以降，至渠以石爲礿，越礿二老柿高低以垂，各築土，名以五德壘，以柿有五德也。池之西岸，有竹五六十本，清韻爽然。竹之西三柳裊裊然，循柳下東上，有遷十餘尺，號竹遷。堂欄壓其西，東則池岸竹也，挾而上到堂之後庭，石榴倭躑躅，各高一二丈，方其花爛然。其路庭欲盡，踏石階從柿陰下東上，桃花樹六七在左右，號以桃徑。徑之東溪水汨汨走其下，徑之西十餘武，有竹數十百株，望之森然。徑窮而躡[2]石梯八九級以上，有庭方數十武，細石鋪之。其東則深十餘尺有澤存焉，長而清淺，從高視若深焉。水秩秩從石罅以墮，雨而水大以急，五六尺瀑也，名以修眉，取洪景盧如修眉橫遠可翫不可狎之語也。庭之西二巨石連首，可坐人十餘。大梅樹蔭其上，枝幹盤屈偃曲，廣輪三四步，古人以梅之盤屈者爲龍，殆梅龍也，號以繞千壘，取朱夫子詠梅遶樹千匝之詩也。庭中琢石爲盆，廣三尺，長如之，種蓮其中，花葉郁然，其香可掬，取太華玉井藕十丈之義，呼以丈藕潭，四桂山棠石榴花繞其傍。踞其庭之東者，草堂二間，名軒曰收漫，名室曰寄窮。以范石湖松楸永寄孤窮淚，泉石終收漫浪身之句也。收漫軒之東，皆以廣方數尺者砌焉，砌之下有水，砉[3]然其聲，瀠然其深，洞然其色，皆鑿石爲底，四方壁立皆巖也，故水從上落者垂紳數尺，落而噴珠者亦尺。鏟[4]其南之石爲溪，以出其流，名以活水潭，取朱子爲有源頭活水來之句也。桃一樹出堂砌南，偃以覆水，花開紅碧相盪，落泛水流爲之紅，畜大小魚數十尾，

1　同“臺”，高台。
2　踏之意。
3　音huā，形容迅速动作的声音。
4　同“铲”。

其浮似喜人，其潛若畏人，羣行而駢首者若相愛，其先若相爭，其後若相讓，頃刻之間，其態萬變，令人有濠濮間想。其東頭空洞然，自軒至巖，盖深壑也，有石顒然其長，長丈而有尺，橋其上以濟之，名曰長橋。濟此則曠然十數步皆廣巖也，皆側立而不太急，巖腹之近東，鑿石爲渠，僅如大線，而注之活水。其源則南舉四五武，掘石爲井如鼎之大，井之東鑿石，容疊數指大爲渠，以導出山之水，以注之井而達於線渠，名其井曰蒙井，易曰山下出泉蒙。井之北大抵皆巖孕水也，溪之伏者，皆滲於石以出。井之南岸，巖崿然以高，廣四五尺，長亦五六尺而斷，此巖之最高處，朝可朝日，夕可夕日，名拜景臺。其底谾谾然[1]以空，則有窟焉，高尺餘，廣四五尺，窟底亦巖也。拜景之南，石稍低而剷为蹇崿，屈折以降，廣處可坐，狹處可側足，而其端若雕，其近東即稍平者可坐，稍下而尤平則可臥，兩間稍高者若拳，可枕而臥，取杜子雲臥衣裳冷之句，名以雲臥。西降數武，平長而廣，可坐七八人，以臨活水而其趾活水之流所由以下也。潭之西以廣石爲橋，以濟自庭而至巖者，且以防潭水之漏者，名廣橋。廣橋之所枕亦巨巖，其下窪然[2]以深，潭水之鑱石以出者，屈折石罅[3]以注於窪然者，以方石爲橋，以補窪然之深者，名方橋，其水西折穿石隙以注於修眉。方橋之南，六巖側立以白，望之削如也，即之有隙，可立可倚，亦有可坐數人者，嶐[4]然贔屭[5]以臨修眉，而巖之事窮矣。然一巖而異狀，非有他石也，匝[6]巖之東南而爲假山以圍之，皆取澗石之恠[7]者爲之。近北而始爲

1　形容洞壑空而深之意。谾，音 hōng，空深貌。
2　凹陷貌。
3　石縫。
4　同“隆”，高。
5　堅固。
6　环绕。
7　同“怪”。

峯者，嵯峨而齟齬[1]，名以何妨，取汪襘投簪自信爲眞隱，買石何妨作假山之句，山之所始，故以是名焉。其次二峯，瀑水出焉，引溪而入筒以高之，出於假山之腰，俯而流於石罅，噴珠躍玉，飛空而下，其下也若哽若咽，若嗔若叱，潝然而落，決決而流，入於蒙井。其流有文，其入有聲，爲竹筒以激之，欲以大其聲也，名其峯曰和烟，取魯三江急瀑和烟瀉之詩。稍南而疊三峯，有上圓而下峭者，有下舒而上尖者。又其一則雙石並屹然[2]，而其狀若嗔若笑，若有人端拱而俯視者，取杜子三峯意出羣之句，名以出羣。三峯之間，開坼有洞者亦三，名以神劌，取韓子有洞若神劌之句也。稍南而亦有三峯壁立以俯深壑，白巖爲之趾，參差相拱，取錢希聖巉崒虬龍聚之句，名以聚虬。直南而一峯則衙衙靡迤，亦有穴可窺，取范石湖險穴覷杳杳之詩，名以覷杳。最南而將止者，盤磚厚重，不尖不削，而於諸峯最大以厚，取范石湖爨若氣融結之詩，名以氣融。凡得峯十有二，其所以爲名者，皆取古人假山之詩，不欲混於眞也。諸峯皆植丹楓杜鵑松栢黃楊香木，山之外眞山穹窿可十丈，皆被以丹楓杜鵑躑躅盤松丹奈之屬，每春深秋晚，紅綠滿眼。軒之後有泉出巖底焉，石以圍之，渟然其水，爲筒以達於活水泉之上。盖花階也，植菊與芍藥牡丹爲二級，而丹楓樹大如牛，秋深則赤光方十尺，大梅樹在階之中，枝幹扶踈；其東則碧梧數尋，交軒之簷，與軒南之瑞柳高十丈者相對，梧受月而柳引風，邵子所謂梧桐月照，楊柳風吹者也。階之北有竹數十竿，與梧影柳風相參差拂竹。而東有墙以衛園，門於墙以達于先墓，園之事竆矣。凡爲水者四而細渠不與，爲橋者三而小杓不與，爲壹者五而庭之可坐者不擧。竹所三而墙下之叢竹，亦不暇書，而三桃樹在修眉之北岸，薔薇無窮百日紅李杏花繞逺千之傍，四時之景，所以不可盡也。

---

1 参差不齐。
2 高耸貌。

捻¹而名之曰何去園者何也，古者士去國，止之於境上曰奈何去墳墓也，此先墓之所在，何以去此而去也，泉石非所論也，欲以娛不去者耳。歲丁亥²，始卜此地，癸巳³歸自鷄林，鑿⁴納污池，種楓躅，中間宦遊多不歸，歸輒種一樹置一石，乙巳⁵納嶺節以歸，大爲之修鑿，到今丁未⁶，方有此景色。此後又不知如何，而地亦窘矣，不能大有加也。

（录自《有懷堂先生集》卷之七記）

寄園記

丁若鏞

　　南皋尹彝敍⁷既⁸釋褐⁹十有餘年，一秉之祿，未或偶及，時客游京師棲棲然。人有憐其寄而靡所止者，或勸其挈家而北，如其言，既而無以爲家，寄其從祖弟无咎之舍。適李君是釪¹⁰，賃小屋，居其鄰，得妻貲，徙而之他，以其屋與之。彝敍遂寄于是，而屋後有杏園一區，茲所謂寄園也。始彝敍之客遊也，其寄者，猶然一身，且唯一處。今挈家而至，卽其身與其老母與妻子，咸與爲寄，而又屢易其處，其爲寄不已甚乎？雖然，彝敍之以寄自命者，豈以是哉？使彝敍得授中國之室，以自養於崇構廣

1　同"总"。
2　1707 年。
3　1713 年。
4　同"凿"。
5　1726 年。
6　1727 年。
7　南皋尹彝敍，彝敍为其字，名为尹奎範，号南皋，朝鲜晚期文臣。
8　已经。
9　任官职。釋褐：旧制新晋进士必在太学行释褐礼，脱去布衣而换穿官服，后用来比喻做官或进士的及第授官。
10　李是釪，儒生，曾参加 1789 年科举考试。

厦之上，獨不得以寄自命也乎？今夫天下之人，無非寄也。衆人蚩蚩，安居而樂生，譬如桃源之人，生長嫁娶，不知其先爲避秦而來也。惟達者知世之不足以自安而生之有涯也。其視萬物，如石火泡漚，隨起隨滅，曾不可以回戀，而後能蹤脫軒冕，瓦擲金銀，蜿蜿乎與世推移，而不與物沈溺也。夫然後機辟布地而莫之陷，網羅彌天而莫之攖，出世入世，莫知其端倪，此寄之由乎我者也。至若修身潔行，足以砥礪鈍俗，高文麗藻，足以黼黻大猷[1]，而刺史不以聞，有司不以薦，欿嵜歷落，不能一致身於游從之末，羈旅漂瀟，如風葉荷珠，倏轉倏瀉，而莫肯相留，此寄之由乎人者也。我不敢知，彝敘之寄，由乎我邪，抑由乎人邪？由乎我，寄也。由乎人，亦寄也。我之自寄與人之寄我者，無適而非寄也。茲所謂自命其園者邪？

（录自《定本與猶堂全書》卷十四記）

春木園記壬辰

金允植[2]

吾所寓之地多椿木，椿之字與杶櫄同，木之良材者也。《夏書·荆州之貢》曰，杶、榦、栝、柏，又琴材也。《左傳》，孟莊子斬其櫄，以爲公琴，又壽木也。《莊子·逍遙遊》，上古有大椿，以八千歲爲春，八千歲爲秋是也。按《書註》，杶木似樗漆。《唐本草》，樗椿二樹，形相似，樗木疎椿木實。蘇頌《圖經》，椿葉香可啖，樗氣臭，北人呼爲山椿。是木也堅剛中器，入土不腐，直上數百尺，高拂雲霄。每歲寒葉脫，望之矗矗然如僧舍之旛竿，故東人呼爲眞僧木。樗似椿而非，故呼爲假僧木。考其形質色臭，

1　黼黻，音 fǔ fú，华美花纹；大猷：大道，治国之礼法。
2　金允植（1835—1922），朝鲜时代末叶文臣兼学者。

是木之爲椿無疑矣。

吾舍後有小阜，高可俯屋，長厪百弓許。每於巡圃之餘，曳杖散步於其上。翳然林木，顧眄可怡。夫人之盛衰，不過百年，而是木之壽，未可量也。曾聞此村舊爲金姓人所占，今其後孫零落、流散，獨是木亭亭不改於其舊，爲一村之望。蓋人生斯世，無可傳之名。而與雲烟同滅，則反不如樹木之能壽矣。古者爲民立社，必以其土地所宜之木名之者，豈非以此歟？於是名其阜曰春木園，春木者椿也，名其庄曰琴庄，蓋爲椿材宜琴故也。雖然吾聞山木以不材壽，今是木則材而能壽，豈古今之異宜耶？則其所處得其地而爲人所愛惜故也。

昌黎[1]詩云，適時各得所，松柏不必貴，如是木者可謂適時而得所矣。然吾惜夫時人知愛之而不知其名，聊以名吾園以記之。

（录自《雲養集》卷十記）

可園記 戊午

金澤榮[2]

可園者，南通白蒲[3]錢君浩哉之居也。錢爲吳越武肅王之裔，在前明時，子孫甚盛，富厚如之。白蒲南北南通如皋兩界環十里之村，皆呼爲錢家園。近則少衰，然尙往往有戴瓦之家出沒隱映于平野烟樹之中，而君之家居其一。近病其隘，就其南以爲此園，而其曰可者，僅僅之詞也。然屋尙能瓦而不茅也，寢之外，客堂爲三楹，堂之前，盆列花卉，堂之背，爲密籬以養鷄鵝鴨。運河之被浚爲支流于兩界之間者，無慮數十港，而有

---

1 韩昌黎，韩愈。
2 金泽荣（1850—1927），朝鲜后期文臣。
3 白蒲镇，位于今江苏省南通市如皋市。

一港正當門前，種荷其中而夾以嘉樹。出門乘舟則一村無不可至，而且可以達於海。君少勔經史，既長傍習新學學成，被選監本縣商校之務，去年自校訪余，請爲詩以頌其大人九皐翁之七十，且述園之勝。至今年五月，竟延余同舟而至，至則導以周覽，既而歎曰，吾爲此園而居之，實無幾日，爲世務故也。余聞而私語曰，夫是園也何足以狹君哉，君以文則足以應世，以才則周於理事，以節則有所不爲，以量則有所能包。且又以余之所親閱者言之，余卽一故韓之亡虜[1]，而不可與中國士大夫並肩而立也明矣。而君待之如親戚，間嘗聞余求生壙地，爲之言曰，可園北不腆之田，請以爲贈。余以家人憚遠未之應，而君之惻怛慷慨之心則曠然如此，此乃天下之士也，而豈一園之士哉。珠玉產於山澤而售於通都大邑之市，非珠玉之自厭山澤也。乃爲都邑之市者，不肯使之錮於幽隱爾。以此觀之，君雖欲長居此園，而天下其舍諸，遂以書之園壁。

（录自《韶濩堂文集定本》卷五記）

半峴園記戊午

金澤榮

余識如皐鄭君之沆芷蕱于錢浩齋之酒席。明日君以使來，謂浩齋曰，今送舟去，可與金翁來飲我。浩齋顧余道君之賢曰，此吾知己也，子既不棄我，豈可獨棄此人。余爲之笑，遂共至君之園。園制頗傑，爲楹者五六十，其中樹木花石之布置稱之。引運河之水，繚園三面，而又有河之別支經其前，大門之外，稼場如鏡，大畧[2]與蘇文忠公所記靈壁張氏園之地勢物狀相同。

1　金泽荣于朝鲜时代终结之时流亡中国，于是称自己为"韩之亡虏"。
2　同"略"，大抵。

君既觸余語之曰，園舊無名，請子名而且記。余曰，吾向以是園贋行于靈壁張氏之園，今而思之，是¹園之三面繚水，恐靈壁之園無此奇矣，盍²名曰半嶼。君欣然曰諾。爲之記曰：

園故爲錢氏有，歸於君家者今五六十年，園日加治。盖君優於文學，前清時以諸生有名，及清命革而新學興，則君之年且向衰矣，遂恬然清坐，不問世事，又其爲人敦厚寡言，喜怒不形，好賓客無倦色，賓客之來者，雖留連信宿，無不安心罄懷而去。夫厚以立其本，文以明其理，恬靜守分，不犯危殆。雖四海之大，尚可保守，而況區區之一園，何有於保守而加治也哉。

（录自《韶濩堂文集定本》卷五記）

蓬塢記

申景濬

退之³之塢，非無芝蘭也，非無杞菊也，而蓬以名之，其安於蓬蓽之意歟。地不得獨生蘭菊，而蓬蓽並生焉。雨露不必獨霑蘭菊，而蓬蓽同霑焉。不惟並生，而蘭菊小蓬蓽多。如人之賢⁴者小而愚者多，貴者小而賤者多也，豈可以愚賤而並棄之乎。且蓬不種而生，不培而長，不費人力也。環而翳之，可以作藩籬，刈而編之，可以爲戶牖，不爲無用也。是塢也長，何必蘭菊獨占乎。使蓬得其餘地，以遂其生，亦可矣。青蒼蔚然，草廬幽邃，案有書床有琴，孺人理麻，稚子誦詩，退之陶然自在於其間，見者或以爲原憲⁵病也，或以爲原憲貧也。及秋晚，長颷振⁶塢，

1　代词，这，这个，该。
2　副词，何不，为什么。
3　洪邁（1504—1585），字退之，号忍斋，谥号景宪，朝鲜时代文臣。
4　同"贤"。
5　原宪（公元前515年—卒年未详），中国春秋时代孔门七十二贤之一。
6　动词，裂开、劈开，此处为使动，意为使裂开。

蓬毬飛散，或東或西，或上或下，或墜於坑，或粘於泥，或入於蘭菊之叢。有守枯根而不離者，有浮於空而得意悠揚者，彼翩然孤征，杳茫而遠者，欲止於何方耶。此皆不期然而然，任之於風，而風亦不期然而然也。其亦可以有感也已，海中神山，有靈芝蟠桃如瓜之棗，而特以蓬萊名其山，仙子之志，未可知也。說者謂取象旋轉，以寓還丹，其然也否。

（录自《旅菴遺稿》卷之四記）

九翠園記

李南珪 [1]

　　士畸于時，無以展施其蘊抱，則入而處田里，拓地爲園，以寓其趣，亦雅致之不可少。然此其人必身體康強，步履無恙，日逍遙往來而不以爲疲。粟羨 [2] 于廩 [3]，酒盈于尊，僕丁可以供灌治，賓客可以佐驩娛，琴碁 [4] 壺矢之具，可以備瀆讌 [5]。其地寬閒幽靜，有疏滌怡養之資，其時四方清平，無愁苦憂歎之色，然後可以有其樂。反是則否，士之以此爲樂非幸也，而其得之也，亦未爲非幸也。豐厓洪公，以文學行誼世其家，母黨後屬如南珪者所敬信，固非餘人之可比。雖素未相識，亦莫不嶄其進用，顧沉屈無成，晚以門地，任大理評事，既而不調家居，觀書史以自娛，嘗園於宅邊隙地，選木之冬夏常翠者而植之。滿十去一，其族爲九，乃名之曰九翠園。使人謂南珪爲記，南珪私竊以爲公清羸病痺，升降子孫必左右腋而扶，家素貧，薄田之人，

1　李南珪（1855—1907），朝鲜后期及大韩帝国时期政府官员，爱国义士。
2　剩余、盈余。
3　仓廪，米仓。
4　同"棋"。
5　同"宴"。

不能支數月。客至或假貸以需雞黍，所居地偪側[1]，懸如鷰巢，迫臨官道而無門屏之障，東西行過其前者，必以扇遮而去。近時夷夏雜糅，獸蹄鳥跡，由海外達于京都，車轍之聲，不絕於路。盜賊處處羣起，乘馬揮劍，白晝殺掠，丐糧乞飯之徒，詬詈叫呶，醜惡不可當。人無不荷擔而立，索然無生意，而公尙有可寓之趣而樂之耶，抑名園之義，有不可以不發之者。夫九於數爲陽而其德剛，翠於物爲不變而其操有常，剛而不變，存乎內而所守固也。因其見在，勿失所守，將無往而非九翠園。彼外之病也貧也地與時也，烏足以損其樂乎。道之不明而功利之說熾矣，徇欲而忘恥者，不足道。卽所稱讀書談理義者，臨小得失，鮮不喪其固有，朝之榮而夕瘁已及，公有鑑於彼，以此名園，其眞知所樂也。願公與同志共之，毋以九翠爲迂叟之園哉。園之勝，九翠之爲某樹某樹，雖不言，無甚害義，故署之云爾。

（录自《修堂遺集》册六記）

城東李元佐小園記

南公轍[2]

李元佐[3]于其園，種五色菊，其下有溪，溪之水淸駛而可聽。其上有石，其形奇怪，若削峯屛立，其高雖丈，以比之可腰而不可肩。四顧而林木翳然，鳥獸之鳴不聞。由其中而望遠，則高而爲山，浮而爲雲，露而爲石，流而爲水。目之所見者，耳之所聞者，心之所樂者，皆效於是園枕席之下，所謂隱者所盤旋之地也。元佐性淸介，不爲事物是非侵亂，獨於是園，樂之

---

1 狹窄。
2 南公轍（1760—1840），字平元，号思颖、金陵，朝鲜时代文臣、政治家。
3 李元佐，朝鲜时代文臣。

不厭。其樂也非絲竹歌舞之謂也。若夫日氣清明，風霜高潔，元佐會賓客于此，終日清坐，酌酒賦詩，釣於溪鮮，採於園菊，飲酒吹嘯，詼調醉呼，相樂也已，而客主各自引起，慷慨以泣。嗟夫，韓子所謂麯蘖[1]之託而昏冥之逃者，其在斯歟。于後元佐乞余爲文，余雖未及登斯園，意未嘗不在於斯園也，故爲之記，以嘉其志，又悲其不遇也。

（录自《金陵集》卷之十二記）

新補竹欄記

趙冕鎬

先生貧，買宅錢不多，所居迫窄。步武開庭，畫有外内通涉之界，戶牖趨避之限，除是率草樹花藥之叢根，縷分條列，從初設竹欄。年來先生日老，精力不到，而欄已腐敗，棲塓蒙莽，沙礫塊泥，亂人意思。庭若加窄，而庭限則已蕩然也。先生動費心上經綸者亦多恃，蓋人窘於鈔，莫今時若，然昨也始入量，求竹得竹，缺價而買，斷竹柱之，折竹楯之。丏同隣少年而役之，曰南起於北而北止於彼，東起於彼而西止於此。井井曲折，尺長寸廣，間架則繩以結之。皆從心上經綸，舉而行之。不勞缺于成，於是乎腐敗之餘，棲塓之穢，沙礫塊泥之亂人意者，悉畚鍤而除之，簣帚而耘之。外内戶牖之界限，宛然若新刱，頓不知所居之迫窄。來人去客，莫不動色曰，此欄也此庭也計其入，不滿二百文，然宅錢可增。而先生之徘徊顧慕，快心悅目，豈千金之可論哉。善治屋者，不得不先從此等處着力，奚特治屋如是乎哉。噫。

（录自《玉垂先生集》卷之三十記）

1　指酒，亦作醨醁。

李氏名園記

金昌翕[1]

　　拱極[2]之山，王都之所瞻也。遠而望之，巖巖乎[3]清峙，人樂觀焉，況即焉而襲之者乎。爲是而其下多名園勝亭，棊[4]置相望云。而山之西北，邐而馳下，爲弼雲之媾者，其間特爲幽閴[5]有崦，穷然有藪，翳然有澗，淙然而下，是爲幽蘭之谷也。昔聽松成先生甞宅而玩心于兹，南溟曹公自遠方來訪，愛其蕭爽絶俗，遂棄科擧之學，而歸隱于智異山云，幽蘭之東，爰[6]有爽塏之丘，曠奥兼焉。李君子文氏實是爰居[7]，從而啓辟之。因其北茂松之盛樾[8]者，作爲沙坪[9]，子文氏固日婆娑其下，又就其陽十畝許，區築爲一囿。墻以土板，墻成斬然無削屢痕，其繩甚直，其面有類天造岑壁，於是乎嘉木負焉，美卉環焉，小池斯鑿，澄湛可鑑，翼而亭之，又雙臺竦如也。入其中灑然易睹，靜然易慮，窅然[10]內觀而衆妙斯集，輒然忘其在闤闠之囿也。毋論闤闠，殆幷與人境而忘之矣。是兹園之勝，能使人會心如此。然環乎嶽麓，亦豈無自然之溪阜類乎此哉。子文氏之修乎兹園，吾固謂有相之道矣。自兹園之爲子文氏有也，盖洞中無可遊者矣。若吾新廬則相接又甚近，每晨夕越阡而往，步武猶吾囿也，造輒相視而笑，所言者非臺池魚鳥則顧默然也，退每津津然樂道其勝，

1　金昌翕（1653—1722），朝鲜时代文臣兼书法家。
2　同"拱辰"，意为拱卫北极星。
3　高大、高耸。
4　同"棋"。
5　同"阒"，形容寂静。
6　疑问代词，何处、哪里。
7　迁居。
8　树荫。
9　整治过的郊外土地。
10　指幽深遥远的样子。

不翅己之有也。固¹將一挖²其槩，而子文氏適要之，是爲記。

（录自《三淵集》拾遺卷之二十三記）

菊圃記

鄭經世³

　　希庵丈尹公季守氏，少而貧，老而窶⁴，能受命焉。爨⁵清⁶甑⁷塵，而夷然不以爲意。堂前闢一小圃，樹其中以菊近數千叢。晨培而夕灌，用力甚劬⁸，而不自知其疲。蓋將以是爲終老之樂，而凡世間富貴榮利聲色玩好，皆無以易之也。余嘗造而問曰，水陸之花可愛者甚蕃，而博雅之評，以梅爲魁者，誠以標格之清高，容色之潔淨，精神之明粹，韻氣之芳烈，可以壓萬卉而朝之也，今子治圃，菊專而梅遺，無乃取舍之失宜而好尙之偏乎。公笑曰，子之言是矣，人情各有所好，好之深則又不能無偏，吾之於菊，正猶子猷⁹之於竹，伯倫¹⁰之於酒，吾非惡梅而不取，愛有所鍾而不能偏及也。抑有一說焉，當爲子究言之。古人之所貴乎梅者，非獨子之所稱而已。抽芳心於臘前，戰風雪於陰壑，其操爲可尙也。奈何今之所謂梅者，爭雨露之恩於桃李之場，而或反後之，服桀之服，行桀之行，則桀而已矣。此渡淮之橘，變艾之蘭，所以見賤於君子之論也。若然則雖謂吾惡梅而不取，吾亦不辭

1　势必、一定。

2　颂扬。

3　郑经世（1563—1633），朝鲜时代中期文臣兼性理学者。

4　贫穷。

5　灶。

6　寒、凉。

7　炊具。爨清甑塵：清锅冷灶之意。

8　勤劳。

9　中国东晋名士、书法家王徽之（338—386），字子猷。

10　中国魏晋时期名士、"竹林七贤"之一的刘伶，字伯伦。

矣。季秋之月，天氣慄慄，風霜合圍，草木凋傷，向之綠者紅者芳者妍者，悉皆搖落而摧折，蕭條慘悽之象，一望而無際矣。吾乃岸巾携筇，入吾圃而視之，綠葉黃英，敷腴爛熳，堆金疊繡，燁然滿目，初不知天地之有風霜。二氣之有肅殺，譬如正人君子端笏立朝，陰邪讒毀之患左右交至，而神閒色定，不易其所操也。伏節死義之臣，刀鉅在前而視殞如榮，罵賊而不屈也。避世長往，枯槁隱遁之士，草衣木食，絕芬華之外慕，自襲於荒間寂寞之境，而不求知於人也。絕代佳人，幽居空谷，畏芳姿之難保，守貞心而自潔，翠袖獨立，不見濡於行露也。使吾神凝目注，情性和暢，愛玩怡悅，終日而不能去。時或呼兒叫婦，命以大爵，掇英而泛之，一飲輒盡，陶然臥叢邊，浩歌數曲，或朗吟陶詩數篇，盎然春風。在吾圃之中矣，又何暇知有所謂花魁者，而煩吾之栽植也耶。余起而拜曰，先生之樂真矣，是足以終老矣。萬曆癸卯春三月辛巳。晉陽鄭經世，記。

（录自《愚伏先生文集》卷之十五記）

杞菊園記

魚有鳳[1]

園在駱山之下，東西幾丈，南北幾丈，其廣可安屋四十餘架，就其西結齋，扁之曰百千，蓋取諸中庸己百己千之語也。築臺于東臺，高一尺許，與南山相對，合乎陶公採菊東籬下，悠然見南山之詩，故乃命之以悠然。墾前後隙地，縱橫作畦，遍種以枸杞。栽菊數百叢于環堵下，墻之角，各樹碧桃一株，置一盆梅，用二甕盛紅白蓮。惟杞菊最多，故以名焉。園之主人，自叙其志曰，某性本愚才本疎，氣甚脆薄，而抱幽憂之疾久矣，自分此生不堪俯仰於

1　鱼有凤（1672—1744），朝鲜时期文臣兼学者。

時矣，遂薄於世味，厭於外慕，惟清閑寂寞之鄉，是愛是趑[1]，而幸吾東城之居，僻在窮巷，風埃車馬之所不及，於是心樂之。闢此園，築室與臺以居之，圃之以杞，籬之以菊，以爲服食之需焉。園甚狹，杞菊之外，雜花衆木不能容，且紅紫煩亂，非吾心之所好也。獨取清標雅韵，爲古之高人賢士之所心賞者，以備四時之觀焉。於春得碧桃，於夏得蓮，於秋得菊，於冬得梅。碧桃者，花之仙也。蓮者，花之君子也。菊者，花之隱逸也。梅者，幾乎兼之矣。抑吾生於數千載之下，雖欲見古之人，不可得也。見古人之所好者，則如見古人焉耳。茲吾所以有取於此四者歟，然則結深契托幽襟，日嘯咏乎其側。雖閑居獨處，而未始有離索之憂者，花之益也。采其根葉，掇其華實，充腸益氣，身可安而壽可延者，杞菊之靈異也。入則一室虛明，晑書滿壁，消香默坐，塵想不起，左右簡編，晝誦而夜思之。出則雲山之勝，風月之態，盡得於登臨顧眄之際。而由由然適其適者，齋與臺之樂也。若夫使我齋於斯臺於斯，列花藥於斯，藏修游息，爰得其所者，園之功也。自兹以往，玩樂之趣深，靜養之功專，幸至於病少瘳而學少進，則主人之願也。

（录自《杞園集》卷之二十記）

樂園記

韓章錫[2]

　　樂有得於外者，有得於內者。聽天而樂者安，逐物而樂者勞。徇己而樂者隘，同人而樂者泰。酒酣者樂而飲水者亦樂，馳騁田獵者樂而閑居讀書者亦樂。華屋丹雘，列鼎鳴鍾者樂，

1　同"趑"。
2　韩章锡（1832—1894），朝鲜时期文臣。

而一邱一壑，帶索鼓琴者亦樂，所尙不同也。冬一裘夏一葛，朝夕飯一盂，亦足以樂矣。而必以澤不被生民，功不施後世爲憂者，所處不同也。然得於內者淡而無競，故樂且不憂。得於外者取快於一時，故悔吝隨之。倚伏慘舒之相乘而交敓，理或然也。余與申侍郞景興，結交丱角[1]，契濶[2]三十年，余始釋褐同朝，復申宿好。未幾景興引疾歸廣陵故山，及余漂漂東南，食牙州之士，聲聞落落，又十餘歲。今余赴召出山，繫于官，旅食京師，而景興方息駕高臥，抱宛丘[3]遺書，敎三子讀考槃[4]錦帳之阿，遂已久忘圭組[5]，而樂與漁樵伍。噫景興又不可見矣。日書來以樂園記屬余，蓋取鶴鳴詩語以自況也。余觀夫市朝之客，知進而不知退，山林之士，能往而不能返。景興襲詩禮握瑾瑜，英年翶翔乎鑾坡銀臺，晉塗方坦，而齒髮未衰，乃能決然捨去，返棹急流，自放於寂寞之濱，苟非愉於內者重而騖於外者輕，能有是乎，於是乎子之所樂可知已。雖然余未見所謂樂園者，意必有靑嶂數笏，澄泉一帶，嘉木幾章，足以供俯仰之聆矚。此數者吾亦樂之，而鼈蹙[6]不得歸，爲此言得無愧乎，吾老且病矣，早晚上章乞休，角巾鹿車，尋遂初之賦，而求希文之後，樂其將有日也。終不令景興獨餉迂叟之樂，而移我北山之文也。

（录自《眉山先生文集》卷之八記）

1　也称"总角"，指儿时结交相识并一直陪伴长大的朋友。
2　离合。
3　周代《诗经》中的《陈风·宛丘》。
4　周代《诗经》中的《卫风·考槃》。
5　指官爵。
6　竭尽心力的样子。

二松園記丙申

南有容[1]

　　園之有二松，豈獨吾園哉。而吾園特以二松名者，何所以志也。園中舊多大木，春夏之時，與上苑木交。國家以近苑民家林樹茂密，穿窬[2]之徒，因緣廋其跡，甚不便，悉命伐之。於是吾園木高大者盡於斧斤，獨二松一柏幸而免焉。其後十年，柏又爲風雨所拔，其他楓栝花竹之蘖[3]而叢秀者，顚倒披靡，不可勝數。獨二松歸然立乎斷榦敗葉之中，其色益嚴而氣益壯。嗚呼可異也。於是家大人携二子，舉酒於松下，旣而愀然作曰，松之茂矣，此吾祖之所芟也，斧斤之莫女[4]毒也，風雨之莫女挫也。欝然[5]爲故家喬木，殆天之所扶鬼之所相乎。吾欲取竹亭故材，重構數椽於園中，築斯石也，鑿斯池也，以與女宴息，述先興廢，子孫之善事也。園中舊有竹亭名曰涉者，曾王考所築而今亡矣。女其識之，旣又名其園曰二松，以示不忘斯志。他日亭成，又將扁之以二松云。姑爲記。

（录自《雷淵集》卷之十三記）

逸圃記

朴綺壽[6]

　　圃之事，甚勞苦矣，夫豈逸道也哉。方畒町畦，秋塲而春圃，

1　南有容（1698—1773），朝鲜时代后期文臣。

2　从院墙爬过去，多指偷窃行为。

3　树木砍去后又长出来的新芽，泛指植物由茎基部长出的分枝。

4　同“汝”。

5　茂盛貌。

6　朴绮寿（1774—1845），朝鲜时代后期文臣。

理之必時，培之必厚，溉之必勤，既巡復顧，養之如稺，然後可以刈葵藿，可以采蓊菲，可以看花卉，其用功誠勞矣。以此求逸，不亦異乎。噫嘻殆非也。勞於身而心之逸，是乃逸也。逸於身而心之勞，非所謂逸也。竊觀於世，身處逸而心不勞者幾希矣。雖高明之屋，列鼎累茵，前有使令，出有輿衛，其身則逸，然其賢者，憂國如家，蒿目薰心，其不賢者，營私射利，設機鬭巧，均之爲勞苦，而未見其逸也。若夫圃之事雖勞，而闢數畦於燕閒，寄滋味於澹泊，不於世而數數，隨己分而晏晏。則視二者，心爲逸固何如哉。吾宗納言丈，世居嶠南，卽副提學嘯泉公之後也。中年力治博士業，對策魁第，以文名於世，亦嘗登臺閣，莅縣邑，既而歸老于鄉，養高林樊，列置圖書，暮境自娛，顏其所居室曰逸圃。貽余書以記之。余惟公以若抱負，既出而仕，宜有施經綸樹事業，不免賢者之勞，而今乃老自逸於圃畦之間，豈其志也哉。蓋宦途升沉，班資崇庳[1]，君子不以是經心，且有命焉。與其旅食京邸，低顏向人，以求尺寸之進，曷若[2]守道安貧，適意耕圃，甘作聖世之逸民哉。昔樊遲請學稼圃而夫子斥之，斯乃有爲而發。至若周制，宅不毛則罰，是固生人之所宜務。是故，以諸葛、五柳之賢，而亦皆從事於斯。我東稼亭，圃隱二公，至自標號，余又何疑於公。公乃身其勞而逸於心者歟。書曰作德心逸日休，公書引之。又曰，村名草逸，故仍以自號云。癸巳維夏。宗下廣都留後綺壽記。

（录自《逸圃集》卷之八附錄）

1　低下之意。

2　怎样，不如。

耳溪林園記

洪敬謨[1]

渡耳溪之水，抱岸而轉十數步，望之蔚然而幽邃者，卽吾林園也。其圍宏而敞，四埒[2]之內，可以立一帿[3]有餘。闢其中主人廬焉，環廬之後三面而園之。因其坡陀[4]周遭之勢而固無煩於人之點綴也，長岡短麓，抱之如樹垣，奇巖恠[5]石，拱之如羅星，喬木森然而高，佳樹翁然[6]以深。而花有塢草有堤，松曰壇菊曰坨，楓之林果之原，隨位而分列。又有藥圃菜疇若干畝，共其芬芳。堂於岸下曰小歸堂，池於庭心曰花影池。截然出於池之右曰兼山樓，以四望則道峯，水落，三角，天冠，疊秀獻奇。迤西而過水田，循曲徑而後得者曰燕尾之溪，水清淺則鳴激，湍瀑則奔駛，皆可喜，且林木薈蔚[7]，烟雲掩映。凡園之百物，無一不可人意者，卽使畫工極思，不可爲圖也。於是主人竊慕溫公之獨樂[8]，不恥樊遲之請學[9]，每以幅巾杖屨，日夕散步於園圃之間，決渠灌花，執袺[10]采藥，而藉有豐草之幽香，息有美木之繁陰，仰而望山俯而聽泉，朝夕之爽塏，表裏之烟霞。於四時而景無不可愛而樂亦不可窮，不知塵沙世界有何事可以代此也。夫山居寂莫人外，不以榮辱勞吾形，不以得失役吾心。息囂處淡，无日不優游自適，而又有以園林池臺之勝，助其日涉之趣，則怡神散慮，靈心迴脫，可以作采眞之游，此南

1　洪敬谟（1774—1851），朝鲜时代后期文臣兼学者。
2　指矮墙。
3　箭靶。
4　坡陀：不平坦，地势高低起伏。
5　同“怪”。
6　形容草木茂盛的样子。
7　草木繁盛貌。
8　温公，指宋朝司马光，独乐指其独乐园。
9　典出《论语》中的“樊迟请学稼”。
10　执袺谓之“袺”（音 jié），用衣襟兜着。

華之寓樂於逍遙，陶令之成趣於舒嘯者也。易曰賁于邱園，詩曰樂彼之園，其謂吾耳溪之林園乎。

（录自《冠巖全書》冊之十五記）

東園記

李　夷[1]

東岳先生，有名園甲宅於南山下。始先生外家具氏居之，以先生奉具氏祀，仍爲先生所有。蓋南山一麓，蜿蜒東騖，至於園之頂，而若控若抱，別作一區。先生之號東岳，以此也。上有奇巖，巖下稍夷曠，可坐數百人。因土爲壇，圍以赤木松檜，蒼凉蔥菀。壇之左右，有泉甘冽，盛夏不渴。起宅於壇之下，宏濶軒敞，就西廡而置高樓，拓八窓，俯臨都市，禁苑蒼翠，與萬井煙霞，倂在几案間。令人翛然有御泠風出塵表意，是其地勢之窈窕幽絶，目境之爽朗瑰麗，眞都邑之玄圃也。先生日與當世名流，五峰、石洲、鶴谷諸公，會于壇，會于樓，燕酬而賦詩。人皆仰之如神仙，誦之如韶英，指其樓曰詩樓，名其壇曰詩壇。雖古之雪樓蘿館之勝集，殆不能肩也。先生末年，念其姪牧使公之無第，一朝推是宅而與之，白軒、淸陰諸老，咸有記述，稱先生之高義焉。自此壇苑樓榭，牧使公主之，四世相傳，至今教官公，百餘年之間，騷人墨客，謂先生遺躅在斯，來遊起慕，徘徊歌詠者相屬。但以歲月之消磨，風雨之震騫，樓圮而毀，壇缺而剝，駸駸乎失舊觀矣。教官公又窮約甚，殆不能保，有將貨之於人，乃今先生之玄孫都憲公，慨然曰，此吾先祖遺宅，何可歸諸別人。遂捐千金而予教官公，教官公又幸其歸於歸處，卽擧而還之。各有七言一絶句，歌其事以當契券。遠近聞者，

1　李夷（1701—1759），朝鮮时代文人。

莫不稱奇。都憲公遂就其苑，繚以爲垣，剗其荒穢，增土修壇，引水爲池，刻諸巖面曰東岳先生詩壇。移翠竹，丹楓，躑躅之卉於陂陀堦砌之間，又刻先生所題詠律絶諸篇而揭之軒楣。於是乎園之勝，先生之蹟，次第煥然在人耳目矣。昔唐李文饒以風流名相，治平泉莊，遺戒子孫，平泉一樹一石，與人非佳子孫，至以岸爲谷谷爲陵爲期矣。不一世而平泉花木，蕩然無存，若先生之苑宅，視平泉方衺雖懸絶，目下奇勝，又非平泉之所有。先生不私於己，授其姪無家者，曾不少靳[1]，乃克受天之祐，賢孫世出，爲邦家楨幹，贊我聖朝太平之治，故家園林之百年無恙，繫有賴焉。終則都憲公，又不惜重資，能還靑氊舊物，巖泉壇墰，林樾花卉，頓然一新。嗣後千百世，遊賞於斯者，將無不欽仰先生祖孫之義風孝思，而咨嗟咏歎之不已。較之李文饒百言遺戒，一日荒墟，何啻天壤，尚論之士，必有能言之者，玆因都憲公之命。謹次其韻，又叙其事本末，以俟後之君子。

（录自《桐江遺稿》卷之五雜著）

曹園記

蔡濟恭[2]

　　歲癸卯暮春之旬，約餘窩睦幼選[3]賞花弼雲臺。晚飯已肩輿以赴，幼選未至，藉臺前石。默然而坐。少選[4]，幼選偕李君鼎運[5]，沈君逵，使從者佩壺，迢[6]社壇後穿松陰至。起以迎相視而笑，時麗暉中天，

1　吝惜。
2　蔡济恭（1720—1799），朝鲜时代文臣。
3　朝鲜时代后期文臣睦萬中（1727—1810），字幼選，号餘窩。
4　指一会儿、不多久的意思。
5　李鼎運（1743—1800），朝鲜时代后期文臣。
6　同“悠”，悠闲自得。

花氣馥馥蒸人，殆欲應接不暇，貴遊子命儔儷，相續填咽如莊嶽[1]。余習靜者，頗心厭之，俯視正東，可數帳塲[2]。有松離立園中，花梢隱約出墙外，甚可愛也。顧謂幼選曰，是必有異，盍往觀諸，咸曰諾。遂從來路，迤小巷入，有板扉呀然以開。主人知余訪花以至，導余入屋後園。園累石凡八九級，被之以百種奇花，紅者紫者黃者不勝其爛然爭開，絢眼不可注視。東西二株松老蒼相對，而其西者托根岸壁，老幹迤而橫若偃倒者然，人以木拄其偃，得支吾不傅於地，然偃勢不可以遏。自北走若專注於南，南可四五丈，又屈而東，其陰鬱蟠然後乃止，其下庭廣十畝，余席其陰，與諸君者相樂也。俞承宣恒柱追至，尹學士尙東適賞春行，聞余在園松下亦追之。酒數行，評花品高下，論時文體裁，不知日已墜而月在東矣。主人姓曹，閒居，業種花喜鼓琴，不以事擾心，其視今世士大夫或幻身或賣友日夕以賭榮射利爲身計者，不亦賢矣乎，感之爲曹園記。

（录自《樊巖先生集》卷之三十五記）

延州北園記

洪奭周[3]

道京師而西二百里，陸限靑石，水絕碧瀾，皆海西之地。其地平曠，其土沮洳[4]，其山多戴土，其水多漫流，其民往往膚陋而喜爭，鮮以文雅稱者。延爲府又僻處海曲，舟車賓客之所罕到。其民尤貧而數困於水旱，未嘗有亭榭觀游之勝。府治之北，有山曰飛鳳，望之特一土阜耳。然其傍之山，未有高於是者，故登其上，豁然四俯，有咫尺萬里之勢。其麓邐迤徐下，南入

1　比喻好的合适环境。
2　同"场"。
3　洪奭周（1774—1842），字成伯，号渊泉，著有《续史略翼笺》《孙子精言跋》。
4　低湿之地。

于府城之中。而府之治適當其際，遂卽其山之所盡以爲園。園之距衙近不盈十數武，高不踰尋尺，而長湖帶其近，鉅海經其遠，平野敞其前，西南諸山，歷歷如畫繪。而其崒然高出者三峰，與雲氣相晻藹，又如鸞鳳之翔舞。不肯遽下，而亦不肯遽飛者，京師之鎮山也。當秋冬之交，木葉盡脫，天容肅靜，氛壒不興，山若刻而露，水若斥而遠。目之所極，物不敢拒，潾泱浩蕩，與空爲際。余爲之樂而忘去者，屢日焉。延雖小邑，有湖海之勝，陂澤之饒，蒲葦菱芡之利。民雖貧，而有飯稻羹魚之樂，其俗雖陋，而數百年間，名臣孝子，磊落間作。其爲士者亦多，知讀書攻文，有能以禮讓帥先之，則雖一變爲鄒魯可也，自吾家君之來也，爭訟日益少，而年穀又登。夫古之君子隨遇而安，無入而不自得，則雖僻壤殊俗，皆足以適意，況如斯邑者，可不謂之樂土哉。況如斯園之勝，信足以甲一方者哉。嗟夫。世之喜道奇勝者，必走乎荒山絕巇之中，緣蘿藤側崖嶼，冒不測之險，躋而至焉，得一樹一石，則咕咕然不容口，而聞者亦爲之心醉。若兹園者，高不踰尋尺，近不盈步武，無躋攀顛頓之勞且險，一寓目而盡千里之勝，然未嘗聞有稱道之者。嗚呼。忽近而貴遠，徇名而忘實，世俗之弊。若此者衆矣，而又暇問于游觀者哉。

（录自《淵泉先生文集》卷之十九記）

石圍記

南公壽[1]

故海月先生[2]世居之傍，有山曰馬嶽。依山而陸者，平舖爽

1　南公寿（1793—1875），朝鲜时代后期学者。
2　崔時亨（1827—1898），字敬悟，号海月。

墶，環擁列屺[1]，東以一面朝海，色如藍，不全露也。先生嘗玩而樂之，晚年移几于其下，山多石，築爲亭以居之，今遺集中石亭是也。居幾何而復于舊，亭遂廢，鞠以爲瓦礫之塲者，殆數百稔。先生後孫天範甫，孝悌士也。往來見田間亂石縱橫偃仆，不勝玄都葵麥之悲，乃托其家于兒與弟，率二子而就居焉。居旣集，手一鉏一畚，日從事於畦塍之間，凡石之巨者細者，凸者凹者，碕而碻者，黝然黑者，靑者白者，一一收聚於亭之舊畔，淨築而四圍之，名曰石圃。噫。石圃之義悠乎哉。夫天範甫之捨家移築於百年丘墟之地者，其意出於曠世羹牆之慕。則凡觸吾目而嬰吾耳者，孰非吾興感之物。而彼石之纍纍也，非取味也，非取奇也，亦非所以取玩好也。然而棟宇之撤而塼礫擲地，牆垣之頹而磋破四散，面面齒齒，知皆當年手澤之所及。而舉而委之於牧夫耕叟之隨意去取，則是豈古人敬桑梓之遺意乎。昔李文饒多畜怪石於平泉，誡曰，石不保，非吾子孫，然而文饒之後，轉而爲他人之庭實半之，今是圃也。所畜者不過頽墟之物，而行者過之，曰之圃也。故先生海月翁之遺墟也，又過而詳之者，曰之圃也。先生孫某甫乎之所表先躅也，夫如是。石不磨，名亦不磨。豈與語於平泉石之淪沒而無傳者乎，畜不尙怪而人不我爭，表之以誠而人皆知敬，樵者避之，耕者護之，指點咨嗟，不啻若東海之玄圃琅苑，則吾知海翁家之世世。種玉而得玉，必自是圃始，不待吾賀，石應自語矣。

（录自《瀛隱文集》卷之四記）

1　同"屾"。

三溪藥圃記

尹鍾燮[1]

　　戊子冬,同黃友仲五,卜地種藥。環雙城皆山而莫高於鶴山,積鶴山皆石而莫麗於三溪,然厥土磽确,居民鮮少。往往見架嵒[2]搆水,有古逸民之風焉。明年藥圃成,種之百碗,明年又倍之。或曰子學千畦薑韭,余曰有,豈貨殖[3]然哉。素愛泉石,而非是無以留於此。此下有九曲絶奇,洞門漸窄,巖竇益怪。青壁廣嶹爲翠屏潭,巨巖橫截作卧龍潭,玄龜之魁偉,雙鶴之怪特。疊石穹窿,得飛雪之瀑,衆流蕩漷,有蒼玉之瀨。其下曰王流洞,雲錦縈積,壁房玲瓏,散流粼粼,盤渦旋折,王逸少所謂流觴曲水者是也。又其下曰仙遊磐,白王之筵,香雪之場,迸流窴窴,終之以松潭,淨綠深廣,觀水止矣,合以名之曰九流潭。招邀沿溜,不知日之將暮。鐵北無此勝,而埋沒藤葛,不得售於世,此余所以樂之而寓之老圃。或曰唯唯而去,水自發於鶴山,而東北入于龍江,地名雲谷云。

(録自《溫裕齋集》卷之六記)

訪白雲洞記

李　瀷[4]

　　歲己丑十月晦,余至順興府,訪白雲洞,安文成書院在焉。余於文成爲外裔孫,而况其興作士氣,丕變民風,東之人至今

1　尹钟燮(1791—1870),朝鲜时代后期学者。
2　同"岩"。
3　经商营利。
4　李瀷(1681—1763),朝鲜时代后期儒学学者。

日餘澤尙有未泯也耶。今遺基在此，祠屋在此，則寧不感慕而肅敬。祠距府門五里許，沿竹溪而東北，行至洞中，臨水得小亭，卽所謂景濂也。有楷草兩扁額，楷是退溪老先生墨迹，而草乃黃孤山筆也。亭下隔水有巖，因築土爲壇，是老先生所命翠寒臺也。列植松盈抱者，皆先生手培。石面有刻白雲洞三字，亦先生筆，下復刻一敬字，卽周愼齋筆云。因步入院中，至齋室少憩[1]。將趨謁祠庭，院奴以墨巾緇衣授余使著，仍引入外門。設席階下，然後開前戶。導余立席中，恭揖平身，因小退盥手，由正門入上香。從夾門趨出，拜謁於庭而退。其院規然也，其主壁南面正位，文成安公是也。左二位有安文貞軸周愼齋世鵬，右一位有安文敬輔，二安乃文成之姪孫云。院奴又引到講堂，開夾室奉畫像三軸挂諸壁。使余四拜庭下，旣參謁後升至堂瞻仰。其一，卽先聖之眞，而羣賢侍立。其兩障子又文成愼齋遺像也，文成本傳曰公以貲付博士送中原，畫先聖及七十子遺像以來云云，今見在先聖眞，當是其遺也。其中從享廟庭者，如漢晉間諸儒皆不得與。而只唐之文公[2]與宋之羣哲[3]元之許吳[4]，別爲班參列焉。與今祀典不同，意者文成元時人，或元之國制然歟。升顓孫師於十哲者，始見於明紀，而此圖亦置子張於十人之中者何也，或余陋見之未及歟，是未可知。復至齋中，記名於尋院錄中，因索院規一冊來，乃孤山筆，復有老先生遺墨一帖，卽因院中事與方伯沈通源書也。其槩曰白雲洞書院者，前郡守周倅世鵬所創建也。竹溪之水，發源於小白山下，流經於古順興府之中，實先正安文成公故居也，洞府幽邃，雲壑窈窕，掘地得瘞銅。貿經史子集百千卷以藏之云云，由是觀之，此院之創

---

1 同“憩”。

2 唐之文公为韩愈（768—824），谥号文，故称“韩文公”；唐宋八大家之首。

3 宋之羣哲：即程颐、程颢、朱熹、张载、王安石等人。

4 元之许吴：许衡（1209—1282），元朝杰出的政治家、教育家、天文学家、思想家；吴澄（1249—1333），元代理学家。二人有“北许南吴”之称。吴澄著有《吴文正集》等。

始於周侯，而修科條立規制則先生之功爲多也。少焉步上光風臺，回過翠寒，歷文成故址，至四賢井旁有碑，其陰刻有曰安氏碩與子軸，輔，輯，皆生於此云。

（录自《星湖先生全集》卷之五十三記）

遊李園記

蔡濟恭

往年，余寓三浦，聞龍山李氏園以花名，顧余杜門畏人，不得一寓目焉，未嘗不往來于中。今年春，約幼選、景參、士述將選日往遊，晚翁權仲範聞之，折簡要與同。於是從三子者，先赴晚漁亭，亭前梨花正開，仲範迎笑花下飲酒樂。日過午，聯騎訪李氏園。園湖堂舊基，自湖堂移豆毛浦，基屢閱主，今爲李氏有云。園有百花，桃最盛，有紅者，有碧者，有粉紅者有，斜而列左右者，有整而當人面者，爭妍鬪姣。娉婷葳蕤，不知爲幾許本也。大江從花隙，有時翻動，其色正碧，隱隱若衣紅錦者裘以綠紗黛縠，不覺欣然色笑，但恨地勢狹少遜寬曠，物之不能全美，理也。在傍者言前時桃簇簇如束，不啻如今日之觀。近有權貴新起亭，全一船取去。作汶篁薊植[1]，今之園異故之園矣。余聞而笑曰，天地之道，變而易而已，況物之無常主者，盛於彼則衰於此，贏於東則踦於西，雖鐘鼎玉帛，本不足把翫，而愚者爲富貴佚欲所使，譆譆然以其亭爲固有，從而移植，物而錮留之，若將永業焉，而不知其幾何而又將屬之於何人。人之生也，何若是芒也。感而書之。遊吳園之第四日也。

（录自《樊巖先生集》卷之三十五記）

---

[1] 典出先秦《乐毅报燕王书》中"薊丘之植，植于汶篁"。

遊日涉園記

朴允默

　　日涉園，西山之名區也。六角之峴，弼雲之臺，非不勝地。而角峴則突兀而太露，雲臺則淺近而傾欹，至如日涉則深邃而窈窕，高曠而通暢，有勝於角峴雲臺，擅名而專美者亦已久矣。歲癸卯孟夏，日涉主人邀同志五六人，設詩筵於園中。筆硯淸嘉，盃盤狼藉，墨香酒氣，交錯於嫩綠芳草之間。于斯時也，詩者吟酒者酣棋者閒歌者悅，各極其趣，無一不適。其志浩浩，其情優優，其味淡淡，其樂融融。攬山岑而弄雲烟，齊得喪而忘物我，相與放浪乎塵埃之表，逍遙乎冲漠之際。所謂蘭亭修禊，西園雅集，恐不足多讓於千秋之上。噫園之爲園，未知爲幾百年，而未聞有人詠園之景造園之妙，空往空來而止焉者，亦幾許輩也，至若今日之會則一園之勝事，西社之嘉詠，批抹園中之風月，雕鏤園中之草木，万景俱收，衆美畢錄。揚今示後，恐或未罄，若使西山之靈有知，亦豈不爲我輩賀也。酒盡歌闋，遂相顧而起，德祖要余以識之，余何敢辭焉。遂書之如此。會者朴士執，洪德祖，朴而習，曺泉觀，柳文山。末至者申彝仲。爲園之主人者金伯敬。

（录自《存齋集》卷之二十三記）

遊蔣氏園記 甲辰

俞莘煥[1]

　　蔣氏園，在終南山紫閣峯之西。去吾家二百步而近，舊有蔣氏家焉，蒔花而樊以爲園。今蔣氏家不在，園亦榛莽[2]爲山。

1　俞莘煥（1801—1859），朝鲜时代后期文臣兼学者。
2　荒芜颓败。

而謂之蔣氏園者，仍其舊也。六月甲子，積雨止，蟬聲益清，余步屧西隣，訪洪憲卿。沈君憲先在焉，已而洪聖用至，已而君憲之弟天甫至。君憲顧憲卿曰，鄉者有丫溪之約，今積雨初止，溪水必嗢呃可聽，且水檻清涼，宜避暑，盍與諸君圖之。聖用曰，不可，丫溪去此可三四里矣，歊虩如此，流汗成漿，而涉重潤，度疊岡，披蒙茸，尋窈窕，未至丫溪，即喘喘然將死，何暑之避，不往便。君憲曰，雖然，吾將往。君憲凡三言，聖用凡三不可。憲卿曰，君憲固有約矣，吾爲君憲成之。乃謂君憲曰，蔣氏之園，兩水合焉，亦丫溪也。策杖而前曰，諸君從余，衆從之。君憲猶不釋然也。既至林，擇其茂草，選其縟翳[1]之當蓋，藉之當蓐，谷不甚邃而炎蒸不到，清泉在其左右，左者涓涓乍狀乍流，右者袞袞出樸樕，間至石而墜，其聲琮琤然。酒半，聖用注目于泉，若有所思。有頃曰，美哉水乎，可以濯足矣。君憲攸爾而笑曰，是惡足爲水，聖用之安於小如此，其不之丫溪也宜哉。余曰，異哉君憲，大者爲水，而小者不得爲水耶，如子之言，子以聖用爲小，安知無以子爲小者耶，以丫溪觀之，蔣園小，以大於丫溪者觀之，丫溪亦小，子與聖用，果有分乎，將無分也。孔子曰，智者樂水，汎濫亦水也，江河亦水也，可樂一也，大小何擇焉。且嗢呃，宮也，琮琤，商也，洪纖清濁，不可去一，子安得是彼而非此耶。君憲曰，何謂其然也，彼亦小此亦小，彼亦可樂，此亦可樂，一此不休，其與莊周氏奚異，爲孔子之徒，奈何效其說爲。余謝曰，然。敬再拜受賜。雖然，吾能終其說，子云孔子之徒，如子夏能於小而不能於大者也，子游反是者也，聖用似子夏，吾子似子游，吾將以子夏爲賢耶，以子游爲賢耶，吾不得而知之矣。於是君憲笑，聖用亦笑，四座皆粲然，遂引觴更酌，盡歡而罷，日已夕矣。

（録自《鳳棲集》卷之三記）

---

1 浓密的蓬草遮盖。

醉鶴亭記

許筠

堂姪李君長卿寓居楊山之北，前臨海水，後以長松百餘株爲藩垣[1]，樂其曠而幽，選地之爽塏，構屋以燕處，名之曰醉鶴亭。余問其義。君曰，吾雖失業，西來得田十餘畝於海上，力耕而食之，粗足饘粥，其以羨釀酒而飲之，吾素不能劇飲，飲數杯則醺醺酣暢，怡愉終日，不知窮愁之罥[2]乎念，陶陶焉自適其適。家養一鶴，放之松林間，清宵長唳[3]，聲戛戛聞于天。余敲竹杖以呼，則鶴必翩跹而至余前，按節而歌，拍手以和，則輒扣翼蹌躍[4]以舞，宛轉連軒，逐曲低昂，歌竟乃已。當舞之時，余心極懽，與醉於酒無異也。古人慕樂天而曰醉白，愛墨竹而曰醉墨，吾少飲酒輒醉，與轟飲者敵，而又醉於舞鶴也，若是則亭名以鶴，不亦宜哉。余曰，吾聞命矣。雖然，酒者所以忘憂也，濫而爲酒池槽丘，則夏商以亡焉。鶴者，所以賞潔伴閑也。流而乘軒者三百，則衛以之始焉。凡物之爲尤而醉於心者，則輒有禍隨之。今君之於酒與鶴，毋乃好之篤而反招其咎也耶。君曰，否否，不然，此皆有國而司治牧者也，不保邦衈[5]民，而惟酒鶴是耽，宜其敗也。阮籍劉伶雖喜酒，適足以爲放達，而林逋[6]雖愛鶴，亦足見其高曠，奚足爲身害也，秖益其逸焉耳。吾無民社之寄，職事之縻，吾不愛酒好鶴，而誰愛好之耶。余謝不敏而退，遂以此記君之亭云。

（録自《惺所覆瓿藁》卷之七文部四記）

---

1 藩籬与垣墙，泛指屏障。
2 音 juàn，挂，缠绕。
3 音 lì，鹤鸣。
4 音 qiāng yuè，跳跃起舞。
5 同"恤"。
6 林和靖，北宋著名隐逸诗人，终生不仕不娶，惟喜植梅养鹤，自谓"以梅为妻，以鹤为子"，人称"梅妻鹤子"。

【墅・山莊・別業】編

龜峯別墅記

尹根壽[1]

　　白州之南，瀕海僅五里，有淺山自題山走。勢伏而更起，橫貫曠野，風氣所蟠，蓄而不散，廻旋環擁，有如拱揖然。土之居者呼以龜峯，其名自麗朝[2]已然，今則姨弟李正仲所居。正直其下，自余在洛時，正仲每詫其居之勝，余耳之而未信也。暨余居守松都，觀省延城，道白之南境，正仲出而迓余，邀余訪其居。余辭以行色之忙，而顧其情之勤不可負，遂偕往而登其堂，則碧海萬須，襟帶東南，灝氣入簾，帆影飛空。堂後松檜環山，翠色長春。前則農歌于疇而草滿乎陂，壇花遞開，階竹蕭森，鵁鶄[3]靜立，白鳥飛來，皆足以供詩料而添勝概也。正仲乃酌以流霞，觴余而言曰，世所云異境每在人跡罕到處，深山多絕險，遠水難窮源，幸一至焉而不可以留也。則抵暮促促而返，倏然寄興，其可以常乎，既不可常，則金膏水碧，物外奇寶，時一過目而已，寧可以爲吾有乎。孰若吾堂春夏俱宜，朝暮長憑，屨不勞蠟，藜不煩携，坐對群峯，平挹歸雲，野色天光，一覽盡得者乎。兄嘗喜遊方矣，其以弟言爲然乎否也，果有以當兄意，則堂之額，其將以何名也。余曰弟之言良是矣，扁名非草次可命，而抑又有一說焉。山之於地，小則培塿[4]，大則嵬峩，有未可以數記。而其間浴名鄙俚，不可聞於人者固多矣，茲山也處不甚高，而名則佳。古人命義，雖

1　尹根寿（1537—1616），朝鲜时代中期文臣兼书法家。
2　指朝鲜时期前一个朝代高丽时代（918—1392）。
3　赤头鹭，《埤雅》中一种水鸟。"鸡鵏子，衔母翅。"
4　小土丘，小阜。《晋书·刘元海载记》中曰："当为崇冈峻阜，何能为培塿乎。"

遠莫之詳而其爲吾弟今日之有，則似若有待而非偶然焉耳。龜之於時屬冬，歸藏之義也，故不偶於時者，恒取之曳尾之譬。藏六之稱，自古而然，今可以獨無乎。吾弟以有用之才，得一命而見躓於世，來尋故居，花木依然，海山猶昨，事少而閑，寧不厭日長而濁醪¹可斟，却掃深樓，夢絕榮途，有時扣門者，非園翁則野老，相與談農竟日，爭席何嫌，而又煙嵐變態，景物相尋，琴書一壁，俗氛都抛，頹然自放，享清福於田野之間而不知歲月之忙，則得趣於龜藏之義者既不多矣乎，又奚暇於外慕乎哉，而堂之扁又何可以他求爲哉。正仲作誦曰旨哉言乎。弟之心，兄忖之矣。記而揭之。兄無用辭。

（录自《月汀先生集》卷之五記）

牛耳洞莊記

洪敬謨

　　《說文》²云幽壑曰洞，山舍曰莊。魏野之樂天洞，贊皇之平泉莊是也。牛耳之洞，山繚而谷深，水清而土剛。允愜巖棲之樂，而自奉先祖衣履之後，尤作瞻依之所，占地之稍豁然者，搆丙舍數架，務完而不務美，制甚朴也。內舍曰風木窩，外堂曰小婦堂。折而右樓其上曰兼山樓，軒之前以不斲之石築其庭而騫之。庭下鑿池三四畝，中凸土石若島若坻。於頂培盤松一株，堤之左右列植花卉，兩崖多楓松檜柏轇轕³成翠，杜鵑躑躅叢生莘茂，春花秋葉，蘸紅在水。高峯重岡，迤邐四圍。至東南隅少坼若大環之觖，人之入洞者由此。有小磵源於天冠峯下，繞

1　浊酒。
2　许慎《说文解字》。
3　音 jiāo gé，纵横交错。

樓之右而東瀉於洞外之大川，是謂燕尾之溪。駕石矼于堂之南
以通之，環洞之外上下。而巖壑溪潭之可遊者爲九曲，而八曲
之下有六面之閣。據層臨臨清流，名曰水哉亭。依山逐水而爲
村落者五六聚，雞犬之聲相聞。洞之東數弓，有在澗亭。是三
世相公徐氏之別墅，稍右而元氏庄有焉，夫是洞之爲我家有者，
今八十有餘年矣。地深而外囂不入，洞寬而衆美咸具。松楸於斯，
田園於斯，以川瀑爲樊籬，岩巒爲枕席，差洗了一種塵想，而
自信與山水有緣，盖天設名勝，所以俟其人，而非其人則之勝
也亦無以自爲之見，然則地雖勝，殆由人而顯也。天之俟我以
是洞者，可謂地與人相遭，而況又五世桑梓之區乎。闡發其奧
在乎我，堂搆之責在乎後。凡我後人，克敬克勤，花田藥圃毋
荒家業，林鳥池魚與敦世好，思所以保守罔觖[1]，則其亦不廢山林
之經濟，而將與樂天之洞平泉之莊，并稱於世也。

（录自《冠巖全書》冊之十五記）

牛耳洞莊記

洪良浩[2]

　牛，角蟲也，其精在角。祭天之牛，用繭栗，宗廟之牛，用握，
重其角也。獨春秋之盟，挈牲登壇，不以其角，而乃耳之執。何哉。
夫角性剛，耳性柔，豈以剛者折而柔者久耶。角形上銳，耳形下垂，
豈以上者抗而下者順耶。角之職[3]觸，耳之職聽，豈以觸者任力
而聽者任智耶。余於是，知桓文之業，在於柔以睦衆，順以事

1　罔：无，没有。罔原是"网"的异体字；觖：音 jué，古同"抉"，不满意。
2　洪良浩（1724—1802），朝鲜时代后期文臣。
3　職：通过记忆细微的征状以达到辨识、认知的目的；这里是指通过感知外部世界
达到识别认知的目的。

尊，智以慮勝也。東海之上，有山曰三角。三角之下，有洞曰牛耳。山稱角，洞稱耳。有角者不可無耳歟，山在上，洞在下，角從上而耳從下歟。山峻而聳角如，威也。洞虛而藏耳如，受也。威以服遠，受以容物，有君子之象歟。余於是，又有所感焉。今天下無周久矣，諸侯之盟，未聞有執牛耳者，獨於東海之上，有是名焉。是魯連之所慕歟，子房之所遊歟，然則居是洞者，亦其魯連，子房之徒也。崇禎後，有洪氏家於是，今三世云。

（录自《耳溪集》卷之十三記）

耳溪巖棲記

洪敬謨

冠巖山人幽棲于耳溪之山。堂凡二室一軒，逼軒而樓其右。廣袤豐殺稱於心而適於用，木斲而已，朴而不華，瓦覆而已，完而不罣，敞南牖納朝陽也，洞北戶迎陰風也。檻以竹取其潔也，堦以土尚其質也，昭簡易叶乾坤，可容膝休閒谷神全道也。堂中設長卓一，卓上歙溪金星硯一，宣窰臥牛水注一，哥窰三山筆格一，紫檀筆床一，古銅綠筆洗一，官哥畫龍水中丞一，定窰糊斗一，白磁蟾蜍鎮紙一，堆柒[1]描花圖書匣一，左置小几一，几上白玉饕餮香爐一，匙箸瓶一，烏木香盒一，用燒印篆清香，綠磁花樽一，哥窰定瓶一，花時插花盈樽，以集香氣，冬置煖硯爐一，几外樺榴木椅一，竹凳二，拂塵搔背棕箒各一，玉鐵如意各一，壁間掛古琴一長劍一懸畫二。山水爲上，花木次之，禽鳥人物不與也。雙牖付名賢字幅以詩句清雅者，右置書架一，籤分儒佛道三書。儒則周易古占，詩經傍註，離騷經，春秋左

1　柒疑为"漆"的异体字；堆漆：指用漆或漆灰在器物上堆出花纹的装饰技法，起源于汉代。

氏傳林註，自做二篇近思錄，古詩紀，百家唐詩，王李詩黃鶴補註，杜詩說海，三才廣紀，經史海篇直音，古今韻釋等書。佛則金剛鈔義，楞嚴會解，圓覺註疏，華嚴合論，法華玄解，楞伽註疏，五燈會元，佛氏通載，釋氏通鑑，弘明集，六度集，蓮宗寶鑑，傳燈錄。道則道德經新註指歸，西升經句解，文始經宗旨，冲虛經四解，南華經，義海纂微，仙家四義，列仙通鑑，參同分章釋疑，陰符集解，黃庭經，紫金丹，正理大全，修眞十書，悟眞等編。醫則黃帝素問，六氣玄珠密語，難經脈訣，華陀内照，巢氏病源證類，本艸，食物本草，聖濟方，普濟方外臺秘要，甲乙經，朱氏集驗方，三陰方永類鈐方，玉機微義，醫壘元戎，醫學綱目，千金方，丹方秘書。閒散則草堂詩餘，正續花間集，歷代詞府，中興詞選。法帖眞則鍾元常季直表，黃庭經，蘭亭記。隸則夏丞碑[1]，石本隸韻。行則李北海[2]陰符經[3]，雲麾將軍碑，聖教序。草則十七帖，草書要領，懷素絹書，千文，孫過庭書譜，此皆山人適志備覽。山房中所當置者，畫卷山水人物花鳥，或名賢墨跡各若干帖。用以充架，永日據席，長夜篝燈，無事擾心，閱此自樂。窗外四壁，薜蘿滿墻，中列松檜盆景，遶砌種以翠芸草令遍茂則青葱欝然。庭鑿小池，疊石成山，于中種荷幾本，蓄金鯽五七頭，以觀天機活潑。池之四堤環以名花異草，堂前後種桃植李，春暮花開，鳥鳴其上，其聲可愛。三面皆山而挿霄亭拔，青翠相臨，時有丹霞白雲游曳其上作異觀。西抵石澗，水潺潺瀉出，繞堂之南東入于牛耳之溪。溪環于洞，奇瀑澄潭，曲曲幽勝，名以稱之者九，如嶺之陶山海之石潭也，豁然而邱，

---

1 汉隶名碑。《汉北海淳于长夏承碑》，隶篆夹杂，多存篆籀笔，结字奇特。
2 李邕（音 yōng）（678—747 年），唐朝大臣、书法家，曾任北海太守，史称"李北海"。撰文并书《云麾将军碑》，其记载唐代山水画家李思训生平事迹。
3 《阴符经》为唐褚遂良所写。褚遂良（5.96—659 年），唐朝宰相，政治家、书法家。有大字《阴符经》行书墨迹存世。

呀然而㲉，蔚然而園，呾[1]然而壺。上有古松老檜蒼欝疎密，如幢竪蓋張，下多灌叢蘿蔦，葉蔓駢織，承翳日月，光不到地。春之花夏之雲秋之月冬之雪，陰晴顯晦，昏朝呑吐，千變萬狀，不可殫記。於是山人息偃在堂，婆娑于山，日以讀仙釋書，學晉唐帖，倚樓看山，跂石聽瀑，焚香煎茶，鳴琴呼酒，松下夢蝶，溪上談僧，澆花種竹，采朮劚苓爲清供，優游自適，蕭然無累。不知在塵埃間也，客過山堂，叩余岩棲之事，余倦于酬答，但拈古人詩句以應之，問是何感慨而甘棲遯。曰得閒多事外，知足少年中。問是何功課而能遣日。曰種花春掃雪，看籙夜焚香。問是何利養而獲終老。曰研田無惡歲，酒國有長春。問是何往還而破寂寥。曰有客來相訪，通名是伏羲。噫此非伊呂稷契之業也，世有所謂大人先生者。其必哂諸。

（录自《冠巖全書》冊之十五記）

吳司寇東郊別業記

許　穆

前司寇亞卿吳八，新築東郊別墅，名其堂曰歸來之堂。堂南小軒曰寄傲之軒，堂北階上小扉曰日涉之扉。出小扉登山麓，有四松，松下小臺曰盤桓之臺。庭東作短籬，種菊其下。九月，落英可飧。門巷樹五株柳，亦自號曰東溪。公閒暇郊居，感陶淵明歸去來之作，而寓物自暢如此。善乎。足以寵辱俱忘，昔蘇子瞻慕淵明，旣細和淵明詩，又如歸田園，田舍，擬古諸作，尤亹亹焉者，亦此意也。別墅在東郭門外籍田西安巖，山麓陂陀，深松隱隱，前有平川白沙，其外廣路，見關王祠，觚稜[2]白

1　音 dá，见《集韵》《广韵》，相呼声。

2　棱角，宫阙转角处的瓦脊成方角棱瓣之形。

盛，又其外東池荷蕖，溝塍千井。東岡有僧院，北山有石浮圖。南望終南，冠嶽，清溪列岫，山城雉堞連雲。去城市不遠，每清夜無人，聞鍾聲遠響，此皆別墅幽趣勝槩，并識之。

（录自《記言》卷之十五中篇田園居二）

玉磬山莊記

南公轍

遁村在玉磬山下，周廻僅十里，水出巖广間，紺[1]碧可釀，故名清溪。環溪而居五六家，燈火隱見林薄間，而宜陽子之又思潁亭在焉。亭之東，作小室凡九楹，不鋼而飾，取蔽風雨交，牕施綺幔，設蒲團一几一。偃仰臥起，時把太史公韓歐文，隨手繙閱。庭植芭蕉芍藥碧梧桐數十種，園後松檜幾千章，扁曰山莊。成於清明穀雨之間雨過微涼，凭檻四眺，峯巒空翠如沐。明月上東南山缺處，與池水溶漾。林碧天青，萬象瀅澈。時與田父野老談農桑，絕不言時政得失人物臧否。客去，命筍輿行平疇綠野中，遇險輒返，歸則閉戶怡然。無外物也。宜陽子嘗仕於朝，念菲才不能裨補聖明，思欲歸田，而力又不任耕，時時倩人，灌田鋤畦圃。但坐室中著書，時輒焚香，冥思遐搜，若有甚自得者，及出，又自喜謂必傳無疑，然世之人不能知也。

（录自《金陵集》卷之十二記）

---

1 稍微带红的黑色。

【精舍·草堂】编

九峯精舍記

金若鍊[1]

　　陶淵水石，甲於花山之東，古崇禎處士採薇之所也。自淵循溪而上，東迤南旋，行十餘里，得一小村。或稱九水，水非九流，或稱龜峴，峴無龜形，莫知其所由名也。村之東南西北皆山也。有水從兩山間，潮于南，繞東而北，入于陶淵。官路自後而左而前，通靑鳧，紫海等邑。村之俗，力稼穡通魚塩，自古無顯者。居其村，峯巒之環于四方者，不免爲耕夫樵豎所玷污，其名俗而不雅，無有能新之者，其勢然也，姊子金生鵬運，崇禎處士之後也。其家自芝溪，菊瀾來注于此者僅三世。旣有以漸易其俗。金生又受學于其再從祖蘭谷翁，得聞內外輕重之分，質溫而行雅，宅心實地，絶意名場，新搆茅廬數間，制度精緻。壁揭李夫子十圖，丌置諸先輩遺文，靜處其中。日有所業，凡其峯峀之可玩可象者，無不題品而新其名。東曰老萊，曰吐月，西曰隔塵，南曰禿筆，曰硯滴，曰隱霧，曰仰德，北曰卧龍，曰採藥。或因其稱號之近似者以文之，或取其形象之彷彿者以呼之，或就其卽事卽景而號之，總以名其廬曰九峯精舍。余聞而奇之，擧其名而問之。金生四向立，以手指其峯，各言其名義。余笑曰，造化翁非有意爲是也。顧名之者人也，樂於心悅於目。强以名之曰某山，山靈有知乎則其肯聽命於君，而爲君朝暮坐卧之用乎。山固無心，而在乎人之用之爲何如耳。用之爲玩物之具，而不以爲身心收用之資，則彼巍然峙乎左右者，安能屈首開顔，以爲君數楹茅

1　金若鍊（1730—1802），朝鮮时代后期文臣。

屋之所有哉。余觀於陶淵，其水石誠奇矣，然不有君先處士爲之主而爲之名，其何以名於山外，聞於後世，爲人之所寓慕而起敬也。九峯之名似矣，而徒名而止焉，則何貴乎其名。老萊孝子也，臥龍王佐也，吐月其光也，隔塵其靜也，隱霧其智也，仰德以修行，採藥以養生，筆與硯，其助我者也，君其顧名而思義哉。金生瞿然曰，吾姑名之而已，安敢保其名之爲實用也，請叟有以教我。余曰，君之師蘭翁，余所畏也，世之學者，矯其外以餙其中，惟蘭翁由乎中而著於外，名實相符，知行兩至，君能尊其所聞，爲己而不爲人，務實而不務名，則斯可以無愧於屋漏，而不負其師門，其於爲九峯之主人何有。金生請余書其語，以爲精舍記。時昭陽赤奮若孟冬日也。

（录自《斗庵先生文集》卷之四記）

九峯精舍記

崔益鉉[1]

人於斯世，安身立命，將如何而可也。亦曰抱聖賢書入深山中，木食澗飲，天地日月，爲君師，山川草木，爲朋友。保全得先王典章父祖緒業，則西波之懷襄大勢，雖不可一擧掃清，堅我壁壘，鳴金自守，其賢於全師胥溺，不啻萬萬，奈擧世滔滔，一往不返。湖之綾陽，有山曰九峯，舊有心菴尹公居之。子孫守而靑氊[2]，便是尹氏之平泉也。其孫處士滋鉉甫，能以古人之學，爲己任。既又從師遠溪之上，得聞先正緒言。又北遊白雲，訪處士之賢者，樂與之反復，可謂翹翹然出類而拔衆矣。嘗扁其燕居之室曰九峰精舍，謀及不佞，俾一言以尾之。余聞綾陽距

1　崔益鉉（1833—1907），朝鲜时代后期文臣，抗日运动家。
2　指仕宦人家的传世之物或旧业。

京師八百餘里，九峰去邑治又數十里強，山益深，樹益密，巖壑藏鎖。靈泉瀉出，怪奇萬狀，殆難名言。若其蹲蹲起伏，聳出九節，而縹渺雲霄，則隱然若巨人長德，端笏垂紳，正色率[1]下，羣醜衆邪，自然退伏，莫敢仰干。真惡色惡聲之所不能及，獸蹄鳥跡之所不敢逼，而一區乾淨，宜其爲仁人逸士盤旋薖軸[2]。詩云泌之洋洋，可以樂飢。又曰，心之憂矣，我歌且謠。處士有焉，天意人事之所以餉我者，如是其篤厚懇至，則我之所奉承酬答於冥冥之中者，寧可懈緩放倒，爲傍觀之口實也耶。姑以是奉助詢蕘[3]之盛意，至於界至風物，應多有大方鉅筆，茲不必及云爾。

（录自《勉菴先生文集》卷之二十記）

東里精舍記

李敏求[4]

　　尙書鄭公君則東里精舍，舊在興仁門[5]外，離城可盡一矢，人煙希罕，有蕭散夷曠之致。屋雖小，結構整飭[6]，適寢處之安。庭除雖迮[7]，以時潔治，宜攝杖徐步，棲遲憩息，以娛其視聽。雜樹桃李，春賞花而秋食實。其外郊坰[8]夐[9]闊，自水落，峨嵯以下箭串[10]，馬牧之南，遠而廣陵諸山，江漢上游之勝，皆囿於眺望之內。

1　同"率"。
2　薖，音 guò，軸，古书上说的一种草，用以指代贤者、隐士、高士隐遁、隐逸生活。
3　音 ráo，柴草。詢蕘指向普通老百姓了解情况、征求意见。
4　李敏求（1589—1670），朝鲜时代文臣。
5　興仁門为朝鲜时代汉阳都城东边的城门。
6　整飭：整齐有序。
7　迮：狭窄。
8　坰：离城市很远的郊野。
9　夐：远。
10　箭串桥：朝鲜时代最长的桥；箭串原野：以国王的军事训练场和狩猎场而闻名的地方。

溪芹園蔬池魚浦禽之味，又足以供吾養。會心處未必隔絶城市，而近或在濠梁上矣。余每從朋好，跨馬出郭，徘徊陶寫，甚相樂也。其後東里公受長，寧二陵簡畀之隆，出按藩維[1]，入爲天官冢宰，身且朝夕巖廊，而屋因而廢矣。廢又數十甲子，更閲多少世故。而公年至望八，遂納祿告老，乃即其故基，起頽圮脩垣墻，復立精舍，不侈不陋，依舊而止。其寢處樓息眺望禽魚之趣，亦將悉復其舊。獨恨余羸癃[2]困劣，無由一致身其間，復尋陶寫之樂也。夫以公之堅剛不衰，足以坐鎮雅俗。而謝事返初服，有萬牛不回之節，脱屣於榮辱之境，得失所歸當必有所在，而自是屋廢興而論之，不可謂不幸者矣。羊叔子[3]曰，他日角巾東歸，爲吾容棺之墟，叔子方展力方隅，用功名自勉，而深幾慮患，意在周防，末流居身，重爲之致嘅也。往甲寅歲，余與東里公携故友韓泰而，鄭德餘，安夢孚，送伯氏議政公伊川任所。會飮靈谷書院，既而留東里公枕流堂。董書院匠役，餘人竝騎而返。時風雪甚，就東里虛堂，討酒壓寒。東里夫人命女奴掃除迎客出嘉醖，且招隣家謳者以侑歡[4]，客既醉，相與聯句作駢偶文，遍書戶闥，至今四十七年以久。唯余與東里公幸而獲全，回首曩[5]遊，一夢依然。雖聞精舍重建，余既不能自力，而二三故人俱落落泉壤，文酒跌宕，又何可言也。略敍今昔，以寓存没之感。

（录自《東州集》卷之三記）

1　指边防要地。
2　衰弱疲病。
3　西晋开国元勋羊祜。
4　助兴，增其欢乐。
5　音 nǎng，以往。

龜山精舍記

曹兢燮[1]

宜春之山，自闍崛而東馳四五十里，至洛江而欲盡。則東西兩巒，回合環抱，望上浦之野，漸低而缺其口。其內則平原沃疇，洞府豁然。有川自西南而注之，淵淪激駛，由缺口而歸之江。如人之拱手北向，肩臂相直，而紳帶之垂，在其交焉。川之東西，村落相望。當右臂之內而居三分紳之二者曰龜山，安氏之庄于此久矣。儒素相傳，望于鄉里，宗族之所事。賓旅之所經，茅茨土塈之宮，不足以供之。於是兄弟相度，闢山之趾而築精舍五架，中爲兩室而左右夾以廳事，軒敞幽靚，俱得其宜。安君復初最善余，嘗邀余以宿而難其名，曰龜山精舍可也。則請因以偏名之，西曰靈壽之堂，居四靈之一而又能壽千年也。東曰洛瑞之軒，洛負書以呈瑞而江之名又洛也。皆取義於龜云，既而再三請記於予。予復之曰天下莫神於人，而人之頌德而求福者，多取譬於物，如山陵河海松柏金玉，物之無知者也，麒麟鳳凰，世之所稀有，而論人之仁厚文明者，並取其趾與毛而竊比焉，彼惡能神於人哉。特以人之所以神者，動爲欲所蔽，則不如物之純而不失耳。今夫山之爲龜，吾不能知已，即有龜，惡能神於人哉。而乃因龜以名山，因山以名堂舍，因堂舍以求益人，又何其迂也。雖然苟可以益人也，彼山陵河海松柏金玉之無知者，猶取以頌德而求福，況龜之能靈而壽而瑞而純者耶。故人能不蔽於欲然後神，神則靈靈則壽壽則瑞。彼背甲而耳息，曳尾而藏六者，又何足道耶。復初深於學者，其以予言爲不謬也，則請書以揭諸壁。

（录自《巖棲集》卷二十記）

---

1 曹兢燮（1873—1933），朝鮮时代末叶学者。

碧山精舍記 丁巳

曹兌燮

碧山精舍者，在宜春西碧華山下，沈君祉澤爲其曾大父晚覺公而作也。方其作而未成也，使來請記於余。余嘗誌公之幽堂，無以重其言，則辭而緩之。居一年而請三四至，不能終默也。顧嘗以爲精舍者，士之所自托以藏修，而今去公之沒且七十年矣，安所爲而作之。爲之說者則蓋曰不有晦翁之寒泉乎，寒泉以思母名而爲夫子講道之地，況今思其祖以修其居，以求其道，又安所爲而不可。然余見世之有此作者多矣，高者侈其名，下者懷其安，循其外則可慕，探其實則無得。甚者以酣歌博奕呼號談噱爲勝事，而往往堆燭燼于窓牖間，購書史而錮諸壁，客至啓鑰觀之，而終歲不一振其蠹。以故其始作也，無不翼然煥然可悅可賞，而其終也不爲童僕之寢處雀鼠之巢穴者幾希矣。夫其如是之陋也，而何名爲精，亦何道之可求哉。沈氏多愛好文學，而晚覺公孝友廉謹之風。尚有未斬者，諸君誠能反世俗之偷習，而益思貽門戶之嘉謨 [1]，因其作以念其始，推其始以要其終。毋狃 [2] 於近毋廢於久，是則碧山精舍已矣，是爲晚覺公子孫已矣。

（录自《巖棲集》卷二十記）

某川精舍記 辛酉

曹兌燮

就山水泉石之佳者而規一區之地，臨高以爲亭臺，卽深以

1　同"嘉谋"，高明的经国谋略。
2　拘泥。

爲池嶼，環其隙[1]養樹竹花卉以爲園圃，于以捷息而悅適焉。此有力者類能成之，然而不得其志則役焉而已。閒居靜處，以怡其性情。嘯歌吟詠，以宣其懷抱。間則邀賓朋命子弟，談道義諷經史。外物不膠於胷中而眞趣自溢於形外，此有志者或能爲之。然而無術以爲繼則寓焉而已，有力有志而又有術以繼之則善矣。而或乃約其實而侈其名，取快於一時而不爲愈久愈著之圖，君子猶有歉焉。嶺之南，近數富豪文艷之族者，必歸於晉之士谷河氏。河氏故多耆宿[2]，而都事松峰公尤有名聞。兢變嘗再見公於里中，當時年甚少，未能測其所存。然竊識其言笑俛[3]仰之間，古氣蒼然，眞意油然。自爲湖海一時之人物，廿年之外，天地翻覆，公亦厭世久矣。公之嗣子載國景寶，乃以其所錄某川精舍之事實，遠來屬余以記。某川者在士谷之東北一里，有水石林壑之美，本名舍音洞。公自以方言轉稱爲某老洞，嘗欲誅茅於此，以爲將老之計。旣而遭時多難，遷徙他鄉，不能成其所志。盖旣喪而諸子返於故居，則其一水一石一林一壑，無不可以起追慕之思。於是兄弟商度，直其地而建築焉。堂室廊廡厨庖之所無一物之不具，則凡起居之適賓朋之娛，子弟之周旋，無一事之不宜。旣成顏之曰某川精舍，循公志也。夫某者不知誰何之稱也，以公之名聞於一坊，而自某之以爲謙。以兹構之閎且得其地，爲鄉鄰之望，而從而某之以爲順。夫力可以值而有志可以勉而爲術可以操之而久，惟謙順之美，非有見於大者，不能强而成。故曰實勝善也，名勝恥也。夫能有其實而晦其名，雖不足爲一時之快，而其爲道則有愈遠而愈光者，然則兹晦也，乃其所以著也歟。余姑書此而復之而竢之。

（录自《巖棲集》卷二十記）

1　同"隙"。
2　年老资深、德高望重之人。
3　俯。

海莊精舍記

張　維[1]

　　張子歸海莊之月餘。鄉之父老數人者，提壺榼以來勞苦之曰，先生生長京華，出入金鑾粉署之日久矣。近雖家食就閒，出有衣冠軒蓋之遊，入有堂寢突奧[2]之居，雍容甚適也。一朝辱在田野，斥鹵[3]之爲隣，蓬藜之爲處。灰糞堀堁[4]，蓊勃[5]乎戶庭，蚊蝱虺蝎，密邇乎屏帷。交游疏間，親昵契闊，亦可謂淪落失所矣。敬爲先生病焉，張子曰，謹謝客，僕之來此也，蓋去危而就安也，舍苦而卽樂也。甚適於體而愜於心，無煩父老見勞也。天地之化物也，不能易其性。聖人之處人也，未嘗枉其志。是故伯成安於耕稼，萊氏遯於灌園。僕賦性疏而懶，疏故短於應務，懶故不堪作強，持是二者，以從事於仕宦，其得早敗也幸矣。名譽之爲累也，而不能韜光泯迹以自陸沈。疾病之爲患也，而不能餌藥養形以扶羸頓。家居食貧，妻子不免菜色，而不能悉力畎畝以資口腹。居京師六載，憂讒畏譏，呻吟疲疾，蓋慗然[6]無一日之懽[7]也。今而歸也，弊廬足以庇風雨，薄田足以具饘粥。每於耕耘之暇，淨掃一室，焚香默坐，紬繹[8]圖籍，諷詠書詩。又性喜老莊玄虚之旨，研究三敎，參合異同。亦復凝神調氣，以全形生，採朮蘄苓，以充服食。時或婆娑林樾，散步池澗，魚鳥親人，雲煙娛懷。蓋自歸田以來，體若日以健而心若日以泰也。且夫世之耽耽其視，日狙伺於僕者，只爲名與利

1　張維（1587—1638），朝鲜时代文臣。
2　深邃，喻幽深处。
3　指不宜耕种的盐碱地。
4　空扬貌。李善注："堀堁，风动尘也。"
5　草木茂盛貌。
6　忧思貌。
7　同"欢"。
8　音 chóu yì，理出头绪。也作抽绎。

耳，僕未嘗求名而名謬歸焉。名之所在，利或隨焉。爭名者嫉之，專利者忌之，此狺狺之所以未已也。今而歸，乃一田夫耳。一田夫，何能得人忌嫉耶。而今而後，吾知免於今之世矣。草莽灰塵，不足以浼我清淨。田翁野夫，亦可以𣢉[1]我幽悁[2]。蚊蝱蟲蛇之爲患，比之赤口毒舌之憯且巧，則亦有間矣。迺父老不賀僕而顧勞僕爲，父老皆曰善。張子遂錄其說，以爲海莊精舍記。

（录自《谿谷先生集》卷之八記）

遠志精舍記

柳成龍[3]

　　築精舍于北林。凡五間，東爲堂，西爲齋。由齋北出，又轉而西，高爲樓以俯江水。既成，扁其額曰遠志，湖山登望之美不識焉。客疑其義，余告之曰，遠志，本藥名，一名小草。昔晉人問謝安曰，遠志小草一物，而何爲二名。或曰，處爲遠志，出爲小草，安有愧色。余在山，固無遠志，出而爲小草則固也。是有相類者，又醫家以遠志，專治心氣，能撥昏𣢉[4]煩。余年來患心氣，每餌藥輒用遠志，其功不敢忘，因推類而引其義。治心之說，亦儒者常談。如此數義，皆可爲齋號。而舍後西山，適產遠志，每山雨時至，青翠秀佳，助爲精舍幽趣。遂名精舍曰遠志，取其實也。嗚呼。遠者，近之積也。志者，心之所之也。上下四方之宇，古往今來之宙，可謂遠矣。而吾之心皆得之焉，之焉故有所玩，玩焉故有所樂，樂焉故有所忘。忘者何。忘其

1　同“畅”。
2　幽愤。
3　柳成龍（1542—1607），朝鲜时代文臣。
4　音 juān，同“涓”。蠲煩：消除烦恼。

室之小也。淵明詩曰，心遠地自偏，微斯人，吾誰與歸，是爲記。戊寅四月望前一日書。

（录自《西厓先生文集》卷之十七記）

葛頭精舍記

丁範祖

　　山自老姑而東奔，至海而盤旋邐迤，蓋高陽邑附焉。其最可居者，曰葛頭里，而吾友許君彝叔所世居也。彝叔嘗訪余鶴城，時時說葛頭勝，固以未見爲恨。今年冬，游宦京師，暇日騎馬出國西門，薄暮抵彝叔。彝叔卽其舊址，而新構草舍數椽。幽楚可喜，邀余坐少焉。從軒楹，望西南，海水與天溠泱，夕照倒涵，光怪萬狀。東則三角道峰諸山，拱揖於林木間，俯視大野，皆溝塍畎畝，而土甚沃，稻麥歲熟焉。余乃歎而語彝叔曰，是有海山之勝，而兼以土地之良，信可樂也哉夫。由此西走四十里，而爲國都者，非公卿大人所族居乎。彼以所資之饒，相去之近，而未嘗有就此而爲園囿臺榭者，豈其力不足歟。蓋有所急者存，而不暇及此也。雖然，據康莊而華堂大廈，號至鉅麗者，往往不能傳及其嗣，而彝叔之居，蓋世守矣。雖由此爲子孫無窮之業，豈復有爭者乎。吾意彝叔不欲以此而易彼也。夫魁偉卓犖非常之士，不必出於城市闤闠，而多生於湖山廣漠之鄉。故試與彝叔，登臨吊古，則提單師躪强寇，爲中興將士之倡者，非權元帥慄乎。而鴻文大册，鳴國家之盛者，非崔簡易豈乎。顧瞻秋江南處士衣冠之藏，而想見其高風，則又爽然自失矣。彝叔永有此土而勿失焉，則安知繼而興者，不在於子孫乎，遂記其說以贈。

（录自《海左先生文集》卷之二十三記）

屏潭精舍記

許　傳

　　屏潭精舍者，渭城（咸陽古號）少年進士盧生泰鉉讀書之所也。其山曰霜山，霜之石白，霜之水清。洞邃而幽，源遠而長，迴而爲八九曲，曲曲奇絶。可以濯纓，可以流觴，可以洗心。九曲之下，自然成潭，澄泓可愛。潭之右，石若素屏，相聯而壁立者八疊，潭之名爲此也。精舍面屏而臨潭，溯[1]而上，湫曰龍，沿而下，臺曰鳳。未知何代何人居於斯名於斯，今皆爲精舍之管領。魚鳥樂其樂，雲霞起於起。滿山之花，垂堤之柳，霜後之楓，雪裏之松，皆足以供四時之吟弄而養心目舒精神。消遣世慮者云，余聞而樂之曰嶺外勝地，不爲不多，而此可以擅名於一方矣。地不自顯，待人而顯。顯名之本在立身，立身之本在進修。修其天爵而人爵從之，則生之名顯於無窮。將與屏之石不泐，生其勉之。孟子曰原泉混混，不舍晝夜。盈科而後進，放乎四海。生其觀於屏潭哉。

（录自《性齋先生文集》卷之十五記）

瑪川精舍記

安錫儆

　　學而離師友，能不荒墮。凝然大有成者，盖以志則一定，而左之右之，山川木石。無非吾師友也。若無定志，自外於學，則雖前有嚴師，旁有直友，抑何受毫縷之益歟。瑪川李輝伯，頗亦有志於學者也。於吾爲外弟，是歲吾往見之。其居有

1　同“溯”。

江，江澄沙白朗然十餘里。江上有山，山崇深雲木作翠。山面皆石，色映江爛焉。園竹可數千挺，環村多大松蒼聳。輝伯讀書，方靜坐於其間。見余喜，與余從容語。余曰，善哉輝伯之居也。輝伯曰，吾居之非善也，旁近無師友從遊，終日悵悵[1]，靡所瞻式，吾何以自振。吾居之非善也，吾早孤家貧，無兄弟，幸奉老母以居，曠定省違供養而從師求友，顧有不可以遠者。吾恐單陋燕棄，學之不底於成也。余曰，何爲其然也，是在輝伯。是在輝伯之志，志之未定耶。師席之授，如風灑石。朋榻之講，如油泛水。雖久於從師，勤於求友，無望乎師友之益矣。志之已定耶，不待遠求，而師友之益在此矣。水於師，其清通而遠至也。山於師，其崇重而不遷也。文輝而質碻，石則師也。心虛而節明，竹則師也。凜乎不媚於人，卓乎不變於時，松則師也。默默之中，有來有去，性氣相通，何煩言語。學之既成，又可友也。患無以友之，不患於無友矣。患無以師之，不患於無師矣。是故願輝伯立志。崇禎紀元後再癸亥。興州後人安錫儆以此書輝伯之精舍。

（录自《雪橋集》卷之四記）

香山書舍記

丁範祖

山川靈秀之氣，必鍾而爲魁人杰士。然是其人祖先必有厚德高行積累之實，而吉祥善慶。與山川之氣，相會相毓，然後子孫之生，厥有特達之美矣。我東山川之雄麗，人才之彬蔚，素推嶺南。而尙、善二州，尤擅嶺南之盛。國朝先輩道德文章冠冕一世者，輩出其間。是固靈秀所鍾，有不可誣。抑其世德積累之效爲多，而世或莫之詳也。族弟載權家居善山之延香驛

1　无所适从貌；因不如意而感到不痛快，怅然若失。

里，築小齋于距家百數十步武香山之陽，爲子弟隸業之所，屬余爲記。而其意自傷數世不振，門戶寢衰，若將賈[1]墜其先緒[2]。余告之曰，近時吾丁之散在國中者，大抵皆衰替，而猶支裔蕃昌，往往有以科宦顯，或目之以名族，豈其才術智力致之哉。良由吾先祖長德鉅人，磊落相望，胚胎家慶，儲衍天祿，發之後嗣子孫者如此爾。君之七世祖錦伯公，始家嶺南，徙居善山者今四世，而皆飭躬修行，爲鄉里所愛重。君之大人都事公，雖位不滿德，安分守貞，操履介石，克紹家訓。余嘗宦游嶺南，歷候公於延香里第。登高周覽，則金烏忠臣諸山，體勢奇壯。洛江之水，源流洪大，沉涵萬類，元精萃會，蓄而弗泄。夫以山川之勝，世德之盛，醞釀亭毓而爲子孫者，其必有異於衆人者矣。而況子孫之秀，種積文學，砥礪行誼，日蓄其業，奮發之勢，有不可遏者乎。異日魁杰之士，起自南服。羽儀王朝者，必自善山丁氏始。姑執契以俟。

（录自《海左先生文集》卷之二十三記）

雲溪草堂記

李玄逸[3]

　　吾友聞韶金天休築室于先廬之側，命之曰雲溪草堂，蓋因其曾王父處士公之遺址而重修焉。雲溪之號，實仍其舊。爲屋凡三間，三分二西其齋，而榜曰拙修。以其一爲軒在東，榜曰自怡，皆古詩之語，而天休取節焉。一日天休以書來曰，吾將托於是而俔焉以自休也。子其爲我，鋪張其說。余觀夫世之爲士者得志，佚樂以豫。

1　通"隕"，降、落下、墜落。
2　祖先的功業。
3　李玄逸（1627—1704），朝鲜时代后期文臣兼学者。

不得志，戚促以悲。未見有一人能自坦蕩怡愉，撿制修飭，得與不得，終不爲外物動。或不堪無聊愁悴淫衍滿極之意，則必至流連酣豢，放浪於形骸禮法之外其能達而不變。窮而無怨，不放曠恣睢以自快者，斯亦豈不難哉。天休始以盛年壯氣，摘髭乎科第，逸駕乎脩塗。若將有意於尊主庇民之爲者，一既不合，便能浩然而歸。少無幾微留落不偶之意見於言面，方且耕山釣水，鑿池灌渠，蒔松種菊，日哦其間。怡然有自得之趣，又能絕去外誘，痛自檢束 [1]，以追朱夫子所引坡公詩聞道拙修之語。嗚呼。若天休者其亦無愧乎名軒之義，而於道亦庶幾其不失進修之方矣。夫以遵繩墨謹容節，不慢不弛之道，施之慕通達樂放肆而賤棄名撿者之爲，則其不斥以拘儒拙法而指爲豪士所嗤笑者鮮矣。雖然，曾子任弘毅之重，孟子負剛大之氣，而其所言所戒，終不出正容色謹辭氣，持其志無暴其氣之外，豈容一點麤 [2] 豪血氣間廁其間哉。《記》曰致樂以治心，致禮以治躬，致禮樂之道，舉而措之天下，無難矣。由自怡以致中心無斯須不和，由拙修以至云爲無一事不度。則吾知禮樂之道舉集君之身，向所謂達不變窮不怨。不恣睢以快者，不待勉強而能。異時霖雨邦家，將使斯民無一夫不囿其樂。而孔子所謂修己以安百姓者，亦當於吾身親見之，不止於耕雲釣水，自怡其身而已也。顧余不及往同其樂，聽至論而豁蒙蔽，然想像孤松日暮之趣，活水天光之樂，未嘗不心融神會，不待其身履目覩而後知也。是以承命不辭而記其本末如此。天休蓋永嘉名家，所謂處士公，卽鶴峯先生之猶子也。雖其累世隱德不仕，至天休始顯，然其家學淵源，實亦有所自云。今上十年七夕前一日，載寧李玄逸記。

（録自《葛庵先生文集》卷之二十記）

竹林堂重修續記

奇宇萬[1]

指竹而問曰竹乎。曰是也。指人而問曰竹乎。曰非也。蓋以竹視竹，則曰是曰非者固也。以德視竹，則人不可謂非竹。若鄭公之堂曰竹林，蓋以人爲竹也。何哉。公於丙子，倡義敵愾。于斯時也，和議日興。如大冬嚴雪，百草萎折。而公以妙齡，挺然於衆摧之中。非竹而能然乎，公固竹矣。又有同堂兄弟協謀而幷倡者，竹已林矣。堂曰竹林，蓋其實際。而厥[2]考湖山公被拘全節，厥妣朴夫人遇賊投海，其勁貞之節，何莫非竹也，其根固已苞矣。自是竹爲公家物，而曾孫國煥嗣葺之，以敎後進，未知繞堂之竹成林者又幾何。歲壬辰，又重修之。嗣孫賢相及其族人鍾華、圭源、又賢勞焉。此堂之竹，遠有來歷，而勉翁之記獨闕焉，故以此續之。吾友昌奎斯文實將命焉。

（录自《松沙先生文集》卷之二十記）

溪西草堂記

蔡濟恭

昔者，余行過榮川界。駐馬而歎曰，有是哉，山川之明且麗也。榮，一小郡也，而鬱然以賢才冀北名者，其以地靈也歟。伊後三十餘年，耿耿有不能捨者。八年春，成上舍彦根甫訪余於明德山庄，其容靜其禮恭，知其爲名祖孫也。間嘗爲余言溪西草堂事甚詳，其言曰，堂卽吾先祖應敎公所築也。以其地則蓋在榮川郡東可十里許，淺麓縈廻，小澗淸駃，臨大野而頻長

1　奇宇萬（1846—1916），朝鲜时代末叶义兵将帅。
2　代词，其他的。

川，真碩人薖軸之所也。以其制則爲屋凡堂一間齋一間，覆以茅，昭其儉也，築以石，崇其質也。庭砌幽靚，林木隱約成列，真衛公子苟完之義也。以其作堂之由，則吾先祖蚤歲蜚英，登金門上玉堂，上拂君違，下忤權貴，其進難其退易。於是焉卜築於斯，短椽疎櫺，雖不蔽風雨，書几靜閟，翛然有自得者。當世之推爲名流，朝家之選以清白，豈不信然矣乎。以其廢興則堂以日月已久，風頹雨壓，礎廢揩夷。鄉里指點曰，此成學士草廬遺址。或有徘徊不能去者，後孫追感不已。近始依舊址改立，而慮單間之易以歪仆，則增齋一間附四楹。慮草茆之難以久遠，則陶瓦以代之。此堂始卒之槩也。噫。齋之增也，瓦之易也，雖由於勢所不已。而視吾先祖昭儉崇質之制，得不有歉於肯構而肯堂乎。願公賜之一言，以解其怵惕之心焉。余作而復曰，若此者，吾未見其可歉而只見其可書者多。應教公遍歷清班，累縮腴綏[1]而律身冰蘗[2]如也。茅屋數間，人不堪其陋，公能不改其操，可書也。堂之成毀相尋，理也。公之孫能羹於斯墻於斯，非堂之爲美，惟先祖是思。茂草遺墟，重葺乃已，可書也。堂之制略有攸增，非侈大是謀，實圖所以久遠，而猶且反顧肯堂之義。怵惕有不自安者，率是心以往，於毋忝爾所生何有，可書也，又可勉也。遂書以歸之，勉哉。

（录自《樊巖先生集》卷之三十五記）

---

1 同"韍"，指古代系印纽的丝绳，绂的颜色依官位品级而不同；此处指官职。
2 音 niè，冰蘗：喻苦寒而有操守。

鶴一草堂重修記丁丑秋

金允植

　　吾鄉洌水之上數十里，沿江村落，多名勝卜居之所。或屢世相傳，或一世而屢易其主。其屢易者，村口淺露，少蘊藉含蓄之意。而望之如畫，嘗爲往來遊客之所眺賞，故往往以景勝聞。其傳世者，必回抱邃曠，不衒[1]于外，且非傳賣之地，故人亦罕得至焉。楊根郡治之南，有鶴一村，谿堂李君之所居也。距濕水五里而近，岡巒繞翠，樹木蓊然，中寬而平，可築可耕。李君之先，嘗始卜于此。其子孫相戒不離於村外一步地，歷累世而環村無他人矣。余嘗一宿其草堂，時落日氣清，稻香襲人，草屋燈火，相望於池塘林木之間。昕夕所往來而晤談者，皆李氏之彥，可知其世居之樂也。李君爲言其先大父嘗建此屋，今爲七十年所。雖甚朽敗不可去也，將鳩材而重新之。丁丑秋，訪余于京城北山下，曰吾往年既修弊廬矣。子有一宿之緣，願有以記之。余不敢辭。仍念古語云作者不居，居者不作，何其敎人渝也。夫作者有勤儉貽後之德則未必不居，居者有堂構繼述之思則未必不作。余觀世之人，一朝得意，起第舍蔽雲日，呼揶之聲未絕。而已易新主，其子孫又往往小先人之庭，而遷徙無常，是未可謂貽後繼志之善者也。今李君之居此屋，以年則七十，以世則三傳，而又有令子令孫皆克繼其家者也，保有其祖父之業無疑也。豈非以其勤儉之德倡於先，而堂構之孝述於後，能傳久遠如是也。余幸得一躡仙庄，觀其村居之勝，而能言其晷。異日欲休官東下，卜隣而居，笠屐相尋於烟水霜畦之間。李君其許我否。是爲之記。

（录自《雲養集》卷之十記）

1　同"炫"，炫耀。

【書院・學堂】编

謁陶山書院記

李　溪

　　余自清涼轉訪陶山，申澤卿實與同之。半日行過溫溪，路左遙指書院。問于人，則曰老先生先大夫贊成公與從父承旨兄觀察三人俎豆處也。嶺之人尊奉先生之極，其於所生所師，亦皆推而向慕之如此。況先生遺塵播馥之地，人之瞻仰而起敬之，當如何也。復由小嶺先過愛日堂，乃李聾巖所居，極縹緲妙絕也。旋馬左趨，始抵陶山。陶山者先生別業，而所常起居地也。距溪上五里許，溪上者先生本第所在，是所謂退溪也。在直東上流，碍一麓，不與陶通望，先生常由山後策杖還往云。蓋山與水透迤盤回，而臨溪開一洞壑。山爲靈芝之支，而水發源於黃池者也。又山之從清涼來者，沿流而西，與靈芝一幹，襟合於下流，左右拱揖，即所謂東西兩翠屏此也。洞小而腹乍寬，可容閒。其曰宅曠而勢絕，占地位不偏者，據本記可驗。先生手刱[1]陶山書堂尚在此，後人因建書院于堂之後，以尊奉之也。余等下馬，端恭入外門。西有童蒙齋，與書堂對敵，童蒙者蒙儒習學之所云。復入進德門，亦有左右齋，東博約而西弘毅也。跨中面南開講堂，扁曰典教堂。堂之西室曰閑存齋，閑存者院中必有長任，以率諸生，而常處于此，而博約弘毅即諸生之所止云。余等入弘毅齋，遇居齋士人琴生命蓍，略聞院中規模與地名人風之槩。仍呼院奴，開祠宇外正門，悉問拜跪節次而後敢入。高揭尚德祠三字額也。又開南牖，余等肅謁庭下。趨而由西階，鞠躬序立於閾外。欲觀祠中制度，只左

1　音 chuàng，同 "创"。

有月川趙公配食位而已。復通西牆開小門，牆外爲屋二所，一謂酒庫，一謂藏祭器處云。余等遂趨而出，至弘毅齋，齋後復有室。人指謂有司房，少焉與琴生俱至。所謂書堂，是果先生親所作，而一木一石，人不敢移易。故短牆幽扉，細渠方塘，依然樸素遺制，而無不羹牆焉如見也。始也肅然，若將聞謦欬之音。終也憬然扳撫而知敬，百載歸來，人於遺躅餘芬。尚有觀感而興起，況當時親炙之者乎。屋蓋三間，東軒而西竈[1]，中爲室，室曰翫樂齋，軒曰巖栖，合以命之曰陶山書堂。軒之東又附起一間，與軒通爲廳。而析木作板，如今人臥牀樣，琴生言先生當時未及有此，寒岡承遺意追成也。塘曰淨友，引微泉以注。門曰幽貞，編柴爲之，蓋象平時制也。自庭以左至山足，松檜成藪，株皆合抱，問則曰先生手培者也。先生歿已百四十年之久，而物獨蔽芾[2]然猶存則人之封植嘉樹，比于甘棠者不亦宜乎。及觀于室中，西北二壁，皆有藏。藏各二層，皆貯遺器，卽璣衡[3]具一，案檠[4]投壺各一，花盆臺唾器各一，硯匣一。人言硯爲人所偸而今不存，夫硯一片石耳，在此則爲無價，在人則只與佗石等。彼偸者抑何心耶。吁惜也。復有青藜一枚杖，爲匣以藏之，無少傷缺，品亦稀有，一寸數節如鶴膝，叩之堅鏗作聲可寶也。東爲門揭之，可與軒通。南開小囱，囱內衡架，架上有枕席等物也。琴生云此室以先生手澤之存，陋弊而不敢修改，先生劄[5]記筆迹井井在壁間。近有一院長某，以改繕遺宅，白于方伯，方伯亦不敢靳其需，於是得紙厚，盡塗而劃新之，今無一字留者。於是士林集議，削院長名於籍中，至今

1　同“灶”。

2　音 bì fèi，茂盛貌。

3　“璇璣玉衡”古代观测天体的仪器，一般指浑仪，是以浑天说理论为基础制造的。

4　音 qíng，灯架，亦指灯。

5　同“札”，古代写字用的小而薄的木片。章炳麟《国故论衡·文学总略》“是故绳线联贯谓之经，簿书记事谓之专……汉言‘尺牍’今言‘札记’矣。”札记，指随时记录下的读书心得或随笔记事等。

爲譏笑嗟惋也。吁先生之一言一動，無不爲後之範則。而慕之如祥雲瑞日，仰之如泰山北斗。今居處器用，猶有不泯者存，則人孰不愛翫而奇寶之哉。故雖微瑣細眇，莫不心識而謹書，此除是慕古之癡癖，觀者恕之。復至于弘毅，遂與琴生共寢。院奴復進尋院錄，余等列書姓名及字鄉貫日月，亦例也。詰朝將發，步上東麓百許步，至天淵臺。與西麓天雲臺者並峙，水洋洋流而過前，平開眼界，可通望遠邇。石面鐫刻天淵臺三字，亦月川以遺意成者也。復從天雲臺而下，夕向榮川郡，觀龜鶴亭而返。

（录自《星湖先生全集》卷之五十三記）

尋陶山書院日記

趙　根[1]

　　二十三日，朝馳書于豐基倅，問陶山之約。先是基倅約與尋院，而姜山陰洽之靷日相值，以是爲慮故也。二十四日午後，從城北路踰栢田峴，則清凉已在眼底。國師菩薩等峯，歷歷可指，秀色連天，令人神馳。而此行不可登覽遊賞，將不得迤往，良可歎也。行十五里許，卽嘉工村，故權方伯泰一之居也。人家甚盛，彌滿一洞，沙川橫流村中，自是勝景。而但田疇荒蕪，籬落蕭索，生意都無。村居士人及常漢百餘人，擁立馬前，齊呼饑餒之狀，余亦慘然慰諭而遣之。自是村民之遮道訴憫者，處處皆然。又行十餘里，方到禮安境。縣監李斗光出待，入幕處少憇。乍閱文書，促行十里許，卽縣內也。日已向昏，不入縣，直向陶山。自縣內行十里許，卽書院也。奉化縣監柳宜河來待，院長進士琴聖徽亦率諸生而來，相見於講堂。基倅書至，果以姜

1　趙根（1631—1690），朝鮮时代文臣。

靷不得來會矣。夜深且困，不能與諸君長話可歎，是夜宿閑存齋。二十五日曉起，瞻拜祠下。老先生位版題退陶李先生，琴輔書，從享月川位版，題月川趙公四字，李苙書。退與院儒話，禮安，奉化兩倅亦會。琴上庠[1]爲人澹雅，又能博識故事，與之語不覺傾蓋也。講堂曰典教堂，堂之西夾曰閑存齋，東齋曰博約，西齋曰弘毅，門曰進道門，廟曰尙德祠，版額皆沈仁祚大字云。宣賜陶山書院四字，卽石峯韓濩[2]御前奉教書者也，掛在講堂之楣。院有藏書數百卷，進道門外東偏，卽先生所居書室。院儒以先生平日服御之物，奉寘于此。杖一，其木似藜而多目，人以爲大栲木云，作樻而藏之。席枕一，凳席二，硯匣一，硯滴一，投壺一，竹造璣衡一，紙造渾天儀一，屢經世變而能得保存，可幸可奇。壁上多有先生手筆記書朱子書要語者，而半爲蠧[3]食矣。巖棲軒，玩樂齋，陶山書堂三額，皆先生筆八分字，手澤宛然如昨。而淨友塘荷葉已枯，幽貞門荊扉長掩，俯仰感愴，徘徊而不忍去也。自巖棲軒西轉三四步，卽隴雲精舍，而此則頹歆荒凉，人不可居。然觀瀾軒，時習齋，止宿寮等扁額尙存矣。與琴君步至天淵臺上，卽書院東麓之斗斷臨川者也，臺之景槩，先生之詩與記已盡之。而登臨爽豁，消滌煩襟，不覺身自塵埃中來也。與琴君談話良久，琴君屬余以數杯酒。天雲臺，亦樂齋俱在西麓，皆可覽賞者，而余行忙甚，不能往。騎馬沿川而北行五里許，卽所謂退溪，而先生之墓在焉。上墓展拜，而墓在高峯絶頂之上，登陟甚艱，地理亦似登露不吉，問之則先生門人金兌一之所卜矣。先生支孫李希拈，以社稷參奉，適受由下來，嫡孫李杲，趙判書復陽白于榻前，以旁孫爲繼后者也，外孽孫進士金鏄三人來見，拜墓訖。李君請暫憩于其家，余爲之少留。求見

1　上庠，古代的大学；这里指代录入大学学府的学者。

2　韓濩（1543—1605），号石峰，有“朝鲜书法第一人”之称，以石峰体写成《千字文》。

3　蛀蚀器物的虫子。

家藏先生遺書，手筆頗多，奉玩再三，只恨行忙不能久覽。且不得更訪寒棲舊庵也，庵自退溪北行又七八里許云。時日已午矣，促駕復從天淵臺下，巖石上大書三字而刻之，西崖之筆云。沿川而行三四里許，卽愛日堂，李聾巖賢輔舊業也。堂舊在聾巖之上，乙巳之水，巖頹而崩，堂亦漂去，子孫改搆於舊基之下云。余暫登憑欄見之，景物森羅，面面新態，不減於天淵。川流橫繞堂下，有悠揚穩安之趣，與天淵之曠遠通暢，氣象頓殊矣。亭之主人李章漢來見，卽聾巖後孫也。余問聾巖年近九十而卒，子孫亦皆有壽乎。李言其兩親俱八十餘，方在堂上。而李年亦已六十矣。自堂而下又三四里，越川而東，卽易東書院也。入講堂更衣拜廟，琴上庠又率諸生先已來待矣。祠宇與堂齋制度比陶山頗宏大敞豁，位版書高麗成均館祭酒丹陽禹公。公諱倬也，此亦琴輔所書云。祠曰尙賢祠，堂曰名教堂，堂之東翼曰精一齋，西翼曰直方齋，西齋曰三省，東齋曰四勿，門曰進道門，揔[1]名曰易東書院，皆退溪先生所定之名而手書者也。講堂壁上揭夙興夜寐及四勿箴，亦先生所書，白鹿洞規則李叔樑所書云。自進道門東行十餘步，臨川有臺曰觀水，蒼松數百株在焉。少憩于此，沿川而南又三里許，卽琴上庠家。琴之祖父蘭秀字聞遠，退門名人也。琴上庠出示家藏古蹟，先生手筆甚多。余得一張大字書工部詩者，而琴又約惠月川手書，可謂不虛爲此行也。月川書堂距此五里許云，而行忙不能歷入。故琴上庠攜來書堂舊藏文字而示之，月川平日帖粧退溪手書凡六卷，今皆藏在樻中，披玩不厭。而西日已斜，前路頗遠，不免忽忽。與琴君揖別，回首雲門，暮靄冥冥，令人悵然。

（录自《損菴集》卷之四記）

1　同"总"。

臨江書院講堂重修記

李　漢

　　我國之有書院，自白雲洞始，洞卽晦軒安文成公故居也，周愼齋世鵬刱設之，而退溪李先生之所經紀也。漢昔過順興府，訪至院。院奴授以墨巾靑襟，設席階下，然後開門。導至席，拱揖平身，進盥少退，沃盥升階，由正門入上香一炷，出自夾門，復至席再拜退，此皆李先生之所商定云。于斯時也，泝洄眞源，悅慕遺風，恰慰平生大願，廿載歸來，殆夢想不離矣。乃者尹斯文世翊有寄書來云今長湍府界，實文成公墓道在焉。儒紳合志建祠於臨津上游，因以牧隱李先生，慕齋金先生，思齋金先生配食，或其衣冠所藏，杖屨所及，而俱爲土人之思仰也。祠成請於朝，朝賜臨江之額以顯褒之，於是國人知長湍有臨江書院者。殆近百年之久，而堂宇未免頹剝，今也出力劃新，一如舊貫，旁築一室，爲終吾殘年之計，子試爲記。余謂公之志則摰矣，事則勤矣，庶幾[1]於斯學斯道矣。蓋聞文成爲東方儒學之祖，前乎此而有人，言爲風旨，未甚著也，後乎此而有人，興動來學，斾乎其餘緒也。然則文成卽東人之魯夫子，而順興爲昌平，長湍爲泗上，祠以祝之，其可但已哉。而況有三先生爲之餟[2]享，則其道益光，而事無遺憾矣。夫書院者起于閭巷，而關于官政，士之藏書習業，必於是在焉。古者有大學則必有小學，在國之西郊曰虞庠[3]，周人謂之西學。有學亦必有所尊，禮所謂凡有道者，有德者死爲樂祖，祭於瞽宗[4]是也。今之時學校之設略

1　希望，但願；有幸。

2　音 chuò，同"啜"。

3　周代学校名。

4　西周天子为教育贵族子弟设立的大学。取四周有水，形如璧环为名。其学有五，南为成均，北为上庠，东为东序，西为瞽宗，中为辟雍。《礼记·明堂位》："殷人设右学为大学，左学为小学，而作乐于瞽宗。"

備，而庠塾不立，教爲無本，學制有拘，趨尚每下，故有志之士，必擇屏閑之地，爲講道之所，國家因以勸相之，遂遵西學之禮，許祀先賢，使吾黨諸子樂育而自適焉。是則倣[1]諸古愜諸今，裨益實多，而書院所以遂盛於國中也。《詩》云高山仰止，景行行止，夫子贊之曰詩之好仁如此。嚮道而行，中道而廢，忘身之老也。勉焉日有孳孳，斃而後已，此爲爲學存心節度而無餘法也。登斯堂者仰瞻榱桷[2]，俯覽筵几，羹牆[3]乎四先生之遺烈，而有以自奮，則其於進修之方，自重之義，有不能自已者，此則設院待士之本意。其戒訓程規，退溪李先生既嘗備著，或倨傲鮮腆[4]則與安瑞書言之，任達尙氣則與金慶言書言之，求志肄業，畜德熟仁，則與沈通源書言之。此又白雲洞故事，而後人受以爲拱璧者也。今請擧以似之，用此標揭，矜式[5]乎多士，善者知屬，不善者知戒，斯已盡之，其敢贅焉。

（录自《星湖先生全集》卷之五十三記）

玉洞書院記

鄭　琢[6]

　　眞城縣，我退溪老先生之貫鄉也。歲庚子，鄉人李君，於縣北十餘里面陽之地得異處，名玉洞。山水秀麗，洞壑幽曠，李君於是，謀於鄉父老子弟，爲先生營建廟宇，仍設書院。蓋模畫出自李君，而縣監崔君，實力焉。越三年壬寅，工既訖功。

1　同"仿"。
2　音 cuī jué，屋椽，常喻担负重任的人物；与栋梁相对，喻次要人物。
3　追怀前辈或仰慕圣贤。
4　音 xiǎn tiǎn，谓对地位低的人无谦爱之意。
5　示范，楷模。
6　鄭琢（1526—1605），朝鲜时代中期文臣。

廟三間，堂四間，夾室二間，齋三間，神廚一間，有司廳二間，庫二間，廚舍直房并四間。是年九月丁巳，奉安位版于廟，屬琢記事。嗚呼。書院之昉¹於中朝尚矣，而創於東方亦有年，無非所以尊尚先儒，矜式後學之事也。是以，凡爲先賢立廟建院者，或就講道之所，或以臨民之地，或於鄉貫，或尋游跡，隨處致敬，以敦尊德象賢之風，亦古者社祭鄉先生之義，而其作成人才，藏修士子之方，莫大於此。竊唯²，我退溪先生，道德文章，集成東方。其於平日講道之所，游詠之處，莫不立廟建院。以爲尊奉矜式之地，而唯於貫鄉臨民之邦，顧有闕焉，多士惜之。今一朝以先生貫籍之鄉，而又得名勝之區，廟貌新開，時薦蘋蘩，瞻慕儀刑³，追慕⁴遺風。父老之尊奉者在斯，小子之矜式者以此。則眞城雖十室之邑，固有忠信自好之人，自今菁莪之育，弦誦之美，不亦大佑斯文。而其導民興俗之功，有補於國家風化，夫豈淺淺哉。李君之用心，可謂至矣。而崔太守之賜，亦不少也。李君名庭檜，字某，於先生爲族孫。時寓居眞城，爲人忠幹，嘗宰橫城，義興，皆有治績。太守名某，字某，某貫人。萬曆壬寅十二月初吉，清城後人大匡輔國崇祿大夫，行判中樞府事鄭琢，記。

　　坊名玉洞，古也，而或曰鳳覽，故院額初稱鳳覽，厥後書生安姓者夢，有二老指示之異，故因玉洞之舊號。

（录自《藥圃先生文集》卷之三記）

1　起始。
2　用以表示个人想法的谦辞。
3　效法，典范。
4　音 sù，循着。

盤谷書院記

許　筠[1]

　　沙村之西十里，兩山合而川流滙其中。上有幽谷鬱然而窈深，清湍錦石，映帶於上下。入谷不一里，有厓[2]石當川之東，水激而成瀑，飛沫空濛，聲殷殷如雷。楓杉松櫪，參天翳日，其森邃淸爽，可合逸人之棲遲也。余外舅直長公舍居之，名曰盤谷書院。公倜儻有奇氣，力學富有詞章。屢屈於南省，常有物外志，欲效向子平，而以親老未果，及失怙恃[3]，乃棄官爲五嶽之游。深悟禪機，透見性源，一年過半住金剛山。而雖在家亦以韻釋一二自隨，時爲無町畦之行以翫世。世之人不知向譁笑之，亦不恤心，獨喜自負也。晚年構此院，陳圖書千卷，槃博其中，作詩以自娛。年八十，無疾而終，人或以爲化去云。公之冢嗣君嗣居之，一日，拉余以游。則夾澗桃樹百餘株花半落，錦浪滔滔，而幽芳野卉，蔥蒨[4]可愛。好鳥下上於林間，嚶鳴百般，似弄游人。松陰布地，承以苔毯。兄爲設醴肴，令侍妾謳以侑之。少釅，踢石而濯足。晞髮陽崖，俯仰天地，浩浩有憑虛之思，甚嫻快也。酒半，余語兄曰，皇天不弔，時方事干戈，京國貴家，失其先業，流徙破產，棲棲莫定厥居者皆是。而吾江陵，經禍不酷，邑里閭舍，無一熑[5]毀。吾兄恪守先人遺業，其圖籍器用，無一朽失者，且優游偃息，樂以終年。是雖祖先積累，天所陰佑，而吾兄之不替堂構，爲良子孫者，其出恒人萬萬也，豈不韙耶。兄喜曰，然。可爲我紀此語，識之壁也。余遂援筆載之。

（录自《惺所覆瓿藁》卷之七文部四記）

1　許筠（1569—1618），朝鲜时代文臣兼文人。
2　同"厓"。
3　父母的代称。
4　音 cōng qiàn，草木茂盛状。
5　音 xiǎn，战火焚烧。

烏川鄭文忠公書院記

南公轍

　　迎日一名烏川，爲東京屬縣。地庫下峽束，東北邊境，環以江海，中潴[1]爲湖，水入海愈深而山益逶迤明秀。自昔名公顯仕，多在其中。今亦士皆務爲經業，出入庠序間，往往有忠厚之行。治東五里，有圃隱鄭文忠公書院。院屢廢而葺之，今幾百年矣。而烏川士大夫，尤以鄭氏爲重。前年春，余以巡察至東京，圖畫其山川而覽之。其所謂靑林一區，枕長江倚古木。南望瓊瑚諸峯矗立於滄波森渺之際，中有高屋楓楠橘柚千章，梅竹香茗，崇岡連被，指之知其爲公之祠。而仍惜其子孫不能自顯于世，咨嗟太息者久之。蓋鄭氏之先，至高麗益著。滎[2]陽公諱襲明，密直公諱思道，俱以名德聞於一時。事在鄭麟趾[3]史傳，而至文忠公，始倡爲性理之學，爲東方儒者所宗。及麗祚將隕，以身殉死。其道德事功，蔚然爲百世之師，而精忠大節，扶植一國之綱常。何其偉哉。滎陽，密直二公，同享本祠。萬曆中命賜額，官與其祭。後又以松江文淸公追享之，於是乎鄭氏一家，皆得俎[4]豆之祀於是邦。而其後世之遺落海隅者，亦皆誦習其祖之書，保其衣冠，嶠南素稱多故家大族，而未易與烏川之鄭，相高以門閥也。今之學士大夫，不講於譜學久矣。閭巷之人，一朝得官，自相誇尙。而問其先人之德業，則顧不可得以考也。烏川之鄭，其源甚遠。余嘗得其家譜系，考其世次，密直公與文忠公，同出於滎陽，而文淸公又出於其宗，以淸名直道，爲本朝名臣。文淸公孫澔，受學於華陽先生，仕肅英間，至領議政，

1　音 zhū，水积聚的地方。
2　音 xíng，滎陽，河南郑州附近的县。
3　郑麟趾：朝鲜王朝初年性理学者（1396—1478）。
4　音 zǔ，俎豆，古代祭祀时盛放食物的礼器。

謚文敬。今文清公追享其祠，而文敬公尚未配食，豈不可惜也哉。文清文敬之子孫，居在湖西之忠州，多達官大家。而其在嶺外者，日以浸微，士之游宦至東南者，停舟而問之，四尺之墳，繫牲之石，樵童漁子，皆能識其處，而不復知烏川之鄭爲千年之家矣。院久頹毀，儒生李斗源等，相與鳩財而重修之，謁余爲記，爲我語諸君矣。自朝廷設科舉取士，士皆以仕宦榮達，保其世家，殊不知光大其業者不在此焉。彼鄭氏之先之顯於後世者，豈以其官歟，皆以其德也，於此可以知其去就矣夫。

（录自《金陵集》卷之十二記）

養素讀書堂記

韓章錫

　　余懶交游，惟以書爲友。養素子性耽書，亦與書爲友。余因以交養素子，養素子卽余友之友也。養素子於書酷好昌黎氏，俯而讀仰而思起而諷誦，閉戶不出數十年，下筆爲文，其咳唾步驟不近於昌黎氏者什一二。蓋不獨專且久也，其性所養有素焉耳。日携書入公山萬壽洞，築室居焉。既而過京師，語余曰吾鄉有江山之勝，武城之足奧如也，濯錦之尾曠如也，吾室于是。累土爲臺，以便臨眺。誅茅作堂，以待藏修。吾奉親之暇，讀書其中，倦則消搖四望，以暢幽欝。每桃花浪靜，竹林月高，釣艇載酒，日夕溯洄乎其間，幽靚亢爽，靡不愜意。使人誦王右丞華子岡詩東坡赤壁二賦，酣暢自適，煩囂不入心。其樂足以忘老，此吾所以養吾素也。然時復悄然北望，停杯而不怡者，以吾意中之人不在也。夫江山之樂，惟友朋助發之。而造物者不兼畀之，甚可恨也。子幸爲我文之，將以慰吾幽獨也。余竊惟古之君子，有絕俗而高，有擇地而泰者，顧其遇不遇何如耳，然隱居求志，行義達道，夫子之所未見也。下此則惟離羣而後返眞，返眞而後自樂，子旣隱矣，索居無友，又何怨乎。子有千古友在巾衍[1]中，何不洗心崇精以求之。斯友也淡而不渝，狎而無累，世俗無此友也。余雅有丘壑志，牽攣不能去，子之素可及也，其養不可及也，記子居能無愧乎，昌黎氏有送李愿盤谷詩序，其代余言。

（录自《眉山先生文集》卷之八記）

魚臺書堂記

南公壽

李文靖公嘗愛魚臺之勝，爲之賦播于中國。中國之人，亦知東海之有殊觀焉。文靖歸而臺爲花山氏之庄，且屢世矣。毓秀鍾靈，偉人代作，若故臺隱公之行誼，雙槐公之博雅。近而海，隱剩窩，晚觀翁之文章奇氣，蔚然爲海上之望。人傑之由地靈，非虛語也。然而人傑之爲人傑，不但委之地靈而已。必也敎養有素，藏修有方，以成就其才器也。故古者州有序，黨有庠，家有塾，而洛建諸賢之尤致力於精舍書院者，諒以是已。臺下舊無書塾，今上壬戌春，臺隱來孫度天氏，與晚翁之季子度鉌若而人，就舍南一小阜，葺數椽室堂，爲學子居業之所，貽燕嘉惠之意亦勤矣。屋旣完，度鉌以余有分華之舊，請誌其事甚摯。余觀夫堂之設，非爲景物遊觀之趣而已也。彼臺之有無，固無與焉。而惟其起居之與接，飲食焉必偕，則善學焉者，亦可以三隅矣。噫。臺是一拳石之多，而其積累成就，如彼截特，夫豈徒然哉。原其發迹也，盤礴屈折而蜿蜿邐邐，虬奔而鸞矞[2]，騰

1　放置头巾、书卷等物的小箱子。
2　鸞：传说中凤凰一类的鸟；矞：飞举。

之爲嶹，擲之爲衍，至扶桑之濱而屹然爲天作之高秀，然則學而造君子高大之域，亦豈一蹴而可到者耶。始自灑埽應對，以至于修齊治平，凡歷幾階級涉幾關嶺而后方可爲準的之地，則信乎爲學之難，難於爲山也。吾子其以是語諸君，《書》曰，爲山九仞，功虧一簣。吾夫子曰，雖覆一簣，其進吾往也。於乎，之二訓者，誠可體念而可努力焉者也，後之居是堂者，以爲何如。

（录自《瀛隱文集》卷之四記）

玉淵書堂記

柳成龍

余既作遠志精舍，猶恨其村墟近，未愜幽期，渡北潭，於石崖東，得異處焉。前挹湖光，後負高阜，丹壁峙其右，白沙縈其左。南望則羣峯錯立，拱揖如畫，漁村數點，隱映烟樹間。花山自北而南，隔江相對，每月出東峯，寒影倒垂。半浸湖水，纖波不起，金璧相涵，殊可玩也。地去人烟不甚遠，而前阻深潭，人欲至者，非舟莫通。舟艤北岸則客來坐沙中，招呼無應者，良久乃去，亦遁世幽棲之一助也。於是，余心樂之，欲作小宇，爲靜居終老之所，顧家貧無計。有山僧誕弘者，自薦幹其役，資以粟帛。自丙子始，越十年丙戌粗成，可棲息。其制爲堂者二間，名曰瞰綠，取王羲之仰眺碧天際，俯瞰綠水隈之語也。堂之東，爲燕居之室二間，名曰洗心，取易繫辭中語，意或從事於斯，以庶幾萬一爾。又齋在北者三間，以舍守僧，取禪家說名曰玩寂。東爲齋二間，以待朋友之來訪者，名遠樂，取自遠樂乎之語。由齋西出爲小軒二間，與洗心齋相比，名曰愛吾，取淵明吾亦愛吾廬之語。合而扁之曰玉淵書堂，盖江水至此，匯爲深潭，其色潔淨如玉，故名。人苟體其意，則玉之潔淵之澄，皆君子之所貴乎道者也。余嘗觀古人之言，曰人生貴適意，富貴何爲。余以鄙拙，素無行世之願，譬如麋鹿之性，山野其適，非城市間物，而中年妄出宦途，汨沒聲利之場二十餘年矣。舉足搖手，動成駭觸[1]，當其時，大悶無聊，未嘗不悵然思茂林豐草之爲樂也。今幸蒙恩，解綬南歸，軒冕之榮，過耳鳥音，而一丘一壑，樂意方深。是時而吾堂適成，將杜門卻掃，潛深伏奧，俛仰乎一室之內，放浪乎山谿之間。圖書足以供玩索之樂，疏糲足以忘芻豢之美。佳辰美景，情朋偶集，則與之窮回溪坐巖石，望青天歌白雲，蕩狎魚鳥，皆足以自樂而忘憂。嗚呼，斯亦人生適意之大者，外慕何爲。懼斯言之不固，聊書壁而自警。丙戌季夏，主人西厓居士記。

（录自《西厓先生文集》卷之十七記）

1　駭：惊吓，震惊；觸：同“触”，感触。

【寺·菴】编

觀寂寺記

丁若鏞

余從蒼玉洞還至摩訶灘。二子斂袵而請曰，聞觀寂之勝，不減蒼玉，可以從公游乎。余曰豈其然哉。蒼玉不可得也，雖然菅蒯豈宜棄哉。當如汝願，遂泊舟烏淵之南，騎行十餘里，忽見鉅石對峙作門，門之西有小溪流出。尋其源，有雙瀑迸空中，折爲兩層，四瀑竝垂，勢不相降，斯所謂鑵淵瀑布也。由鑵淵出至石門之上，窺其中峯回壁抱，不可知也。詢之人，如彼者數十里，洞天開谿，泉甘而土肥。此邦之人，比之桃源，卽所謂五倫谷也。自石門下，由其北谷而行，曲曲皆澄潭鉅石。行數里得一樵徑，此所由抵觀寂也。山峻力罷，十步一歇，五步一噎，昏黑僅至寺。寺在高峰之頂，而四圍巖嵊[1]如城，城中水石奇絶。至其出水處，乃截壁千仞也。厥明[2]到水口，觀瀑而還。

（录自《定本與猶堂全書》卷之十四記）

遊千房寺舊址記

李南珪

余家東數里，巋然高大爲湖西沿海郡諸山之祖，曰千方山[3]。

1　高聳。
2　指明日。
3　韩语中"方"和"房"是同样的读音和同一个字，文献流传中有混用。

山之西爲洞者三，右曰丹芝，左曰扶道，有溪出其中曰千方洞，三洞而此獨以山名。占地得其中也，舊有寺在其源，亦以千方名。吾先祖石樓公嘗於雪中遊焉，有記可按，余自兒時欲一遊而憚險未果。今年三月甲午，偶意到。攀爾出門，歷登酒峯草堂遺墟，卽公遊寺時所歷，而前此余未之登也。其地直余六世祖衣履之藏，越小郊而爲對案，懸厓偪側，無泉石之勝，而人到今指點稱之，亦有由焉。酒峯以太學掌議，疏請斬爾瞻，因結茅于此，讀書求其志，故地因以著也。循其趾而東數弓，爲霞溪權尙書故居。由此東北行約里所，過扶道而不及丹芝，得所謂千方洞。洞右有巖壁，其下溪水從石槽落而爲小潭，頗幽奇可玩。遵溪而東，愈登愈峻。日午暗甚，從者捲枯葉承巖溜，納瓢以進，沃渴稍覺清冽。渡溪少東，南折而北，又東迤得微路百餘武而至寺址焉。盖層巖怪石，人立而拱揖，虎踞而獰醜，一溪潺潺瀉出於槎枒罅竅之間。山腰已半，有峯突然斗起，來立於人行之前。巉巖峻截，更無攀緣之勢。一徑如線，盤紆曲折。下視澗谷蒼然杳然，皆歷歷如公所記者。而至其巍然簷角縹緲鶱啄，與夫庭西短墻防人墮落者，今皆蕩然無存。獨砌礎亂石，縱橫於苗蕃榛蕪之間，倚杖彷徨，感慨隨之。時天晴無點雲，西望遠近諸山之由此山而支者，羅列眼底，可俯而撫，如長德鉅人，峩冠斂袵而坐於堂上，諸子孫從外還，周折趨蹌，重行立其前也。當時德隆寺僧名所稱內浦五六邑之境，大小峯巒，畢獻無餘者，信不妄矣。而公之值天大雪，專其奇觀駭矚於眼前變化，而不得縱眺遠賞於數百里之外者，固若有數存乎其間，然山水之遊，視世間一切榮願，雅俗雖不同，而亦造物者所惜之者也。是宜留有餘不盡之勝，以付後之繼來者之餉也。公之不少俟天晴，以畢奇觀遊。辭却隆之請，其意安知不在於此也，且其記極言登陟之勞，而曰蹣跚傴僂，若陞旋墜，蹶者動氣，攀者費巧，各盡心力，而難於一步之進，可知有爲者亦若是。昔韓昌黎[1]聽彈琴詩曰，躋攀分寸不可上，失勢一落千丈強，後世儒賢引此爲操存之戒。公因一時遊山之事，以喻學者進道之難，固隱約可見，而我後人盍亦恪守其戒，相與勉進於所當用力之地哉。謹拈記中語數條，槩識其勝，僭又纂括而發其微指如此，以諗同遊諸公。同遊諸公，曰承甲，曰東稙，選稙，漢稙，命稙，曰敏珪。於公爲九世十世十一世，而皆尊且長於余，宜不名，然以壓故不敢不名，且叙昭穆而不叙以齒，覽者可恕之。是遊人各得五律一首，歸入族人應璣家，借紙筆書以留之。應璣酒峯之七世孫，而將以明日冠其子承爽，去來俱勞以酒肴，又以一壺酒資山行。

（录自《修堂遺集》冊之六記）

白雲山白雲寺重脩記

李敏求

　　人之言曰靑山白雲，然而以靑山名山者少，以白雲名山者多。蓋山則主也，雲則賓也。借賓而形主，久見斯之有斯也，夫雲者山之有也。山者體也，定而不動。雲者用也，出而無窮。定而不動，故常存而觀不新。出而無窮，故常變而觀益奇。山之取名以白雲，其以是乎。東國之山名白雲者以十數，而唯在永平者最爲秀奧，據山而建佛宇者又十數，而號白雲者最爲精嚴。其泉石之泓崢，景致之夐絶，凡可以娛耳目而陶性情，供幽事而淸道機者，當甲乙於靈隱國淸。而白雲之溶溶出岫，漠漠彌空，朝夕呈態，陰晴變幻，與他山不同。夫有山必有雲，而談雲者必擧泰山之膚寸，則白雲山之有白雲寺，固當有以矣。僧

1　韩愈，唐朝文学家。

史稱道詵國師實刱是寺，近八百年風雨之所震撼，雀鼠之所穴樓。楹棟中摧，丹青剝漶，龍象無依，緇流[1]歎息。有磧凜長老住錫[2]于茲，慨然以興起事功爲己任。與其徒雪清，杜暹，靈什三人者齊心合計，廣募緣施，殿堂子庵，長弟營緝。以至欒桍[3]之當改者，金相之當飾者，無有不加重新。令山門改矚，而又塑諸像十數軀。其他供佛器用，百物具備。自崇禎辛未始役，經十祀乃訖，誠已勤矣。彼爲佛者發爲願果，營立道場。居僧衆而奉化王，覬他生無量福利者，余所不知。唯其占勝於清淨之域，脩治精舍以惠游客。徑行無虎豹之憂，寢息有房櫳之適。其濟勝於人人，亦不爲少矣。嗟乎。此身如浮雲，本無南北，俟理芒屩詣上方，臥見白雲興沒以自怡悅。姑書余志。貽山人之來乞文者道徽云。

（录自《東州集》卷之三記）

東林寺讀書記

丁若鏞

烏城縣北五里，有萬淵寺。萬淵之東，有靜修之院。僧之說經者居之，是曰東林。家君知縣之越明年冬，余與仲氏住棲東林。仲氏讀《尙書》，余讀《孟子》。時初雪糝地，澗泉欲氷，山林竹樹之色，皆蒼冷拳縮。晨夕消搖，神精清蕭。睡起卽赴澗水，漱齒沃面。飯鍾動，與諸比丘列坐吃飯。昏星見，卽登皐歡詠。夜則聽偈語經聲，隨復讀書。如是者凡四十日。余曰僧之爲僧，

---

1 僧徒。僧尼多穿黑衣，故稱。
2 僧人在其地居留。
3 房屋的梁和檐。

吾乃今知之矣。夫無父母兄弟妻子之樂，無飲酒食肉淫聲美色之娛，彼何苦爲僧哉，誠有以易此者也。吾兄弟游學已數年，嘗有如東林之樂乎。仲氏曰然。彼其所以爲僧也夫。

（录自《定本與猶堂全書》卷之十三記）

竹菴記

朴彭年[1]

　　有日，竹菴上人謁余于黃雪閣之南軒，求記其菴。余曰，青松翠柏，明月清風，情境蕭然。上人胡不取，江梅蒼蔔，清香馥馥，襲人肌骨。上人胡不取，維竹是愛，愛之不已，又扁之於菴耶。江梅蒼蔔，清則清矣，其花有時，其色偏淡。青松翠柏，高則高矣，其操雖貞，其心不虛。奚若此君虛心苦節，貫四時而不改哉，宜上人取以爲號也。且知上人氣量清曠，善於梵音，其聲雄放，能滿天地，是亦氣類之相似歟。其好之也不亦宜乎，大抵其中虛者，其音出，其器闊者，其聲大，嶰谷之管，柯亭之笛，是已。吾聞上人之聲，固已知其中之所存也。然上人，學佛者也。吾雖欲發子猷之興，誦淇澳之詩，而不敢也，何暇及於宜煙宜雨之說也。但上人之道，本以清虛爲貴，其聲氣亦與之相合，故取以爲說焉。

（录自《朴先生遺稿》文）

1　朴彭年（1417—1456），朝鮮時代前期文臣。

不知菴記

金昌協[1]

　　華嶽之山，在貊之西，北山之陰有隩區，曰谷雲，古淸寒子之所棲止也。其地環以崇山，障以脩嶺。長川大溪，經緯其間，四面而入，無一坦塗。往往猱緣蟻附[2]，行萬仞之厓，臨不測之谷。其險阻如此，故居其中者，率皆山氓遍戶，如鳥獸聚然。自淸寒子之後，歷數百年，而吾伯父始居之。其初卽梅月臺之西臥龍潭之上，作亭以臨之。取崔孤雲詩語，名以籠水。而日曳杖吟嘯於其間，人望之邈然若神仙之不可及，而亦憂其孤高難立矣。乃先生安而樂之，滋久不厭。去年秋，又自亭南行四五里，入華嶽深谷中。斬木夷阜，縛屋以處。於是山重水襲，人境益遠，遂名之曰不知菴。而命小子爲記，小子不敢辭。就請其所以名者則曰，昔放翁[3]有詩，萬事無如睡不知，余故甚愛此語，而是菴也又適在華陰，故因以名之，以自託於希夷[4]云爾。小子於是退而竊歎曰，嗚呼唏矣，先生之旨，深哉。夫人之所樂乎爲人者，豈不以其能以一心而周知萬事乎。然世道之變無窮，而事或有不必知者，亦有不欲知者，甚而有不忍知者焉，則無寧以不知爲樂，此固人情之所時有也。然人之不能無事也，如影之必隨形也，心之不能無知也。如鑑之必照物也，夫苟欲息影而廢照乎，則唯睡爲可以逃焉。此先生之所以有味乎放翁之詩，而其以名菴也。亦猶前日名亭之意也歟，抑籠水之云，猶託於外境，而所不欲聞者，是非之聲而已。若今之云者，則殆將收其官。知一閉於內，而於世間萬事，可喜可怒，可哀可樂，大小無窮之變，

1　金昌協（1651—1708），朝鲜时代后期文臣兼学者。
2　猱：古书中的一种猴。《古今谭概·猱》中有"兽有猱，小而善缘"。蟻附：像蚂蚁一样趋集。
3　陆游。
4　虚静玄妙。

舉無所知焉，其意又深於籠水矣。蓋菴之作也，去亭後十數年，其於世道之變，所感有輕重，故所託有淺深。觀於此名，雖千載之下，亦可以見先生之心。而於今日世道之變，亦不待考史論事而幾得之矣，小子復何言哉。抑小子竊念放翁之詩，善矣。然睡未必皆不知也，睡而不知，唯睡心者能之。苟不能睡心，而唯眼之睡，則彼其夢，將紛紛然有侯王焉，有將相焉，有馳騁弋獵聲色之娛焉，有貧賤憂苦死喪得失之戚焉。是雖曰睡矣，而其與接爲構，勃然鬬進，又何異於覺時哉。今且以希夷言之，當五代干戈之際，亦旣愁聞悶見於當世之事，而携書歸隱久矣。千日之睡，宜莫能撼，而乃更騎驢而出，墮驢而歸者，亦何爲哉。意者其猶未能睡心乎。若然者，雖終身盤礴於雲臺之上，而中原逐鹿之夢猶在也，是尚可謂不知乎哉。今先生雖自託於希夷，而乃其所存有不同者。從今以往，山裏許多歲月，固無非先生隱几打駒之日，而其方寸之間，必將沖漠冥寂。無思無夢，事物不得入其閑，而鬼神莫能窺其際矣。如此而謂之睡心，如此而謂之不知，不亦可乎。乃先生之意，則不止於此而已。方將開太初之谷，作五無之菴，歌靈均遠游之亂，以卒其年。若是者，將遺形骸超鴻濛，獨立於萬物之表，無復有夢覺之境知不知之倪也，此又豈小子所能測哉。嗚呼深矣。嗚呼遠矣。伯父又於華嶽最深處得一谷，萬杉參天，人跡所不及，遂名之曰太初，而擬作小菴，取遠游卒章五無語而名之。

（录自《農巖集》卷之二十四記）

不知菴記

金昌翕

世所謂一切窮峽，谷雲爲最。而伯父之籠水亭以深特聞者十餘年，今之不知菴，非昔之隱几者也。是在華陰之谷龍潭之源，木石幽古，其深乎深者也。有屋焉白茅數椽，其戶長闔，嗒坐終日，睿然若千古有過，而睇其壁放翁感興詩在焉。菴之所以爲不知者可知已，始籠水之建，余小子嘗承命搦毫，布張其水石聲勢，以發孤雲之意矣。追思至此，未闋至極，吹萬等一，喧爾澎湃，之與啾呦[1]，相去幾何，其以聲奪聲也。夫以聲奪聲，是非之所依故也。所惡於智者，爲其有能所者在爾。今若反之於內，以寂遣喧，以忘遣寂，使耳如鼻，使心如背，玄乎默乎，侗乎曠乎。了了者息，悶悶者立，方可以入無窮之門，處自然之室，此不知之妙解也。彼籠水者猶有未遣者乎，蓋自籠水而之乎不知道也，進矣非境之謂也。雖然移步而淺深有焉，南望華山，雲塵杳冥，不知猶有雲臥千日者乎，而西有伴睡菴，檀爐蘇燈[2]，儼然坐古先生焉。若在山寒磵涸，飛走寥絕，鍾唄之風，或不相及。衡柴而外，以至松杉之末，氷雪合焉。不知之眞消息隱約於初地者如此，俄而空色無際，妙徼[3]俱玄，則在耳無聞，在心無思，在身無爲。無聞則靜，無思則虛，無爲則恬，合而冥於不知也。若物之內外，六合之圓方，萬品之起滅，久矣其泯，斯渾沌氏之奇術也。而伯父假修焉，豈吾道非耶，亦歸依之所不得已也。歲暮遠遊之托，曾朱子安之乎，菴中晨夕之課，方以五無爲誦，或至悲吟不寐，可知其所寄者聊爾，所樂不存焉。夫淺深者境耶，顯晦者迹耶，窮通哀樂之不可奈何者時耶，然則非樂乎深，而不可以淺者有矣。非惡乎顯，而無已於晦者有矣。夫古今同情，豈不悽慨。孤雲則有孤雲之時，放翁則有放翁之時，是其興感之由，樂無知而願尚寐。要之籠水與不知均焉，然今籠水之地

1　啾，《广韵》小儿声；呦，《说文》欢声。啾呦：小声喧哗。
2　薰香炉。蘇燈：宋代即出现的一种集绘画、剪纸、纸扎、编织及刺绣等工艺的传统手工艺品。
3　妙徼（音 jiào）：精微、微妙。

淺，而伯父之時深矣。且以伯父之無不知而泯於不知，豈其心哉。嗚呼。余之所不忍詳，在後人之論其世耳。如以山林果忘，疑我伯父乎籠水不知之間，此其時爲伯父闤闠[1]之樂，其迹可追數也。時乎，時乎，猶有所不知者乎。菴之上有太初谷焉，吾恐伯父之跡，未了於不知也。

（录自《三淵集》拾遺卷之二十三記）

浮菴記

丁若鏞

羅山處士羅公，年且八十，紅顏綠瞳，綽若仙人。過余于茶山之菴曰，美哉斯菴，花藥分列，泉石映帶，无悶者之攸居也。雖然今子遷謫之人，主上既赦之，使還鄉，赦書今日至，明日子不在此，又何爲蒔花種藥，沼泉渠石，爲如是久遠計也。我菴于羅山之陽，今且三十餘年。廟祏[2]安焉，子孫長焉，然插之以樸擊，縛之以朽索，園圃不治，蓬藟[3]蓊然。苟且牽補，朝不慮夕，若是者何也，爲吾生浮也。或浮而之東，或浮而之西，或浮而行，或浮而止，浮而往浮而還，其浮方未已也。是以號其身曰浮浮子，而名其室曰浮菴。吾猶若是，況於子乎。子之事，吾茲惑焉。余作而曰，噫，達哉之言。生之浮也，先生既知之矣。雖然湖澤溢而萍葉見乎溝渠，天雨而木偶人隨流，此夫人之所知，而先生之所自況也。豈唯是也，魚以胇[4]浮，鳥以翼浮，泡漚以氣浮，雲霞以蒸浮，日月以運轉浮，星辰以維絡浮，天以太虛浮，地以礨空浮。以輿萬物，以載兆民，由是觀之，

1　音 huán huì，街市、街道。
2　古代宗庙中藏神主的石室。
3　蓬草与藟草，泛指草丛。
4　音 pāo，鱼的气囊、鼓起的轻软之物。

天下有不浮者乎。有人於此，乘大舸入大瀛，覆桮[1]水於船艎之內，而汎[2]芥爲舟，方且竊竊然笑其浮而忘其身之大浮焉，則人之不以是爲愚者鮮矣。今天下莫不浮，而先生獨以浮自傷，號其身名其室而唯浮之爲悲，不亦謬乎。彼花藥泉石，皆與我浮者也。浮而相值則欣然，浮而相捨則浩然忘之已矣，又何爲不可。且浮未嘗悲也，漁人浮而得味，商人浮而獲利，范蠡浮而遠禍，徐市[3]浮而關國，張志和浮而樂，倪元鎮浮而安，浮豈可少哉。故以夫子之聖，亦嘗有志乎浮也，浮顧不美乎。浮於水者猶然，浮於地者，又何爲自傷乎。請以今日之所與語者，爲浮菴記，以壽先生。

（录自《定本與猶堂全書》卷之十三記）

遯菴記

閔在南[4]

遯[5]菴其主翁，與余爲詩社，嘗要余序遯菴。余曰遯之時義大矣哉，翁之力可能遯乎。翁翃翃然大笑曰遯何以用力爲哉。曰然則菴之號，奚取焉。自古遯世之士，有遯而不遯者。若巢許務光，世皆稱美，終南少室，人有傳笑。其風聲所到，力足以致名者存焉。而其餘山林丘壑之韜光匿迹者，畢竟名埋沒而無傳，則此不遯之遯也，何必更號菴乎。翁之志雖不欲求知於人而人皆知，翁之自少好吟詩，至老善飲酒，則詩酒之名烏可遯也。翁復笑曰，

1　音 bēi，同"杯"，盛饮料的器皿。
2　同"泛"，浮貌。
3　即徐福，秦著名方士，有徐福在日本的平原广泽为王之说。
4　闵在南（1802—1873），朝鲜时代后期文人，曾三次参加科举考试均落榜，后修建学堂教授后生学问。
5　同"遁"。

子之愛護遯字甚切矣，吾年今大耋，更有何所望於世耶。在《易》遯之象曰，天下有山，遯。吾之歸遯，舍此奚往。余作而謝曰以老故不得已欲遯於山耶，雖無力何害於遯。是爲記。

（录自《晦亭集》卷之六記）

樂隱菴記

安錫儆

　　余之入鳳山也，與南先輩有誠甫隔巒而居。杖屨時相過，談詩書話耕漁。蔭茂林濯清渠，未嘗不欣欣如也。有誠甫新搆小庵，名之以樂隱，使余記。余曰，子誠樂於隱者乎，子以名族，族子與孫，多顯用於世，以子之賢[1]而所憑厚矣，子獨何爲而隱，隱亦何爲而樂耶。如吾之族寒而才微者，隱固其宜也。既隱矣，不樂而何益哉。隱之求顯，百無一幸。而若焦躁不樂於隱，則是乃窮之又窶者也，故就隱而求其樂以自樂矣。子與吾異，吾不可以文於子菴。有誠甫笑曰，一木之枝，寧無高下，不必皆下而下也。一蔓之實，寧無洪纖，不必皆纖而纖也。吾在吾族，寂[2]爲匪才，何以不至於此。袁氏[3]之有土室[4]，王氏之有露車[5]，吾以爲就其族而才最劣，志最拙者也，抑下劣纖拙，孰使然耶。吾知安吾命而已，既安於命矣，吾何爲而不樂哉。鳥獸之於山藪，龜魚之於江湖，所處不同而爲樂則均也。澗松之與山苗，野卉之與宮花，其蒙雨露之澤則一也。顯者之軒冕鍾鼎，隱者之雲霞丘壑，均沐聖上之澤，而一是得所之樂也。吾誰憾而亦誰羨

1　同"贤"。
2　同"最"。
3　袁闳，借指隐者陋居。
4　古时天子明堂的中央室，《礼记·月令》。
5　无帷盖的车子。

也，三盃濁酒，一枕高眠，春花上山，秋月滿川，魚躍而無獺，鳥飛而無鶡[1]，吾何爲而不樂焉。余亦笑曰，子之言果然。然古人有言曰，與其有樂於身，孰若無憂於心。與其有譽於前，孰若無毀於後。蓋以隱者之樂，顧爲勝於顯者之樂也。子之樂於隱，其所謂最樂者歟。有誠甫又笑曰，何必別爲文，書是說於菴。庵茅三間而在甲川之於樂坪。

（录自《霅橋集》卷之四記）

玉蓮菴記

李建昌[2]

　　嶺南之通度寺，雄於國中，寺僧二千餘人。其少而秀者曰永海，大小菴寮十數，其新而麗者曰玉蓮。余弟垂卿之記曰，余游通度，問衆僧曰，誰可與談詩者，皆以海對。又問誰可與談經者，又皆以海對。亟呼海至，體短而貌皙，年甫二十，丹唇漆眸，望之如畫，他僧皆合掌低首隨後，稱師惟謹。余色然異之，與之語。示余所爲通度寺歌，疾讀朗諷，聲如碎玉，試以書，運筆如風，字悉得法，與之詰經義，語簡而理晰，往往有警省人。又曰，通度之西曰布溪，布溪之西曰望峰，望峰之南曰如意峰。海之居，挾望而抱如意，上下二屋，上楹十五，以爲佛堂及其師愚溪之廬，下弱上三之一，以其半予其徒。而所謂玉蓮菴者，菴五間，有竹數千，有泉泓而爲澗。欄欲曲，以循泉也，簷欲短，以承竹也。四壁，皆古書畫，案有經卷數十與詩集若干而已，蕭然無他有。又曰，海爲余道其營造之始終，今上二十二年二月甲子，越三年八月庚辰也，用錢之數五十萬，

1　古书上指一种猛禽。
2　李建昌（1852—1898），朝鲜时代后期文臣兼学者。

用瓴甓鐵錫及木之數，繁不能悉，蓋垂卿之游通度，余未之偕。以書與記寄余曰，海有請於弟，然弟不足以重海，敢以囑。余未之應，嗣及於大故，厪[1]而不死，不可爲文字，然垂卿獨時時語余，幸勿忘玉蓮菴記。余固亦嘗時時往來於心，今海千里重繭而至，唁余畢喪，留十數日，與余兄弟，談經談詩，傍及他書。余始聞垂卿道，海，或意言之微過實及，是乃信。卽垂卿，亦謂前日知海，猶未悉也。將別，垂卿復以記索余。余既感垂卿之勤，而重悅海之爲人，無辭以辭，然垂卿之記已具。余獨無可加者，姑爲檃括[2]而重叙之如此。

（录自《明美堂集》卷之十記）

遊天眞菴記

丁若鏞

丁巳之夏，余在明禮坊。石榴初華，小雨新霽，意苕川打魚其時也。制大夫非謁告，不得出都門，然謁之不可得，遂行至苕川。越翼日取截江網打魚，魚大小共五十餘枚。小艇不能堪，不沈者菫[3]數寸。移舟泊藍子洲，欣然一飽。既而余曰昔張翰思江東，稱鱸魚蓴菜，若魚吾既嘗之矣。今山菜正香，盍爲天眞之游。於是昆弟四人，與宗人三四人，共詣天眞。既入山，草木翕蔚，山中雜花盛開，芳聞酷烈。而百鳥和鳴，喉嚨淸滑。且行且聽，相顧樂甚。既至寺，一觴一詠以窮日。既三日始還，凡得詩二十餘首。喫山菜若薺苨薇蕨[4]木頭之屬，共五六種。

（录自《定本與猶堂全書》卷之十四記）

---

1 同“仅”，才、只。
2 同“桰”，矯正邪曲的器具。檃括：矯正、修正、審度。
3 多年生草本植物，全草可入药，亦称“菫菫菜”。
4 薺苨：中药名，桔梗科植物；薇蕨：薇和蕨嫩叶皆可作蔬，旧为贫苦者所常食。

遊仙巖寺記

李山海[1]

自八仙臺而西餘數十里，峽盡而地平，衍野忽曠。稍南而行又十餘里，峯巒環合，洞門幽邃。時見麋鹿群遊，珍禽異鳥，飛鳴嘐戞於樹林之間。余早發黃保，短童羸馬，緩緩而行，不知路之遠且之夕也。薄暮，到仙巖寺而憩焉。寺是羅代所創，棟宇欹斜，丹碧漫漶。僧言昔有客遊此山，見一物凸起於蘿蔓榛莽[2]中，疑其爲異物，披而見之則乃寺也。因而剗去荒翳，疏除土石，修其漏污而不易其桷[3]瓦，于今數百年矣。周覽庭宇，彷徨良久，時夜已深，山月漸明。令沙彌[4]前導而登所謂繼祖菴者，菴在絶頂，路緣蒼崖，崖面如削，苔滑難着足。蹣跚推挽而上，風泉亂落，飛瀑如雨。月下見之，如白虹玉龍，交撑倒插於靑煙彩霧之間也。菴只數間，有僧懸燈孤坐，誦經禮佛，令人魂清骨冷。達曙不寐，平明，開戶望之，南海之微茫，浦溆之縈回，皆在几席之下，而迎窹諸山，纍纍如丘垤[5]。蓐食[6]而下，宿雲未散，巖洞依微，還到仙巖。則日已高矣，仰見繼祖菴，如在九天之上，磬聲僧語，琅然半空。時山花半謝，林棄初嫩，萬壑千巖，紅綠交映。如別佳人不能去也，還出洞門，回首煙外，怳如瑤臺一夢之覺。衰病塵蹤，雖欲再遊而未易得也。恐斯遊之久而忘也，書此以識之。

（录自《鵝溪遺稿》卷之三雜著）

---

1. 李山海（1539—1609），朝鲜时代文臣。
2. 杂乱丛生的草木。
3. 方形椽子。
4. 小和尚。
5. 小土堆。
6. 早餐时间很早。

遊修眞寺記

李山海

　　自黃保而西，洞邃而寬。山擁而複，行四五里踰一嶺。稍南有谷，深而長。路漸高，縈山腹而上，抵頂而止，乃修眞寺也。寺有佛殿，左右僧堂。殿傍有東西二寮，西新創，東建而未覆。庭有破塔纔數尺，居僧僅十餘指，繞寺皆柿，栗，木瓜。前有竹林，寺右有泉，蒼而不澈。左臨滄海，日月之生，歷歷可見，而雲捲海朗，則蔚陵島瞭然可望也。北蔽而南敞，衆峯鱗鱗，皆拱於寺門。寺雖不奇絶，居山之頂洞之奧，俗子之所罕至。而每斜陽下山，洞壑皆暝，衆鳥飛盡，白雲棲簷，梵罷僧定，方丈寥閴[1]，星月滿空，洞門如晝，露華涼冷，樹影婆娑，一聲鳴磬，萬念皆空，此山房之勝致也。幅巾藜杖，日遊宿而不知歸者誰，竹皮翁也，從之者誰，翁之二子也，客至而欣然出迎者誰，寺之僧守仁也。

（录自《鵝溪遺稿》卷之三雜著）

遊廣興寺記

李山海

　　廣興寺，在八仙臺南二十餘里。山禿而低，洞狹而淺，村且近，眞野寺也。有二泉出山根，瀄瀄[2]而鳴。左右寺而合於洞門，聽之如玦環，如笙簧。佛殿之西，有精舍，可開窗坐而睡也。其西有柿亭枕水，可濯可漱。此則寺之勝概也。噫，人之養心，

1　閴（音 qù）的讹字。寥閴：孤寂。
2　音 guó，《杨子·方言》激水也；《集韵》水声。

固不係於居處之高下，心苟濁矣。雖坐楓岳之頂，而無異市闤，心苟清矣。雖墮泥塗之中，而如在物外。是以，古之人有隱淪於城市商冶之間者，以其迹雖汚而心獨潔也。況是寺也，雖在村野之間，而有鳴泉噴玉之勝，又有亭舍之枕流，可以偃仰吟嘯，消遣世慮，此余之所以頻來而不知勞者也。夕陰渡溪，微涼生樹，與二三釋子逍遙於柿亭之上，翛然有出塵遐擧之想。桂魄當空，群動皆寂，與雪眉老衲憑軒而弄影。則之人也，之水也，之月也，相忘於空明灑落之境，此則難可與俗人道也。既以語寺之僧普仁，遂書以記之。

（录自《鵝溪遺稿》卷之三雜著）

遊白巖寺記

李山海

　　昔余之忝貳公也，齋宿中書堂，夢遊一古寺，丹碧剝落，庭草蕪沒。覺而深怪之，及謫于箕，訪白巖寺，則一一皆夢中所覩。信乎人之行止，無非數之前定而人不自知也。白巖山根，蟠於寧平蔚三色之境，望之不甚奇，而高大罕其配。登頂則竹嶺以南，皆在目中。而山之腰，樹密石亂，人跡不通。寺在山之麓，不知何代所建，而佛殿荒涼，僧房寥落。殿後又有佛堂，左右寮，瓦壁漏污。殿前有樓，高敞可坐而望海也。庭有牧丹數叢，方春盛開。寺之僧智月邀余共賞，約之而遷延未易赴，花已落矣。余嘆曰，花之開，數也，花之落，數也，花之不遇我，亦數也，庸何恨。第未知此後花之開落凡幾度，而吾之來賞，亦幾時耶。傍有一老僧，啞然笑曰，公但知人之行止，物之盛衰有數者存，而不知形色有無之妙。貧道請爲公言之，有形出於無形，而終歸於無形，有色出於無色，而終歸於無色，是知無者爲主，有者爲客。花之開也，人喜而吾不喜，其落也，人惜而吾不惜也，豈獨花之爲然。夫人有得，故有失，有榮，故有辱，有生，故有死，有樂，故有憂。世之人不知無得之爲得，無榮之爲榮，無生之爲生，無樂之爲樂，誠可笑也。今公早顯于朝，聲名赫然，閭里聚觀。而一朝，布衣羸馬，行色蕭然，道路皆咨嗟歎息曰，相公胡爲至此。蓋不有昔日之聚觀，則豈有今日之咨嗟乎。余曰，師可與語道者也。屬有家撓，忽忽而別，他日當携被一宿于樓中，以畢形色之說，姑書其語而爲之記。

（录自《鵝溪遺稿》卷之三雜著）

遊麻谷寺記

宋相琦 [1]

　　九月初二日，往維鳩庶舅家，歷拜外庶 [2] 祖母墓。向夕踰一嶺，轉尋麻谷。僧輩數十，持籃輿 [3] 來迎。寺在嶺下十餘里，路傍清泉白石，已自開眼，到寺門，夕陽欲沒，餘暉散射。左右楓林，照映紅纈 [4]。入東寮，日已昏黑。公牧鄭垫來待，煥兒，錫叔，金弟昌彥，李生基重，亦偕來。法堂前有石塔，高十餘丈，四角懸金鈴。僧言壬辰倭寇累次燒燬而火輒滅，只二金鈴缺落云。寺樓前水勢平鋪，有羣魚作隊而游，招漁手持網圍之，使作供具，殊非山門風味也。翌日食後，肩輿訪白蓮庵。庵在寺之西南隅，地勢最高，穹林蔽日，崖路如線。巖谷間石泉，決

1　宋相琦（1657—1723），朝鮮时代后期文臣。
2　旧时祖父之妾的称呼。
3　以人力抬着行走的器具，类似后世的轿子。
4　音 xié，染花的丝织品。

決瀉下。庵舍亦淨潔，庵左十餘步有臺。上有蒼松數十株，洞壑林巒，俱在眼底。武城山在前面若對案，而山色頑濁可厭。其上有一廢城，諺傳土賊洪吉同所築。自白蓮轉山腰，往隱寂庵，卽華岳主峰下也。占地高絕，與白蓮相上下，而眼界通闊則不及。有僧炯悟，頗識經，可與語。余問心與性同耶。僧曰，心則性，性卽心。又問般若何義，菩提何物。僧曰，般若是性，菩提是心。余曰，如此則心與性，果無分別耶。僧曰，此義則不能洞知。又問好把祖家無孔笛，太平煙月盡情吹之句，笛旣無孔，何以吹得。僧曰，無孔之喩，乃指此心不起而自靈也。經卷中，有隱寂庵小記，且書五言律一首，亦能成語，可謂野髡[1]中翹楚者。仍下山出洞，沿澗而行。蓋此寺以饒庶名，別無奇觀異景，而深邃回疊，水石之勝，亦自可觀，又當秋色方酣之時，粧點益佳。今日之遊，正自不可小也。聞迦葉上院等庵，尤高絕宜登覽，而病疲未能盡探。舊寺之南，新建佛殿頗精，少憩而歸。

（录自《玉吾齋集》卷之十三記）

遊水鍾寺記

丁若鏞

　　幼年之所游歷，壯而至則一樂也。窮約之所經過，得意而至則一樂也。孤行獨往之地，携嘉賓挈好友而至則一樂也。余昔童丱[2]時，始游水鍾，聞嘗再游，爲讀書也。每數人爲伴，蕭條寂寞而反。乾隆癸卯春，余以經義爲進士，將歸苕川。家君曰此行不可以草草也，徧召親友與之偕。於是睦佐郎萬中，吳承旨大益，尹掌令弼秉，李校理鼎運，皆來同舟，廣州尹送細

1　音 kūn，剃发，古代指和尚。

2　音 guàn，童丱，指童年时。

樂[1]一部以助之。既歸苕川之越三日，將游水鍾，少年從者亦十餘人，長者騎，或騎牛焉騎驢焉，少年皆徒行，至寺日正晡[2]矣。東南諸峰，夕照方紅，江光日華，照映戶牖，諸公相與謹諧爲樂。至夜月色如畫，相與徘徊瞻眺，命酒賦詩，酒既行，余爲三樂之說，以侑[3]諸公。水鍾者，新羅古寺，寺有泉，從石竇出，落地作鍾聲，故曰水鍾云。

（录自《定本與猶堂全書》卷之十三記）

遊金仙菴記

朴允默

　　金仙菴在三角山南麓，距京城不十里而近。菴雖小，據於懸崖之下石窟之上，境幽而谷深，巖秀而水清，即勝區也。是歲之冬，余遇玉溪諸朋於郊西。適語及此菴，心甚艷之。選勝之約，遂一言而決。翼[4]曉直拂衣而出，行具甚簡率[5]，酒不及肴，飯不及膳，囊中只有一詩弓[6]而已。仍相與逶造菴下，天氣蕭索，氷霜皎潔，万峯森森然羅列而若相參焉。其景物之勝，可知人言之不余欺也。仍冥搜意行，心已喜之。至夜皓月自東來，遍滿於十方化域，百道氷輝，與佛光寶氣，交映透徹，怳惚玲瓏，雖欲畫之而不能狀焉。於斯時也，解衣據梧，舉盃顧影，遺一世於塵埃，滌六根於清淨，若將與石樓金仙，逍遙徜徉於極樂

1　指管弦之乐。
2　申时，即下午三点钟到五点钟的时间。
3　音 yòu，劝人吃喝（侑食侑觴）。
4　同"翌"，明天。
5　音 shuài，同"率"。
6　同"卷"。

世界。雖蓮社[1]之契，厖[2]溪之笑，何足喻其万一也哉。與遊者凡十人，人得古詩一首近體詩六首，及明遂扶醉而歸。

（录自《存齋集》卷之二十三記）

---

1 以念佛为主旨的团体。东晋慧远大师居庐山，其寺中有白莲池，因号莲社。后结社念佛者亦多以此名之。
2 同"虎"。东晋慧远大师所居庐山东林寺前有溪，送客不过溪；过此虎辄号鸣，故名其虎溪。

【室·廬】编

愛吾廬記

金鍾厚[1]

陶靖節詩曰，吾亦愛吾廬，謂吾廬是愛也。而洪君德保，榜其居室曰愛吾廬，則以愛吾名廬也。吾聞之，仁者愛人，未聞愛吾也。雖然，愛吾則愛人在其中矣。何者。夫吾之生也，有耳目百體，而德性存焉。愛吾耳則聰，愛吾目則明，吾百體得愛則順，而吾德性得愛則正。聰明順正而處乎人，則人莫不受其愛矣。故愛人固不出於愛吾也，故君子惟務盡愛吾之道而已，此德保之意也歟。雖然，若但知愛吾之可以愛人，而不知人卽一大吾也，奚可哉。

（录自《湛軒書》附錄）

玉艇室記庚辰春

金允植

古之制器者，必取象於物。至於服食日用之具，皆有至理寓焉。詩人叙公劉佩飾之美，曰何以舟之，維玉及瑤，周禮司尊雞彝鳥彝[2]皆有舟，夫玉取其潔也。舟取其能載物也，君子欲其潔身而範世，虛懷而載物，故取象於斯二者也。杓庭[3]侍郎構

1　金鍾厚（1721—1780），朝鲜时代后期文臣。
2　彝彝：古代祭祀时常用礼器的总称。孙诒让《周礼正义》：鸡彝、鸟彝，谓刻画之为鸡、凤凰之形。
3　闵台镐（1834—1884），号杓庭。

數楹于屋之西，爲嚮[1]晦宴息之所，且鏤玉而爲牒子之形，置諸室中，扁其楣曰玉艇。夫玉艇一小玩耳，不足以當公之雅尚，而以古人所以寓象於服飾器用者，寓之於室，公之所取，亦可知已。且夫天地一積水也，棟宇一泛宅也，今吾與公並舟而行，偶然止泊于城市康莊之間，而目不覩江海之色，耳不聞波濤之聲，夷然遂忘其爲舟也，穹然以爲不拔之基則亦蔽矣。是以古之名碩雖履亨衢處華屋，而意未嘗忘乎扁舟烟波之趣。思之不已，發於詠歎。詠歎之不足，形諸圖繪，蓋其胷次不如是清曠則無能載重而涉遠也。今公琢玉而象其形，以名其室，其思致之遠，寄托之深，又靡徒詠歎圖繪而已也。

（录自《雲養集》卷之十記）

知恩舍名堂室記

成汝信[2]

舍在浮查第之東，制凡四間。東西兩角，各安一室，爲溫突明窓，是兒曹讀書所也。東曰二顧齋，取言顧行，行顧言之義。西曰四有齋，取晝有爲，宵有得，瞬有養，息有存之意。中二間，編竹爲牀，坐卧於斯，枕藉碧琅玕[3]，名曰三於堂，是孝於親，悌於長，信於友也。不言忠於君者，忠孝本一體，家國無二致，故省之。窓曰羲皇[4]窓，清風北窓下，自謂羲皇人者也。作一絶，書于堂之壁，曰浮查亭北知恩舍，二顧齋西四有齋，日向三於勤着力，升堂入室可成階。又作五言一絶，書于窓之扉，曰玉

1　同"向"。向晦：傍黑，天将黑。
2　成汝信（1546—1632），朝鲜时代中期文臣。
3　音 láng gān，美玉。
4　华夏始祖伏羲，字太昊。

骨千竿竹，水心一樹梅，掩門人不到，身世是無懷。塢曰三梅，植三梅，始觀雲裏之姿，終取和鼎之實，亦古人植三槐[1]之意。嗟我兒曹，體余名堂室之義，夙夜孜孜，遵余植三梅之意，終始無怠無荒。幸甚幸甚。壬子暮春記。

（录自《浮查集》卷之三記）

是眞滄江室記 丁未

金澤榮

臥見船旗之獵獵拂東門外桑樹枝而過者，是眞滄江之室也。室之主人，自少自號滄江。而所居實無江水，私嘗已記其實矣。歲乙巳，自韓至中國江蘇之通州，依張退菴，嗇菴兄弟二大夫，僦一屋以居。未幾買屋于僦居左偏移處焉，卽州城之東南瀕河處也。通之爲州，西北有小河水過唐家閘經州城，東南流百餘里入海，而南離唐家閘六七里，河水分，一支東趨經州城北，以合於幹流，其形如環，遂爲城濠。則主人之居，實類島居，而其於水也，始能饜飫[2]極矣。此室之所以得名，而嗇菴所爲作額字以揚之者也。門之外，常有漁舟一二來宿。語聲拉雜，猶之隣戶。商舶之往來者，朝夕如織。而時有小火輪船，曳一二舶以行，若魚貫然。其外又有踏槳而驅魚者，使鸕鷀而取魚者，時時羣集以罶。而河岸之外，竹樹被野，人家隱現，平遠冥濛，若無際涯。忽然見狼山劍山數峰巒，駪[3]然聳出于南方一二十里之外，如大海帆檣之被風打阻而停，以立於浪濤之間，此又河水所以資乎外，以益美之實境也。屋故頗壯而中圮

1　相传周代宫廷外种有三棵槐树。

2　音 yàn yù，形容食品极丰盛而感到饱足，犹博览。

3　音 ě，《说文》駪駪，马摇头貌。

三之一，主人或葺或刱。既又以暑甚，窗中堂之北壁，其圮者治而田之，以種菜穀，庭有枇杷橘竹各一，而橘與竹則主人之所新種也。或曰，子去國萬里，始得其居。以實其名，以賅[1]其觀，此亦天下之至奇也。子可以此爲樂，不可曰吾何以至此而惘惘爲也。主人微笑，姑不答。名室之三年始作記。

（录自《韶濩堂文集定本》卷之五記）

一石室記

趙冕鎬

舞鶴之山多石，蒼潤崚嶒，以氣勝分形骸。而南爲鳳凰岡，其筋絡爪牙，可橋屋墩堰者，家家以富，處士朴君廬其下，名其室曰萬石。屬余言，余曰萬石者，西京有石氏之號，永州有崔亭之名，處士何有於是。曰吾嘗鳩石之小可力者有之，不特萬折之曰萬。余頗疑夸。日携筇[2]從鶴麓，越校峴懸六一之塢，遵敎場而陟斷堤。行數帿地，前者指其高曰此鳳凰岡，指其下曰此處士之徑。徑北也，由徑而入，東折爲園。園有壇，復南焉開西池，又西北始底于庭。庭僅併屐[3]，悉各以石左右列植，使拱拱抱抱之。其若仰者睡者飲者，飛而墮者，鳴且舉者，縱橫上下。翩翩不能止者，態態其萬而氣乃一。出可庭而徑，入可徑而庭，融融然各隨其起居飲食。而茅三楹，不軒檻礎階者，處士攸廬。余乃啞然而驚，茫然而怪之曰，處士誠胡然也，其所有非橋屋墩堰者，今處士生乎鶴山之陽鳳岡之下，豈其所稟者形骸，日用之以筋絡爪牙，將復化而爲蒼潤崚嶒。彼態之萬，

---

1 完备；包括。
2 音 qióng，筇竹，古书上说的一种竹子，可以制手杖。
3 木头鞋，泛指鞋。

自不知其已與處士一乎。誠惑矣，余以謂處士偶癖焉耳，然此可以一生一事言，惡乎萬，余乃以一石記。

（録自《玉垂先生集》卷之三十記）

香翠窩記

柳夢寅[1]

人之搆宅，不在寬迮，山林非僻，寒暑宜適，平仲處市，耳喧心寂，子輿聞道，歌聲金石。美哉吾友拙翁，處靜安窮，囂囂城塵中也。觀其京都東偏，樂善之坊。二間蕭然，寓于道傍。白首宰相，不喜顯敞，于斯偃仰，足資日養。窩扁何以，曰香曰翠，頗似靡麗，名必副實，請問何義。斯窩也園林數畝，樹木蒙茂，百花成伍，互鬪緋素，春夏雨露，次第布護，其香滿宇。赤幹栢葉，三株狎獵[2]，辭根岌嶪[3]，移植階級，數叢綠篁，琅玕[4]成行，蒼鬣[5]交光，傲視冰霜，其翠暎床。於是主人，辭祿謝榮，蟬蛻公卿，角巾褐衫，清樽大觥，攤書棐几，得醉詩成，孤負休明。寒暑之宜，各愜閒情。因茲覽物，自返于身。則蹳成無言，有馨自聞，時來芬郁，時去泥塵，榮豈我為，枯亦我因。香在我者將新，嚴威閉塞，獨立不搖，蘭蕙無芳，蕭艾俱消。晚節貞操，凜氣凌霄，翠在我者後凋，然則肦蠻[6]。斯香如德，聞遠蔚蓊，斯翠如節，偃仰榮光。可賞斯窩之上，太和不遷，茲窩之前，山林何羨。城市則多，靜哉茲窩，不樂如何。余亦大隱中氣味相類，

1　柳夢寅（1559—1623），朝鲜时代文臣兼文学家。
2　重叠接续貌，花叶参差。
3　高壮貌。
4　中国神话传说中的仙树。
5　某些兽类（如马、狮子等）颈上的长毛。
6　连绵不绝。

雖無斯香斯翠，而所樂者在，推此得彼，率爾而記。

（录自《於于集》卷之四记）

行窩記

柳夢寅

　　余觀龜螺蠑蝸之行，皆負其室，出而運，處而藏。有巢氏慕之，巢於木。後世以爲智，而殊不知天有營室星已在有巢氏之前也。今崔上舍繼勳作窩一間，楹桴[1]極梲[2]橡戶蓋藉無不具。處焉搆爲室，出焉擧而易地。近則八人全而運，遠則三馬毀而馱[3]。其制極簡而輕，大抵江山無窮而居室不足。苟非吾家，雖岳樓滕閣[4]信美而不能安。雖假而安，久而厭，亦人情也。上舍選江山之勝而居之，居而厭，則運而之他，燥濕寒暑皆於斯。雖非吾地，地主不之禁，夫營室不能移次，有巢不能移木，龜螺蠑蝸不免蟄於冬，而上舍無地無時皆可安。而物不能，人不能，天不能而能之，其亦上智也哉。名曰行窩，使余記。

（录自《於于集》卷之四記）

松窩續記

奇宇萬

　　冠山魏居士松爲窩，吾友鄭日新及他諸名碩皆文之。吾無可以贅焉，第收拾其餘意，以效一說可乎。見今時象，可謂大

1　音 fú，房屋大梁上的小梁，也叫桴子。
2　音 zhuò，指梁上的短柱。
3　同"馱"，用背部承載人或物體。
4　岳阳楼、滕王阁。

冬嚴雪，百草萎黃，滿目蕭然。其挺然而獨秀，惟後凋之松。而處士之引而爲窩，其自任何如其重也。第其蔽虧[1]雲日，陰庇千人，於人必有所濟，竊不勝膏秣之思耳。胤子啓斗吾友也，書此以寄意焉。

（录自《松沙先生文集》卷之二十記）

愛閑亭記

李廷龜

　　槐灘上流，地僻而佳，有翠壁澄潭長松脩竹之勝。吾老友朴益卿，築室而居之，名其亭曰愛閑，求記於薦紳[2]間。五峯李相公，首爲文若詩，易其名曰閑閑。其意蓋以吾自閑之，曰愛則猶外也。益卿袖以示余，若有不解者然，曰亭名何居，願聞子之說。余就而繹之，夫所謂閑者，無事而自適之謂。人必自閑而後人閑之，役志於閑，非眞閑也。物之閑者，莫鷗若也，飛鳴飲啄，自適其性。非有意於閑，而見者閑之，夫豈自知其閑哉，此五峯之言所以發也。雖然，閑，公物也，惟愛者能有之，苟不愛焉，則雖處煙霞水石之間，其心猶役役也。彼狗苟蠅營，昏夜乞哀，乾沒勢利，卯酉束縛者，固不知閑之爲何事，奚暇於愛乎。益卿世家京洛，初非無意於仕宦者，今乃謝紛華而樂寬閑，一室蕭然，不知老之將至。朝於旭而閑，夕於月而閑，花於春而閑，雪於冬而閑。琴焉而愛其趣，釣焉而愛其適，行吟詩臥看書。登高望遠，臨水觀魚，隨所遇而皆閑，則名之以愛，不亦宜乎。愛之不已，終至於不自知其閑，則閑閑之意，亦在其中矣。斯固一而二，二而一者也，益卿何擇焉。乃若湖山之勝，

1　因遮蔽而半隐半现。
2　縉紳，有官职或做过官的人。

余未嘗寄目，竊就君所命八景者而爲之詠。

（录自《月沙先生集》卷之三十七記上）

詔湖亭記己酉

金允植

　　吏部榘堂兪公自日東還，皇帝念其久客于外，特賜第于鷺湖之上，卽舊日幸行時別舘，名龍驤鳳鷁亭是也。榘堂感激殊私，封署其正堂而不敢居，顏其室曰詔湖亭，蓋取賀知章鑑湖故事也。是亭也，背郭十里而近，在龍湖之上流，俯臨平郊，三南舟車之所會也。汕濕二流，合爲洌水而過其前，滔滔爲京國之紀。憑檻眺望，爽氣彌襟，草樹烟雲之冥濛，風帆沙鳥之往來，皆可以悅人心目，留連忘返也。昔賀監[1]知唐室之將亂，休官遠勢，放浪于江湖之上，可謂明哲保身者也。乃榘堂則不然，獻身宗國，百折不回。不以窮達[2]改其操，不以治亂易其志，誓欲聯合民志，挽回世敎，以扶東洋綴琉[3]之勢。其所遇與志趣，與賀監絕不相同。雖有江湖樓臺，豈能獨樂哉。嘗聞神謀古之能謀者也，謀於野則獲，謀於邑則否。蓋閒曠之地，精神所聚，非都邑喧囂之比，故能謀國政也。在昔成宗之時，建讀書堂于龍山廢寺，妙選文學之士，賜暇肄業，名曰湖堂。一代名臣多出其中，是時膏澤[4]旁流[5]，朝野昇平，先王之培育人才，必於山寺湖亭者亦此意也。今湖堂之廢，已經三百有餘年矣。榘堂之特蒙賜第，適在其地。山川依舊，風景不殊，瀟灑淸閒，塵喧不到，於是焉講究時務，

1　唐代贺知章，尝官秘书监，晚年自号秘书外监，故称。
2　困顿与显达。
3　缀：连结；琉：琉球王国。
4　给予恩惠。
5　广泛流布，意指广施恩泽。

作育英才，深合乎古人謀野之道。而優遊涵養，思無不獲，可以佐維新之業，可以贊太平之基。聖主賜湖之意，豈徒然哉。

（录自《雲養集》卷之十記）

【堂】编

消憂堂記

金允安[1]

余自少貧甚，晚而賃屋於龜山之下。環堵[2]蕭然，不蔽風日，客至則常坐於場圃，十年經營，搆一草堂，又一年而成焉。厥位面陽，有峰嶪峙於前。堂無隙地，無竹樹花卉之植，只有菊花數叢，時至而發。囱曰南囱，庭曰眄柯，門曰常關。堂之東有短籬，亦曰東籬。合而名之以堂曰消憂。皆取淵明語也。憂者心之病也，消之使無，以至於樂，則天地萬物，皆吾之樂也。於是客有問者曰古之聖賢，可慕者非一，而子之堂若囱若門，若庭若籬，皆取陶語而名之，子何獨偏慕於陶也。余曰非慕之，偶似之也。吾之貧似陶也，堂有書似陶也，南有囱東有籬似陶也，門常關而寂然者似陶也，以故名之，非苟於慕也。客曰子之言然矣，淵明之辭曰樂琴書而消憂，子之堂有書而無琴何也。余曰淵明有無絃琴，余則有無形琴，何謂無琴。客笑而去。

（录自《東籬先生文集》卷之四記）

愛山堂記

崔岦[3]

梧陰相公，新營野堂于都城之西南方。工未半就，而命岦同

1　金允安（1562—1620），朝鲜时代中期文臣。

2　本义墙壁。《说文》堵，垣也。古代用版筑法，五版为一堵。

3　崔岦（1539—1612），朝鲜时代中叶文臣兼文人。

賞焉。則其地去城無幾，而窈然以幽，宛若自成一區。其堂之處，不離村塢之間。而面勢爽塏，使人便有凌虛之想。若其眼界，則近不過荒岡斷壟，委蛇起伏於畎澮之上。遠不過冠岳之山，當前而蒼翠，露梁之津，略見其洲岸，而尋壑經丘之適，雲出鳥還之閑，蓋已兼而有之矣。相公謂豈曰，吾方思堂名，子其爲吾記之。豈謹應曰，諾。旣數日，相公以堂名示之曰愛山，豈竊知相公有取於韓子和裵晉公詩云，公乎眞愛山者也，然亦知相公特與裵公異世相許，故用此名堂。而相公之志，未始專於愛山也。使其志專於愛山，則雖以大臣繫本朝輕重之身，不可必求瑰奇殊絶之山於四方。而卽神赤之內，稍紆百十步，猶可以極居觀之選，顧乃盤旋於此地，惟揖冠岳於杖屨之外。冠岳者，一凡常峥嵘耳，且遠焉而不近，雖朝暮陰晴之變態足觀，而無賴於諦眞面而味佳境者，果何有於愛山哉。然又不效裵公鳩[1]石爲山，以逞巧巖洞之狀，以洩不得脚踏之恨，是相公與裵公愛山之志同乎異也未暇論。而假山之設，固大臣度量之屑爲者耶。大臣者，國安與安，國危與危，憂先人憂，樂後人樂，彼裵公雖身成平一方之功，而當時天下不可謂無復可憂矣，固當不問在位與去位如一日也。觀韓子[2]和詩，復有林園窮勝事，鐘鼓樂淸時之云，則勝而必窮其事，樂而至於鐘鼓。裵公殆失其憂樂之節，不待譏切而見矣。今我相公經綸再造之餘，雖亦適去其位，聖上益存綢繆[3]之戒，方與諸老圖議，不許退休，相公矧惟白首丹心，終始一道。故營其暇日逍遙之所，惟恐不邇於輦轂[4]之下。蓋相公自爲詩，有野服往來宜之句，此足以見其志，奚擇乎有山無山與山之近遠奇凡哉。夫亦時有所不遑也，然則相公以愛山名堂，其寓焉而已耶。曰，此又

1　聚集，使聚在一起。
2　唐韓愈。
3　音 chóu móu，纏綿。
4　皇帝的車輿，代指皇帝。

不然。夫子曰，仁者樂山，智者樂水，是仁者之於山，智者之於水，性情氣象有相似者，遇輒怡然，心會而神融焉耳。如相公之仁而樂山，夫誰曰不宜，既曰樂之，又何愛之足異耶。然與夫先以一愛橫於方寸，歸不免於痼疾膏肓者，不啻不類也。以此又知相公之爲此堂，不與山期，而山在眼中。雖適遠且凡也，寧不屬愛而以名其堂耶。苟山矣，不必求其全而愛之，不必取於狎而愛之，更有以見相公之大也。豈嘗辱相公贈詩，有曰只惜人才似金玉，其愛惜人才之意，溢於言表。豈常爲之諷嘆，今記愛山堂而重感焉，以爲相公眞愛之有在也。

（录自《簡易文集》卷之二記）

丹溪堂記

奇宇萬

置堂於丹谷之溪上，顏用丹溪記實也。處士柳公，孝友其天性，文學爲家計。菀然爲南土之望，與世不偶。隱淪草茅，選勝爲堂。蒔花種蓮，左琴右書，荷衣蕙帶，起處其中，蓋古人而非今人。余於公，甲乙有後先。未及請教於牀下，而尙願一登其堂，以挹其芬馥之餘光而姑未能焉。竊以所識於公，得睽其取號本意，則吾先子嘗以養丹喩養心。蓋曰鼎器非缺，材料無闕，文武火不停息，則吾之丹可成。神明之區，吾鼎器也。仁義之良心，吾材料也。盤水春冰，防其蹉跌，毫釐錙銖[1]，愼其幾微，吾火候也。吾聞公治養心之學，借丹而爲堂，其有見於此乎。登斯堂者，因地名而求公實心，則庶幾於知公而有裨於自治矣。肖孫秉湜不鄙徵文，以懸想於公者說及焉。

（录自《松沙先生文集》卷之二十記）

1　指很少的钱或很小的事。

天雲堂記

南公轍

　　余友前吏曹判書奎章閣學士李公景深，卜居于楊州靈芝洞之先墓下。其地距京城不百里，土肥而泉甘，民淳而俗厖[1]。景深樂之甚，剗[2]其翳爲之堂，滌其汚爲之池。堂於冬夏，宜涼宜奧。池種蓮芡蒲藕，魚蝦游泳其中。景深於是有歸老之志，遂取昔賢詩語，扁其堂曰天雲，屬余爲記。蓋景深高祖文貞公，在顯肅間，遯居于玆洞，講明道學，而以太極靜觀，名其亭館。清名重望，至今爲學者所歆慕。而景深因其遺址，修葺以居。則昔人所稱肯構肯堂者，實在於此。而前後名扁之義，淵源所自，可得而論。君子所重，進與退也。處乎廊廟之上，仕宦顯達，功名垂于竹帛，此人之所願。而至於山林江湖，自潔其身而高世者，雖其所遇之不同，而遺風餘韻，其所被者亦遠矣。今公位於朝，鄉用上下，皆不捨公，公方未決歸，而作斯堂而思之。人或疑公徒慕其名而無歸志，甚者謂公受上厚恩，旣位至公卿，而乃思歸休，爲便身之計。余謂二說皆未知景深之至者也，士大夫不必進，亦不必退，量己與時而已。其或旣進而不能遽退者，此係於時而非己之所自由。珮玉而志在東山，鐘鼎而不忘簞瓢。惟知者知之，難與俗人道也。今夫巖居川觀，閉戶遠跡，竊清名於時，而其心則戀都市，有日遊都市而持守雅潔，灑然抱嘉遯[3]之志者。嗚呼，其人之賢愚，豈可同日語哉。嘗見人有不能讀書者，置經史架上，日焚香摩挲，常使書卷氣薰身，雖不如讀書，而其與忘書者間矣。景深之不便歸，而其不忘歸者，亦類此。前七八年，余作一小亭于溪上，名曰又思潁。余亦慕古人而尚未踐言者，每誦優游琴酒逐漁釣，上

1　淳厚；丰厚、厚重。
2　同"刬"，铲、削、消除。
3　嘉遯：旧时谓合乎正道的隐退。

下林壑相攀躋，及身康健始爲樂，莫待衰病須扶携之句，未嘗不恨然久之。非景深，吾誰與語此。

（录自《金陵集》卷之十二記）

天雲堂記

孫萬雄[1]

治之東五里餘，有谷曰魯，處士李君居之。處士洛下人，厭京華之煩囂，思靜散之閒地，與冊南爲，卜居于魯谷東岡之坡，爲棲息之所。尙於處士，亦並州故鄉也。既宅焉則縛得數椽茅齋，齋之庭鉴方塘，引水而匯之，扁其堂曰天雲。盖取朱夫子半畝方塘一鑑開，天光雲影共徘徊之義也，處士其學朱子者[2]歟。夫人之心本虛，虛故具五德而應萬物。水之體亦虛，故能涵得光影之徘徊。水性人心，其理一也。於是乎默坐靜觀，鏡面澄澄，挹其清而尋活水之源，澄其心而求本體之虛，些少查滓，不能累吾之心天，而天淵飛躍之妙，亦可以理會而有得焉。則處士其無愧於天雲之義乎，與其仲氏持國，日處其中，怡怡同樂，研究義理，兀兀窮年[3]。有酬唱錄累篇，一時名勝，評題其堂。處士又索余一語甚勤，韓文公脚下，豈是作文處也。祇以契好特厚，不可無言，遂爲四韻詩幷記以塞處士請。處士名萬敷字仲舒，秀出名家，代以文章鳴世云。

（录自《野村先生文集》卷之三記）

1　孫萬雄（1643—1712），朝鲜时代后期文臣。
2　南宋理学家朱熹。
3　兀兀：劳苦的样子。兀兀穷年：终年辛苦劳动。

見山堂記丁丑

金澤榮

聚夫山之奇而爲堂曰見山，日讀書其中，山吾目也，書吾趣也。趣吾有而目外來，然吾有者無往而不得，外來者形勢之適然而不可必也。府之下戶且萬焉，而是山也或在彼不見而此見，或同見而在此特奇，此記之始也。吾所有之趣則旣在內矣。彼外來者，修吾所有之趣而接之，因而一之於吾所有之趣，不使之自外而已，此記之終也。夫天地萬物飛走動植，紛然列於吾前者皆物也。而心不在則視而不見，聽而不聞，此惑也。不惑則雖瞑目昏夜之中，莫或有間也。居其堂，讀其書，諷其趣，可不思其所見之理哉，此記之實也。其山在堂正南者曰龍岫，三峰如眉新畫，龍岫之左曰進鳳，矯然如鳥之張翼，皆限隔岡阜而少出其妍也。又其左漢陽諸山，奔湧於殘霞駁雲間，尤蒼蒼未已也。升是堂者，方且眄望眺矚，歎形勢之工巧殊絶，而巖巖松岳，瞰於其陰者，又宅之所來也。堂東西三十七尺，南北十五尺，東爲小樓庋書，西爲廳設窗檻，以節凉燠，而寢處之室處其中。築於今上十四年丁丑，而地爲開州院谷云。

（录自《韶濩堂文集定本》卷之五記）

見山堂記

李建昌

崧山鎮中京，雄深而奇麗，洞壑之勝者，以十數，而院谷其一也。昔新羅敬順王歸高麗，尙樂浪公主，居神鸞宮，富貴與王埒，此其遺址云。麗氏廢，中京蕪，院谷遂不得主。樵人牧夫居之，罕能識其勝。至金君于霖，拓而爲圃，作堂曰見山，讀書賦詩于其中，意甚樂也。于霖與余游有年，余獲罪竄西塞，道出中京，于霖迎余至其家，見所謂見山堂者，索余文記之。噫，山一耳而敬順王見之，樵人牧夫見之，于霖見之，蓋興廢得失之無常，而上下已五百年矣，茲豈不可慨乎。然余與于霖，方坐此堂之上，同見此山。而于霖居然有逸士之趣，余則蕉萃畏約，爲勞人，爲逐客，漂漂然如蓬之轉也。人事之錯迕[1]，雖並代一時，若是其甚也，又何暇上下五百年而究其故乎。然樵人牧夫，不足以知于霖之樂，于霖又無所慕於敬順王之富貴也。而獨余於于霖，知之深而羨之切，又安得不爲之太息乎。于霖有院谷新業記甚詳，余不復贅。姑以吾所感者書之，以遺于霖。

（录自《明美堂集》卷之十記）

棲碧堂記

韓章錫

余嘗讀考槃[2]之詩，歎碩人之懷道不遇，以至於永矢弗告，至白駒之詩，又竊疑其誠心好之，而猶此邁邁，豈有所不得已者耶。抑賢者之過歟，會遇之難，若是何哉。祭酒淵齋宋公紹述家學，道尊德邵，弓旌屢加。而東岡愈邈，既而見時事大變，抗疏極言不諱，絜[3]家人沃川山中。士以是知公未嘗果於忘世身，則不出而道可以行焉。茂朱橫川，山水萃美，地幽而敞。距其居一舍餘，乃卜其下游水城之趾，芟翳夷阜而三楹起焉。東堂西樓，以供眺望。中爲燠室，以便偃息。上有重屋，以爲藏書之所。堂曰棲碧，取李白詩語，記其肥遯也。樓曰有我，反用康衢[4]謠，

1　音 wǔ，相遇。
2　《诗经·考槃》。
3　音 xié，《集韵》提也。
4　古曲名，起源于尧舜时期，流传地区大约今天的山西临汾尧都区一带。

以侈[1]君恩，蓋其費出於匪頒也。潭曰桃花，清流駕於盤石，匯而成潭，可汎舟也。臺曰一士，鉅巖峙其西，超然有遺世獨立之像，公嘗自號東方一士，取以自況也。一洞數十里，幽泉瑩石，曲盡其趣，不可名狀。溯流選勝，定爲九曲，總命之曰武溪，以南有武夷峯也。於是投綸[2]弄漪，追逐雲月，彈琴讀書，以詠先王之風，藹軸之樂，眞可以弗諼矣。空谷遐心，豈三公可易也。自公之卜斯邱也，道將益尊，德將益邵。峙者增以高，流者增以清。人與地遭，地待人顯。古所云賢人所過，山川草木皆有精采者，此之謂歟。舊友鄭應汝進士從公遊甚熟，致公命屬以記堂之辭，念余素尙隱求，仕宦非其志也。不量一出，老白首不能去，黧蠤[3]爲鍾漏[4]冥行[5]人。草堂之靈，其將攢誚，以是愧不敢應命者有年，應汝來申公意愈勤，竊以托名爲幸，忘其陋而不得終辭。至若藏修觀玩之玅[6]，仁智動靜之樂，待余膏秼[7]執羔[8]，登公之堂而講叩之，亦將有日矣。

（录自《眉山先生文集》卷之八記）

百梅堂記

丁範祖

李子性於愛梅者也。嘗盆植一樹梅堂中，名之曰百梅，而曰是一以當百之義也，請諸君子爲記。諸所記咸廣其說而揚之

1　扩大。
2　风在水面吹起的细小波浪，与涟漪意思相近。
3　指尽心用力貌。
4　钟与刻漏，报时的钟。
5　夜间行路。
6　同"妙"。
7　膏车秣马，意指准备起程。
8　执羔之礼，古代礼送小羊羔为高档见面礼。

也，獨海左生丁法正曰，否。李子誠愛梅，而知梅則未也。夫有勝物之心而後，有多寡優劣之辨，則未始離乎物之內，而萬物莫爲之宗，宗物者之於物也，盖泊然無爭焉耳。夫梅之爲花也孤，華獨暎於羣芳未胎之先。黯然與雪俱，消是其色，澹是其態，遠是其香，清是其神。浮游物之表而偶然乘氣假物，爲半月嬋妍之容而已也，是豈欲爭多寡較優劣爲貴者哉，如是而稱曰吾梅可當十云爾。則是與十爲類，而未離十之內，可當百云爾。則是與百爲類，而未離百之內，所當愈衆而愈失梅之眞。嗚呼，李子百梅之說，眞不知梅也。且也子苟以梅之品，而欲爭優劣爲也。天下之梅古幹奇葩，百倍子之梅者不知數乎，則子終何以加乎，子苟以百梅之名，謂愛梅無若吾也。天下好勝之人，極物之數，而名其梅謂萬乎，則子終何以加乎。是子之愛梅愈篤而愈失所以愛，不幾人與梅俱失之乎哉。余意則曰，姑强名之曰一而已。夫一者，物之祖也。一固未嘗與物爭多，而物之多者，莫尚乎一。大一之理，汋[1]默無象，而萬化之所以成也。子若名梅曰一，而亦自名曰一梅主人，則梅未嘗自多，而天下之梅，莫與梅爭多，子未嘗以愛梅自勝，而天下之愛梅者，莫與子爭勝，而余於是乎謂子能知梅矣。遂記其說，詩曰：

在物癖爲累，梅癖差不俗。李子癖於梅，梅品天下獨。吾適客蘂城，再度過梅屋。回燈一以視，百態爭媚目。青柯接幹奇，虬龍所屈曲。素萼爛點綴，時纔[2]地雷復。層層春氣浮，面面天香馥。有雪生精爽，爲烟成色澤。斜月來照之，玲瓏如聯玉。擊[3]節謂李子，此物何從得。吾曾作梅記，譏子名以百。始知萬玉妃，當一梅不足。

（录自《海左先生文集》卷之二十三記）

1　音 mì，潛藏、隐没。
2　同"才"。
3　同"击"。

秄隱堂記

丁範祖

　　上舍李君善汝，自京師至，以其所居秄隱堂者，屬爲記。君之大人尙州公，與余同閈居十數年。嘗睠其抱貞守約，持身若處子。居家則課農桑玩經史，若將終身。由蔭塗進，歷典四邑，而歸則被服飲食。如韋布時，余嘗慕而友之，君其幹子而能志養者也。嘗於宅傍西南隅，闢小圃，雜植茶蔬名品若干種。定省之暇，手鋤去草，躬執園丁役，而忘其勞。名堂以秄隱，識實也。或曰，君生仕宦之族，志氣方盛，而應舉屢發解，進取之塗在前，其迹非隱也。君之家近市朝，門外常有輪蹄聲，迎送多達官貴人，其居非隱也。奚其實，余謂跡與居外也，其心內也。心存乎內者專而常爲主，則外物不能移。方君之秄圃也，注目畦町之間，而疏瀹其陳莽，培植其芳根，懂懂乎惟秄之爲心，而不省圃外有何事。夫隱之爲言潛也，心之所潛，身隨而隱，烏可誣也。雖然，士之隱顯有時，惟義之適。善於隱者，未嘗不善於顯也。有莘[1]之尹，南陽之諸葛，皆隱於耕者也，其顯而爲勳名事業者，何嘗不本於囂囂畎畝[2]，不求聞達隱居之樂也乎。今君之秄隱，安知不異日出而需世。而惟是畜畬[3]文學，砥礪名行，毋徒以數畦之不易爲憂，然後誠善於隱爾，其勿以余言謂訾，歸而奉質之尊大人。

（录自《海左先生文集》卷之二十三記）

1　先秦古国名，夏禹之有莘氏。现位于陕西省，是远古三皇五帝中帝喾的埋葬之地，也是先秦贤士伊尹埋葬之地。
2　音 quǎn mǔ，亦作畎亩。
3　耕耘。

三一堂記庚戌

南有容

　　物之爲人所嗜者，必其有滋味者也，有滋味而至於嗜則累
於人也亦審矣。余讀六一居士自傳，常怪居士徒知軒裳珪組[1]之累，
而不知五物之爲累，豈五物果不能爲累歟。軒裳珪組之累居士者，
固甚於五物，則其滋味之入，必有甚於五物者。故居士退而與
五物居，則取以爲適，不自知其爲累，而進而軒裳珪組焉則已
覺其疲吾形而勞吾心矣。若伊尹，太公自耕釣以至爲阿衡，尙
父，而終始不以一毫累其心，無他，其於天下萬物，不見其有滋味
故耳。雖然方其有滋味也，而已知其爲累，居士之賢於人亦遠矣。
余未試於世，凡物之爲吾嗜者，不越乎五物之間，而猶思[2]其爲累，
況其軒裳珪組而爲吾累者，安知其不甚於五物也。今欲稍損其
累，莫若簡其所嗜欲，就五物而去琴，又去棋，去古今籀篆之
文。獨藏書一千卷，貯酒一壺，而與吾一人，參而爲三一，此
吾齋之所以名也。或曰物無衆寡而爲累則一，子安知書與酒之
不累子，而不去之乎。余曰唯唯。然吾之獨取夫二物者，以其
雖爲吾累，而亦有時而去吾累耳。方酒之沾吾脣而嗛嗛然[3]味其
旨，書之蠱吾心而孳孳焉味其腴，其爲累，何以異於曼聲姱[4]色
哉。旣而一觴一咏，陶然以樂，犁然而喜也。向之有味者，終
歸於無味，而至其甚適也。舒暢發越，神王而氣充，擧天下萬物，
無足以入吾心者，茲又非二物之去吾累者歟。其爲累也微而暫，
其去累也大而久。惡乎其去之，雖然徒書也而不以酒則偏乎枯，

1　车马、服饰、印信、绶带等，这里借指官场事物。
2　同“惧”。
3　不满足貌。
4　音kuā，美貌。

徒酒也而不以書則漸乎蕩，必也二物相須，而吾之樂全矣。

（録自《雷淵集》卷之十四記）

聽琴堂記

申景濬

廣陵李子勉之志于學，多讀古人治心之書，結小廬於京城南。命之以聽琴，美哉其志也。凡聲由心生，而調聲者樂也，故樂之感人也深。樂之聲金武石辨竹濫革歡土濁，惟絲哀，哀則其感人也尤深。感之深則心之放逸者，收斂而立廉。有廉隅則方正劌割，不誘於欲。故琴者禁也，禁其邪心也。君子無故，不去者此也。然而君子言樂，必言禮。樂也者化於內者也，禮也者制於外者也。樂圓而禮方，樂混而禮密，樂和而禮嚴。經禮曲禮三百三千，以至毋放飯毋流歠[1]，不亦密乎。毋者禁止之辭，不亦嚴乎。故禮樂不可偏舉，李子之以琴號，蓋稱內而及外也。然而三代以降，禮猶有傳者，得遵而行之，樂則泯焉無可攷。子雖好琴，將何從而聽之乎。冬仲，余家于楓巖之下，庭有疎松數樹。有時風來，相感而鳴，其聲悠揚清遠。未知其函胡者宮歟，其纖微[2]者徵歟[3]。餘音嫋嫋，欲斷不斷，其將亂歟。方夜岑寂，端襟默坐而聽之，塵穢之心，暗然自消，子亦尋其天機也已。

（録自《旅菴遺稿》卷之四記）

---

1 音 chuò，吸喝，指代羹湯之類。
2 細微，亦指細微的事物。
3 徵：古代五音之一。歟：同"欤"。

春星堂記

蔡濟恭

　　由戀明軒西去三數十步，有堂覆以茅。其容縹緲端潔，扁以春星者，取杜工部詩語也。堂之制，軒一間室二間。入室而開北戶，又爲軒半間。軒占位高，由室以登者，必仰足而後躋其上。葢自室而測其高下，室不及軒，殆數尺餘，三面不設牕壁，只欄檻其端，以防跌墜，以便倚眺也。堂之西，有卧石負厓而盤，可坐數十人。東有長松七八，儼然列立庭畔。其幹皆黄赤，如神物高拂天，以最下枝時得覆簷，亦不至妨於茅也。松外有平疇若干畝，桃樹横縱被之。當春花事可愛，而以松岸高桃疇衍[1]，桃雖長，及松根而止，不能遮蓮塘。光氣赫赫然呈露，此堂之勝也。然余之賞愛堂殊甚，實外此而居也。堂面東，東際諸峯頗卻立，勢又不甚峻。每當天氣澄霽，月輪漸上，隱暎[2]松梢，乍遠乍近，及稍稍轉昇，回牕奥壁，無不恰受其彩。晃朗如水晶樓臺，倚牕以視，松影隨地倒瀉。長者龍走，短者虬盤，微風乍搖，鱗甲屈折。生動履舄者，凜然神竦，不敢遽以足躐其上。遠聞卧龍瀑，隔在重林複樾，其聲玉珮儺如，時有水鳥格格飛鳴，余心樂之。未嘗不朗誦王輞川明月松間照，清泉石上流之句，泠然不寐，有皎皎物表之意。葢人之入茲山者，知堂之占勝爲多，而若其得月爲最勝，吾知之。月與松，知之而不能言，吾以文吾軒。

（录自《樊巖先生集》卷之三十四記）

1　疇：耕地；衍：扩展。
2　同“暎”。

風樹堂記

李民宬

　　青鳧以山水名，可居而遊者，方臺爲最。趙君景行得而有之，拓其舊基，架以爲亭，扁其堂曰風樹。大抵山水之勝，魚鳥之樂，娛耳目而養性靈者，皆得之軒楹之內，几席之間。意其所嗜者，專於此，及詢堂名則所慕不在乎彼。噫，我喻之矣。吾聞純於孝者，見親於羹墻[1]，矧[2]境與情會，感而不能已者耶。登茲堂也，則煙雲變態，景物紛然。清眼界爽耳根，頤神適性，怡顏悅志之具，取諸左右而足。思欲奉杖屨，嬉綵雛，雍容於一堂之內。稱觴[3]引慶，以罄吾壽樂之祝者，今旣不逮，則向之娛耳目養性靈者，吾豈敢獨享而已哉。其寄情於風樹爲如何，而況其松檟[4]，朝夕於望見者乎。嗟哉景行，其體純於孝者歟，其希孔氏之徒而感焉者歟。抑我先君，嘗爲習家之遊，俛仰陳跡矣。夫所謂風樹者，非徒獲[5]于古人，而實獲我心焉。今尚忍識斯堂耶。君曰盍書諸壁，俾吾之子若孫，戒無虧吾志，無棄堂構焉，將有感於斯文矣。子不可以不識，《詩》云，孝子不匱，永錫爾類，趙君有焉。余旣嘉其請而末寓私感，故凡礱斲之制[6]，臨觀之美，姑闕之。

（录自《敬亭先生集》卷之十三記）

1　追念前辈或仰慕圣贤的意思。

2　音 shěn，《玉篇》况也。

3　举杯祝酒。

4　楸树的别称。

5　同"获"。

6　磨和砍削，琢磨，切磋；喻为人处世之道。（晋）孙盛："周礼，天子之宫有斲礱之制，然质文之饰，与时推移。"

風樹堂記

趙亨道[1]

青兒，峽中之名區，而方臺其最也。臺之上舊有亭，歲壬辰亂作而亭火。風流勝賞，不得復見者將三十年于玆。己未之春，吾弟景行買山而重建之，南爲室而北爲堂，舊其礎而新其宇，是則曩日[2]之火，天有以相之歟。亭之作，不但爲山水之勝而已。吾弟其有思乎，吾先妣葬於金臺之山，距堂僅一衣帶耳。往來足於斯，登臨目於斯，式日瞻望，起慕興懷者爲如何哉。仰對蒼壁，俯臨清流，樂不全矣。膾鱸沙汀，把杯松軒，興不在矣。興愴於雨露之霑濡，抱哀於風樹之不停，咨嗟咏歎。如有求而不得者，其誰知之，吾兄弟於是淚矣。感而書之。

（录自《東溪文集》卷之四記）

後凋堂記

許　穆

後凋堂者，世祖名臣權翼平公舊宅。堂在木覓北麓祕書監東巖石之崖，世祖幸其第，後世迄于今稱云。其西崖，有石泉，命曰御井。其上，有素閑堂遺址在焉，堂三間，南有溫室。冬就溫，夏就凉，不尙奢華。蒼崖夕照，戶牖蕭灑，制作古遠。自相國之世，歷數百年，六傳而至司徒公，迺始重創之。不改棟易楹，亦不加增飾，其傾圮者完，黝暗者新，堂宇如舊。堂廡南，泉出石下，極清冽。階礎下，皆山石盤陁，庭畔層壁尤奇。三月山花盛開，滿園多松，冬寒至，柯葉不改。太史公稱歲寒然後知松柏之後

1　趙亨道（1567—1637），朝鲜时代文臣。
2　往日，以前。

洞，此所謂後凋堂，警戒之義也。地勢高，觀望北麗，華山白岳，仁王列岫，禁苑穹林，層宮高闕，建官立市，治道之所出，百貨之所殖，四方輻輳[1]，經緯九軌，紫陌萬井，與叉溪，鶴洞，並稱南山勝區。司徒公二世，有師傅蹟，穿堂前石池，苔深水清，巖影畢照。師傅有男歇，好方正能博文善行。吾以爲權氏有人，歷舉前代古事古跡，請余後凋堂記。文成三百志之，十五年冬十月辛丑。

（录自《記言》卷之十三中篇棟宇）

清時野草堂記

丁若鏞

丙辰春，鏞既謁告而覲荷潭之塋[2]，歸而訪族父海左翁於愚潭之上。公新作艸[3]堂，堂前多植桃李諸花，蔓香怪松及怪石十餘枚，堂上貼墨畫行書。公以烏巾白衣，蕭然坐其中，望之若仙人處士焉。既而謂鏞曰，是唯吾所謂清時野艸堂，吾以清時老於野，是吾之志也。子其識之，鏞竊惟君子之於清時也。必進而處乎廟堂之上，其在野者倖耳。倖而使名姓不聞於朝廷，蹤跡不至於都市，猶可以野。既任之以館閣之文權，又授之以銓衡之政柄，如公又得退而反其野，天下蓋罕有也。且夫君子之退于野者，或人主之眷待也不以誠悃[4]，或己欲屬亢高之節以取名而不肯出。若是者，其爲野有以也。若公者，上之所以尊寵，出於恢蕩之至意也。而公每有除旨，聞命即行，未嘗引疾巽[5]讓以自重，如

---

1 集中，聚集。
2 音 yíng，坟墓、坟地。
3 同"草"。
4 真心诚意。
5 同"逊"。

是而得退而處乎野，尤凡夫之所未及也。公所以處身涉世，蓋有自得於心，而非人之所能爲也。且野有道，不以淸時，雖欲野不可得也。故欲野者貴及時，鑛有苕川之野，亦將及是時而圖之。公曰善。

（录自《定本與猶堂全書》卷之十四記）

寒碧堂重修記

趙顯命[1]

寒碧堂之名於國久矣。己酉，余以奉安使，過宿豐沛館。與李方伯匡德，乘夜肩輿以往。時初月微明，但見山色蒼然四圍。檻外溪聲，泠然滿聽也。其後七年癸丑，余又按節來。乘暇往遊之，槩有削壁臨水而止，鑒其半腰而堂棲焉。後楹安於壁，前楹則壘高石承之，而檻出虛空，其制作之妙，殆若鬼斧成之。通判具侯聖弼，以屋老傾敗，捐俸鳩工[2]而新之。與萬化，拱辰諸樓，一時董始，不閱月咸告訖焉，所需盖千金云。夫魯縞至薄也，弩不能穿者，力盡故也。本府近凋弊甚，侯又新莅無節蓄，以徒手活數萬飢口，斯已難矣。然侯之力則宜已盡矣，顧又穿過重革，何其能也。斯堂也無異觀，而惟其架鑒也。故見其工，侯之斯擧也非異績，而惟堂板蕩也，故見其能，夫非韓昌黎所謂因難而見巧者耶。侯本綺紈[3]家，而居官惡衣食，觀其操尙所存。雖山陰一錢，盖將搖手而謝之矣。然則侯之淸政，當與斯堂也爭寒而競碧，豈直因難見巧之爲，相同而已也哉。

（录自《歸鹿集》卷之十八記）

1　趙顯命（1690—1752），朝鮮时代后期文臣。
2　聚集工匠。
3　同"纨绔"。

兩樂堂八景記

李　漵

　　昔余爲兩樂堂作敍。堂在國之西郊。西郊之地，山夷水滙，
駸駸然[1]濱海，余足未嘗一到。意以爲凡人之樂，不必窮源絕界
詭觀迥矚然後爲至也。自仁智者見，只一片流峙，便可以神會
心融。故於是設苟難褊介[2]之諭，把人以解之而遺物造理，合迹
論心，於地勝則略而不擧也。旣而主人某貽[3]書咎[4]之曰，昔吾先
子來守交州，築凌虛臺者，前臨陡壁，曠眺川原，其奇觀可指
而數也。臺久蕪廢，垂甲子已周，而更搆數間舍。實因臺而爲
堂，換凌虛而作兩樂，其名雖別，其事則述，夫義有輕重，必
資乎發揮。事有本末，須加之載錄，子亦可以轉舊敍而爲記否。
余作而曰異乎奇哉，於斯而得斯哉，余有筆無尖，幾失一美事
矣，請復以相人之術諭之。外雖掩晦，内實純美者，君子是也。
爲善於顯明，而本之則無者，小人是也。與其詐善而不存，寧
有内而無外，故聲音笑貌，君子有不取焉，山水亦然。今堂處
乎都邑由旬之地，斂輝藏媚，若玉之在璞，行道者掉臂而莫肯
著眼。頓不知咫尺之間，透一膜而便造眞境，殆與内修不衒沽
者相似，此尤齎歎之甚也。余旣奉以諳悉矣，遊息於斯者，卽
標揭嘉稱，助侈顏色，以爲斯堂之樂。若乃循欄仰瞻，有山突
兀挿空者，地誌所載鼇頭是也。每夜靜月上，晴光可喜，則命
曰鼇頭霽月。迤湖西南，水洋洋彎抱者，通津之鳳翔也。時見
帆檣出沒波濤間，則命曰鳳翔風帆。前有溪繞邨入湖，溪東百
步有山曰松裏，上有燃臺，海路之烽燧在焉，則命曰松裏夕烽。

1　马疾速奔驰貌。
2　褊急耿介。
3　赠送、遗留。
4　过失、罪过。这里指责备。

由山而南，有佛寺曰黔丹。鍾魚[1]之聲晨暮相聞，則命曰黔丹曉鍾。隔湖以南，野色平蕪者靑郊也。春稼秋穡，農謳可聽，則命曰靑郊翫稼。水又北會于臨津者蠏浦也。箇箇舲舠，垂緡鳴榔[2]，則命曰蟹浦觀漁。由靑郊迤南回五里，巒峀排羅，望如螺鬟者，深岳也。氣蒸黛成，與水天一色，則命曰深岳晴嵐。蟹浦西流，放于洋海。渺漫無際，紅日之浴瀾最奇，則命曰海門落照，合之謂兩樂堂八景。余則詳以錄之，寓之目而慣之心。待佗日遊陟，冀免爲生客。

（录自《星湖先生全集》卷之五十三記）

最樂堂記

李廷龜[3]

駱山之麓，舊多名園，而箕城公子之第爲第一。奧如也有林巒溪壑之趣，曠如也有都邑郊原之望。又有迴巖曲嶼層階怪石佳木奇花之勝，入之使人神驚而魂爽。洞迷而逕疑，雖處不遠城市，而怳然如隔塵離俗之區。兵火之後，屋盡墟矣。至其林木園池，則宛然如昔，而殆有所增飾焉，豈天慳鬼護而留勝賞於人間耶。公乃盡棄昔日巍樓傑閣，擇其最勝之地，搆一堂而名之曰最樂，堂成而勝益奇。一日，余與公觴於堂之上。問曰，堂名何義，願聞公之樂。公把酒而笑，夷然不答。余曰，百花爛階，香氣襲人，禽聲鳥語，上下相續，公於是樂乎。綠陰初勻，群鶯亂啼，池荷受雨，水檻生涼，公於是樂乎。霜染而楓丹，菊秀而香吐，蘀脫而山容瘦，水落而巖姿露，公於是樂乎。白雪

1　寺院撞钟之木，借指钟声。

2　緡，音mín，纶也，钓鱼。榔：高木。鸣榔：击船以为歌声之节，叩舷而歌之义。

3　李廷龜（1564—1635），朝鲜时代文臣兼文人。

滿山，層氷懸瀑，公於是樂乎。公曰，此吾家四時之勝，吾固樂之，然皆樂之寓於物，非樂之得於心者也。曰，然則佳賓滿堂，美酒盈尊，絲竹迭奏，觥籌交錯，公其樂此乎。公曰，樂矣而非吾自得之樂也。曰，荷鋤而種蔬，決渠而灌花，臨水而觀魚，登丘而望遠，或漱清泉，或摘新芳，或邀月而醉，或迎風而醒，公其樂此乎。公曰，斯眞吾自得之樂，而然其最樂則未也。余曰，噫嘻，余知之矣，昔東平王蒼有居家之最樂，公之樂，必此也。公曰，唯唯，非曰能之，願勉焉。余起而拜曰，夫樂，七情之一也。目樂乎色，耳樂乎聲，口鼻樂其臭味，身體樂其安佚，乃人之常情也，飯蔬食而樂，一簞瓢而樂，世復有其人哉。今公以宗歲重宰，生長富貴，未嘗知人間有憂辱事，則凡奢華逸豫之可以爲公之樂者，固非一端。樂聲色樂犬馬，樂財利樂驕侈，夫誰曰不可。而今乃以刻苦爲善，爲平生之最樂，非天資篤厚克去己私者，其孰能與於此，眞所謂翩翩濁世之佳公子也。孟子曰，賢者而後樂此，不賢者雖有池臺鳥獸，不能樂也。遂書此以勉公。

（录自《月沙先生集》卷之三十七記上）

秋香堂記

李廷龜

西都古稱繁華，亭臺樓觀之以名傳於四方者，皆甲乙焉。兵火之後，莽爲丘墟。今之稍復者，蓋不能十之二三。營衙之北，舊有小堂，名曰秋香。堂之左右，植以叢菊數畝。每至深秋花發，香氣滿堂，堂之始名，蓋以此云。金公守伯，以節鎮茲都之明年，慨然有志興廢，乃於聽政之暇，徘徊頹礎之間，捐俸鳩材，首建斯堂。堂成而余適奉使道此，與公觴于堂上。酒半，公屬余曰，是堂也地奧而勢曠，處卑而境靜，吾甚愛之，吾將盛植黃花，逍遙於其畔，君盍爲文以記堂之興廢。余曰，噫，公獨愛其堂乎，我愛其名。夫植物，發榮於春，風香於秋者，獨有菊耳，古人取其香，或以比其操，或以配其德。觀其歲華晼[1]晚，草木變衰，孤芳燦然，傲視風霜。有似山林逸士守幽趣於荒寒之野，又似正人君子保晚節於危難之時，彭澤東籬之採，寄閑情也，魏公北門之詩，況晚節也。二公之所以愛之者雖同，而其托興之意則有異焉，蓋以所處之地不同也。今公於舊都佳麗之地，花臺月榭之可修可新者，固非一二，而獨以斯堂爲先，未知公之托興也，於二者何居焉。公位顯而才大，朝夕且將歸相吾君，以展事業，人之所以望於公，公之所以自期負者，俱在於晚節。吾知公輕裘緩帶，嘯詠於霜葩之下，必以魏公之所自況者，自勉於胸中，未知公以爲如何。公起拜曰，得之矣，敢不勉旃[2]。遂書爲秋香堂記以勉公。

（录自《月沙先生集》卷之三十七記上）

雙清堂記

金守溫[3]

市津宋氏，士族也。至公年未冠，始筮仕。遊朝行數年，官不甚達，旣而退歸于懷川之別墅。大治第宅餘卅年，懷之地山高水深，土肥衍，宜五穀，鋤耨以時，歲常稔穫，冠昏賓祭之用裕如也。卽其東皐，別爲構屋，爲楹凡若干。夏炎冬冷，各有攸處。塗墍丹艧[4]，有輪有奐。前榆柳後松竹，凡花卉植物之可

1　太阳将落山。
2　努力，多于劝勉时用。
3　金守溫（1410—1481），朝鲜时代文臣兼学者。
4　可作颜料的矿物质，泛指好的色彩。

玩者，亦且雜藝於階除庭阤之間。綠陰香霧，空濛掩靄。正統九年癸亥之秋，樞府相公朴堧[1]，浴沂濡城，道經于此，遂以雙清名其堂，仍賦四言，安平大君又從而和。甲子春，余丁先君憂，來于楓川。則公致書曰，相國，儒林之偉幹，朝著之儀形，而乃屈襜帷，賜之堂額。大君乃紫雲英冑，朱邸天人，豈謂草澤之名，得以上達，而雍容蘊籍，賡詠[2]兩篇。奎章[3]粲爛，輝映山谷。不唯吾一家子孫永世之寶，蓋將闓吾一邑，山川草木之聳覩也玆幸矣。子其文之，而義無辭，余惟風月天地間一長物也。今夫"蓬然而起，驟然而散，周旋乎大虛，披拂乎六合，吹之而草木偃，觸之而金石鳴"者，風也。其來也固無時，然言風之好，必曰春者，以其和也。"氷輪皎潔，桂影婆娑，出於東山之上，徘徊牛斗之間，川陸爲之輝朗，物象爲之凌亂"者，月也。其明也同乎四時，然言月之明，必曰秋者，以其清也。是其耳得而爲聲，目遇而爲色，同一風而一月也。然隨人心之變與其處之不同，則所以爲風月者亦異。蓋公之制此堂也，深其牖，故風來而易爲清，虛其簷，故月出而易爲明。或披鶴氅，或戴華陽。隱烏皮，散素髮，有風冷然左右而至，侵我衣裳，涼我枕席。滌煩歊於暫遇，懷爽塏之逸興，則雖淵明高臥者，亦無以過此矣。其或佳賓萃止，過客停驂，琴棋旣張，酒亦爵有，舉杯相屬，襟韻益清，飄飄如遺世而獨立，御氣而遊汗漫，等萬事於浮雲，忘身世之眇然。則盈宇宙者此風也，而吹吾堂者益清，明宇宙者此月也，而照吾黨者益清。此公之所以自樂地者，而相公命名之意也。自有天地，便有此風月，而娛風月之樂者，亦不知其幾何。然或得於此而遺於彼，宋玉作賦，極雄風之大，然不及三五揚明之說，則專於風而失於月也。魏武詠歌，狀南飛之哀，然不知巽二鼓物之盛，則偏於月

---

1 音 ruán，同"壖"，河边的空地或田地。
2 相继咏和。
3 泛指杰出的书法或文章。

而略於風也。蘇公赤壁之遊，庶幾兼之二者之趣，然舟楫之危，不若堂階之安，夢鶴之怪，何有冊樽之樂。則公之爲樂，不唯求之當世而罕儷，概之古人，亦鮮其比矣。不寧唯是，公少謝簪笏，膏盲泉石，居常辭受取與之間，苟非道義，雖一毫而不苟，此心超乎萬物之上而不累一塵，則是心迹之雙清也。老母在堂，年俯八旬，蒼顏白髮，康強無恙，公晨昏色養，萊衣舜慕，惟日不足，則是子母之雙清也。公有二子，長曰某，廉能致用，揚歷中外，岸然功名自許。季曰某，英英武幹，補于黑衣，爲王侍坐，以特百夫，則是昆弟之雙清也。蓋公一家清德周流，洞徹無間，則其於綱常倫理之懿，豈不增重矣乎。而其與潔身高蹈，枯槁山谷，嘲弄晨夕，追餘飆仰末光，自以爲得風月之樂者，固不可同年而語矣。顧余學識荒落，固不足發揚盛美。當今作者如雲，補霞裾，剪秋水，以是也。公不丐於彼而求於余，豈以姻戚之故。相知之深歟，抑階吾文，以求當代之盛作也，是不讓云。蒼龍丙寅春三月有日，記。

（录自《拭疣集》卷之二記）

雙清堂重修記

宋相琦

堂之名義，前後記文備矣，無容復贅。而攷之家乘，先祖考以獻廟時人，建此堂。在宣德七年壬子，即我世宗大王之十四年也，先祖芋寧於此十五年而下世，至今人之稱其號曰雙清，亦以此也。後九十三年嘉靖甲申，楊根府君重新之。至松潭府君，嘉靖癸亥，仍舊加葺。萬曆丁酉，被倭爇。丙辰，府君又刱焉。由丙辰上距甲申，下至今年戊子，亦皆九十三年矣。年紀寖遠，堂宇漸弊，瓦腐木蠧，不治將壞，非但黝堊之漫漶而已。宗孫必爇，以世嫡守此堂，大懼傾頹以忝負荷，於是不度力綿，不憚舉贏[1]，盡撤而改之。始於二月，訖於五月。面背左右，一遵舊制，毋敢變易。堁其西者二間，軒其東者四間。而軒之廣，礎之高，視舊皆剩一尺，華彩藻飾則不翅過之矣。輪奐再新，堂構永固，水丘桑梓[2]，亦增其光。此豈孱孫之力，良由祖宗先靈默佑而成就之也。況前後重修者三，而輒當九十三年之數，事若冥會，其亦奇矣。嗚呼，先祖經始之意，非直爲一時燕居自適而已。蓋將以雙清二字，爲世青氊[3]。以遺我子孫無窮，而子孫之隨廢輒修。世謹守之者，亦以仰承先祖之志也。朝無百年之家，古人已歎之，況在季世乎。而今此一弘之宮，十世相傳，殆三百年，將與國家相終始，尤豈非古今所罕有也耶。雖然，堂久則弊，理也，而天地間風月，爲無盡。自今以往，雲而仍而至於所不知何人，苟能保此先業。罔或隳[4]失，以至松竹花石，亦無敢毀傷，修治培植，愈久愈虔，則斯堂之傳，雖與風月長存，可也，此子孫之責也。是役也，取材於板橋，沙山，秩峙三先壠。凡爲松潭府君子孫居近地者，及縣監相淹宅，相其餘諸宗，府使炳翼，縣監元錫，堯卿，幼學康錫，時端，時碩，監牧官光林，三嘉宗人廷弼，或出官俸，或出私財，而時碩奔走效力，勞最多，畫師道立，亦係後裔，此正前記所謂賴一門諸賢之助者可備。斯堂一故事，故附記之云。

（録自《玉吾齋集》卷之十三記）

1　做奢侈的事情。
2　同"梓"。
3　指清寒貧困者。
4　音 huī，毀坏；怠惰。

永言堂記_{辛巳}

李 植[1]

京都東去四十里楊州地境，有天掛山，以高而得名。西迤
爲八谷山，洞深而阜突，鬱蒠磅礴，卽綾城具氏墓地也。葬凡
六代，儲靈發祉[2]，與國咸休，國舅綾城府院君，今主之夫人趙氏
墓在焉。綾城公冢孫名鎰，字重卿甫，作堂於其陽，扁以永言，
以寓奉先追孝之意。本綾城公指也，重卿生長綺紈，習慣珍甘，
第宅繁麗之觀，專在都內。而顧頤情典墳，雅好泉石，常以是
堂，爲藏修遊藝之所。計其一年之間，除觀省及他出入弔慶外，
皆在是堂，可見其好之篤而居之安矣。堂規雖小，臨溪環麓，
花木池沼，皆可怡悅。重卿專精詞翰，嚼馥玩光，方進而未已，
首作七言近體賦其意，詞苑諸公，咸續和之。余嘗謂世之溺華
腴而厭閑淡者，固鄙人俗狀，不足道也。其或不然者，必欲長
往遐擧，群鳥獸而絕人倫，其爲畔於道一也。今所謂永言堂者，
卽先隴而開泉石，跬步家庭而有鹿門匡山[3]之致。於以研究大業，
以顯厥世，是尤孝思之大者，余故樂道其事，以爲諸公糠粃之
引焉。重光大荒落兌秋，澤堂李植汝固甫書。

（录自《澤堂先生別集》卷之五記）

記書堂舊基

李 植

余再選賜暇，三叨主文。而以堂番夫復，假寓書籍於漢江。

---

1 李植（1584—1647），朝鲜时代文臣。
2 降福。
3 鹿門：齐城门；匡山：湖北黄冈市东南。

故尚未見書堂遺址，每歎焉。今者待罪湖上，偶逢書堂舊吏金國者，詢及故事。仍與往觀，從其指示而記之，以備後考焉。堂在山腰，距江可一牛鳴地。俯臨之若在戶下，溪出左右崖谷，凡四派有巖有瀑，水不旱涸。山皆沙石剝赤，而舊則松翠覆之。舍北一土峯獨圓秀，上有松楸，名望湖亭，最占湖山之勝，不待贊也。正堂通計十二間，右有西上房三間，前有樓三間，所謂南樓東也。左有東上房三間，前有文會堂八間，有樓有房，地勢夷下。自東房俯視其宇，正堂與東房之間，有藏書閣二間。連棟而隔壁，其北有報漏室。室之北，有測影臺，所以記時刻警讀課也。西偏墻外，緣巖逶而下，架石跨澗，引水爲蓮塘，可數畝，有亭三間。北有三重階，種花木處也。西房墻內，有庖廚三間。東墻外，有馬廄三間，書吏房三間，大門一間。門下數十步，又引水爲蓮塘，上有小亭二間，以待外客也。此亭與庖廚吏房，則皆一間四楹，不比正堂諸房，樓有前後翼爲八楹。而礎石埋沒，不能點數，故大凡以間數記之矣。金國言盛時賜暇讀書，例選十二員，分二番直宿讀書。大提學日課所製，考第以上之，月三宣醞，則有別製有賞格。第一賜虎皮，次豹皮，馬裝，胡椒，丹木等物。官供朝夕，堂員又需索，內外官司無敢闕應，此則吾輩習聞前輩，亦記之矣。金國言堂員，皆三司名官，數遷及呈告，故常不備番數。或三四員而止，而例給一月飯米十五石，豆十五石，內贍寺日供酒各一瓶，鹽醬疏菜柴炭稱是。乘馹[1]出入，粧二方舟，以待宴遊，掌樂院供妓樂。雖中書舍人司，不敢先爭。書吏九口，使隸八口，皆受料布。堂屬臧獲[2]八十餘戶，環居堂側，用以代吏隸，而收其料布。或收柴炭剩價幷米豆餘數，藏之別庫，如文會蓮亭等役，用此爲費。饌物亦取此而贍足，常釀酒數石，不惟內贍供也，國之言大概

1　音 rì，同“驲”，也叫传（音 zhuàn）车，古代驿战用来送信的马。
2　古代对奴婢的贱称。

喈是矣。舊堂吏僕今存者，只國一人，年八十餘，耳聾而識未昏，指說分明。余幸其及見此人，按此基而隨手記次如右，仍竊伏念世宗，初以特旨賜暇，無定員無定數，吏卒供給無定額，而被選之人，各自勉學修辭，無敢踰侈。乃後設官司定規制，其考課若嚴，而養不免侈，習不免嬉，前後作成之效，亦可覩矣。目今太平無象，斯文掃地。堂之復，固未可期，設復之，當有以裁之末流之弊可戒也。姑識之。

（录自《澤堂先生別集》卷之五記）

用拙堂記

趙　翼[1]

湖南觀察使閔侯，自湖南以書千里而抵松京。屬余記其所謂用拙堂者，蓋其舊莊在林川，新搆一堂。盛稱其江山形勢之勝，叢篁樹林之茂，而名之以此也。余謂拙者無所能，不足以成事之名也。故拙者恒無求於世，安於止足之分，退而不與人爭也。今侯自少時，擢高科登顯仕，以才能著聞。所到輒有治績，以是不由階級，獨先衆超峻秩。年僅四十，居方伯之任，朝廷數才臣，侯常居其二三，其非拙也決矣。乃以是自名，何歟，余於是知侯之賢遠於人也。夫人有一才一能出於人，輒自喜以爲莫我若也。今侯爵位通於宰列，委任重於方面，聲名顯于時，功績加于民。皆人之所望而不可及者，而乃不有也。退托於拙，然則侯之心，其不以是自喜也明矣，其殆所謂功名不可以累之者歟。率是道，以推其事業之所就，又豈可量也。余於此又見侯之志也。夫既不以功名自累，而治其居於江湖魚鳥之陬[2]。其將安於止足之分，退

1　趙翼（1579—1655），朝鲜时代文臣。
2　角落，山脚之意。

而不與人爭者歟。余未嘗至林川，而宿聞白馬江之勝。聞侯之居在白馬下流，想其連山擁其後，廣野在其前，大江橫經其中。波濤浩渺，與海相連。遙山極浦，微茫隱見。而風檣雨帆，上下往來，水禽沙鳥，浮游飛鳴，皆得於几席之下。而竹林簇於園，花木羅於庭，春葩秋實，夏陰冬碧，無不可愛。誠能脫去塵網，自放於物表。得喪不嬰乎心，是非不及於耳。蓴鱸足以適口，琴書足以養神。或燒香宴坐，或放杖行歌，或登于高，以望江山之空闊，或臨于江，以觀魚鳥之浮沈，皆足以樂而忘老。與其營營於功名之際，逐逐於勢位之途，利害著於前，毀譽變於後，汩沒以終其身，其勞逸得失，不可同日語矣。然則拙之所獲，不亦多乎。周先生謂拙者逸，豈不信哉。侯之志其在斯乎。余亦天下之至拙者，曩者屏迹林野，初無意於世，不謂遭時竊[1]位，亦至宰秩[2]，實非素望所及，未嘗不循分自驚也。然麋鹿心性，豈能久於宦遊，行將尋遂初賦矣。俟侯他日功成身退，匹馬相就，以觀斯堂清曠之趣，而共論拙之味也。姑以識之。

（录自《浦渚先生集》卷之二十七記）

用拙堂記

金長生[3]

用拙者，湖南伯閔公之堂號也。公之先祖，罹乙巳之禍，謫居于林，子孫仍居焉。昔公之先人，以養拙扁堂，兄以守拙，弟以趾拙，而公又揭以用拙。此一拙字，實公家傳也。公自先世，嫉世人喜巧之態，以此爲箕裘之業，其志可尚也已。然而公之

---

1 同“窃”。
2 秩：俸禄，也指官的品级。宰秩：掌政的大官。
3 金長生（1548—1631），朝鲜时代文臣兼学者。

意，果以爲君子立志行己之要如斯而已乎。抑用力於實地，而外爲此謙遜之語耶。夫拙者，緩於進取，而有謙退自守之意而已。拙之爲用，豈足以盡道哉。若比於用智自私者，則固有間矣。而乃若君子所存不止此，盡心知性，修己治人，非拙者所能也。君子明萬物之理，通幽明之故，開物成務，乃其業也。公當以聖賢爲期，大其根基，求造乎道之極摯，豈但守此而以爲足也哉。公其勉之哉，抑余又有說焉。堂在南塘江上，卽白馬下流也，大江外群山圍繞，一舉目，數百里了了在眼底，眞勝觀也。江有鱸魚紫蟹，澤有蓴菜，居然吳下風味。亭之左右，有竹林梅塢，雜植花草果木。土地饒沃宜稼，信乎休退閑居者之所樂也。而公方登用於朝，則雖有江山之勝，何暇於此樂乎。嗟夫，有如是之名區，而役役於外，供閑賞於他人，而不得專其勝，無乃自以爲是或近於拙耶。吾觀公居家屢空，而拙於謀生，栖遑[1]外藩，而拙於仕進。處世迂疏，容儀簡率，凡此數者，皆非智巧者之事，抑公以是而自號也耶。然而觀人不於其外而于其心，竊就公之事，而得其所用心焉。公歷典州府，再按雄藩，而簡素是尙，則豈是謀生之拙乎。不擇內外，任其儻來，而恬靜爲心，則可謂從仕之拙乎。處世雖以迂疎，而當官盡職，臨事明決，容儀雖曰簡率，任眞自如，不事矯飾[2]，吾知公之拙也，其諸異乎人之拙也歟。至於知江山之可好而選勝營築者，耽閑喜靜之素心也。而生逢明時，未暇於閑逸，欲同吾所得於人人者，君子爲人之道也。進憂退憂，無愧於前人，吾未知公其果拙也耶。余於公，相習久矣，非相期以拙者也。故前所稱，爲吾公進之，以後所稱，用解不知者之意，盍亦顧名思義也哉。

（録自《沙溪先生遺稿》卷之五記）

1　奔忙不定。
2　矯飾。

用拙堂記

　　嘉林爲湖西陸海之奧區，山川古跡物產之可稱者，多見於前人記述之中，號爲樂土焉。用拙閔公，既納嶺節，無宅以居。始爲求田問舍之計，得地於郡境南塘之澄笠浦之內，治而爲堂。四顧而望之，嶐然而後踞者聖興山也，莽然而前帶者帝錫村也。其北沃野，中野而橋。襏襫[2]之夫，冠蓋輪鞅之所道也。東多游觀之所，龍淵寺，舍人巖諸古跡在焉。西接熊浦，沿南塘以下，不十里而至，南北舟楫之所會。海外嘉果異產若橘紅附子之良藥，海榴冬柏之奇花，靡不歸輸焉。土人用竹網取魚，每四時交節，珍錯盈庖，細鱗肥鰲，僕隸餘啄。堂之左右，有竹林梅園。大谷之梨，武陵之桃，燕之棗栗，山東之柿，多所手植者，鬱鬱而翠，葩葩而艷，垂垂而實，足以供賞玩釘籩豆。下以遺子孫，亦不失素封之千戶。堂之衆美，不可盡舉，而此其最也。公嘗語余曰，吾先人自號養拙，吾兄繼先志曰守拙，吾弟曰趾拙。拙者，吾家之世傳，堂之可名者不一，而毋以易吾拙也，子盍爲我記之。余於是作而言曰，善哉。公之志也，夫人之處世，莫良於拙。拙者，德也。養拙，仁之事。用拙，智之事。父養之始，子用之後。惟兄惟弟，以守以趾。人所慕，己違之。人所喜，己憂之。彼言我默，彼勞我逸。爲上而安，爲下而順。俱不畔濂溪氏之意，而終至於風清而弊絕，則雖以化一世可也，豈獨公之一家也哉。若湖海之勝，田園之樂，天所以餉公拙也，公其勉之矣。公曰諾，敢不拜吾子之惠也。遂書之爲記。

（录自《清陰先生集》卷之三十八記）

1　金尚憲（1570—1652），朝鲜时代中期文臣。
2　指蓑衣之类的防雨衣。

用拙堂記

姜　籀[1]

　　古人曰我有魏王大瓠，非不呺然大也，爲其無用而掊之，古人曰子拙於用大矣，何不慮以爲大樽而浮乎江湖。夫瓠之大一也，而或以掊，或以爲樽，卽能用不能用之異也。夫南塘勝槩，最於湖西，爲與知己者未遇，爲宇宙間樸拙底一物，不知其幾千百載，繫湖南伯閔相公得之。誅茅卜築，曾不日而斷手。堂成而勝益奇山益明水益麗，烟霞魚鳥，擧欣欣若有得也，豈公能用之故歟。地本樸拙而用於公，公亦拙也而用之於地，交相爲用而物我俱得，非拙之貴，用拙爲貴矣。然其所以用之者，不唯用之於物而用之於己，不唯用之於己而用之於心，不唯用之於心而又推之以及其堂，公可謂眞知無用之用，而不以機巧勞心者歟。盖斯拙也有自來矣。自公之先君子，德隆位細，養拙江湖。其長公仍而守之，相公又仍而用之，公之弟又仍而趾之。俱以名其堂，亦足見公之善繼而于光有耀也。堂在白馬江下流，去上游四十里而遠，去林邑十五里而近。堂之前笠浦其村也，堂之後聖興山一脚也，其南則咸悅縣之帝錫里也，其北則走林韓古道也。東有二巖，盖古舍人檢詳之所曾遊也，亦不詳其姓字。西望熊浦五里者二之，卽商船下碇之所也。堂左右多竹，且有雜卉，如桃梨海榴，皆公之手植也。江村風味，魚蟹甚夥，居人以竹網捕鱸魚，亦一奇事也。公在塘東，卯君亦築室其西。中限小山，可杖屨來往也。居無何有松都之命，又未幾而有湖南之行，皆非其志也。以公經濟之器，而不樂爲世用。其視榮名若太虛中浮雲，雲水之懷松風之夢，曷嘗不在於南塘乎。頃自南抵書於某，大繩南塘之美，繼而徵文甚勤。于以見相公之

1　姜籀（1567—1651），朝鲜时代中期文臣。

用拙存道，而江山之遭遇相公，亦足爲幸矣。早晚相公歸老此堂，而某可一驢相訪。大瓢浮江之說，重與公言焉，此其所以志也。所愧詞拙，無以承當委屬之意，而梳洗南塘之頭面也。

（录自《竹窗先生集》卷之八記）

用拙堂記即閔判書聖徽所搆，在林川

朴弘中[1]

驪興之閔世[2]多賢，其好拙，盖天性也。巡察公罷嶺南而歸也，築室于林之舊基西，揭其堂曰用拙。或有難之者曰，夫拙者，迂而無所能之稱也。趍于巧者世皆然，人或有不嗤拙者乎，公安取乎是，而揭以爲堂名也。公慨然曰，是吾家傳舊業也。先君子好是，而名其齋曰養拙。亡兄處士君繼而有守拙，稱其曰址拙者。吾弟也，吾父兄洎吾弟，咸以此世守之。吾亦拙者也，惟不見肯堂是懼，吾安敢舍吾拙也，堂所以有是稱也。且未知用拙，其何損乎。用以持身，則身不辱。用以治家，則家以寧。用之於應物，則物無忤。用之於臨事，則事不債。施之於日用，而用亦不窮。拙之爲用，盖輕乎哉。堂幽而靜，可以處吾拙。堂無有爭者，可以安吾拙。堂有梅有竹，可以嘯傲乎其中，而得之乎吾拙。堂之後果園也，可以療吾飢而飽吾拙。堂之南大湖也，可以漁釣乎生涯而全吾拙。堂之東小村，即所謂址拙居也，可以杖屨往來而同樂乎吾拙。堂之中，則有琴瑟杖几鑢罍[3]碁局書架之屬，可以逍遙焉游息焉，自適吾拙焉。以此終吾生，則其庸有不可乎，其名吾堂識之也。公之友朴子建，聞而歎曰，

1　朴弘中（1582—1646），朝鲜时代中期文臣。
2　即骊兴闵氏，朝鲜王朝的一个氏族。朝鲜闵氏始祖是孔子的弟子闵损（子骞），后定居骊兴。
3　古青铜酒器。

公可謂知道者也，夫事有拙而失之者乎。在昔邃古¹之風清俗美而熙皞²其世者，亦在夫拙而已。非進乎天者，其孰能與於斯者。噫，公能持是道以行之，則公之澤將大被于吾人矣。公雖欲高卧乎堂，公豈獨自由乎。吾於是知公之所踐益深造其奥，而抑父兄之教然也，故用爲記。

（録自《秋山先生文集》卷之下記）

用拙堂記閔聖徽搆

柳 楫³

　　觀察使閔相公有別庄在林川，作堂於其庄之隅，將以爲歸休之所，名之曰用拙。遂請於一時名文章者，以求詠歌。其所志記之者，皆曰巧者勞，拙者逸，巧者動，拙者靜。世之人，皆好勞而惡逸，好動而惡靜。營營於利禄之場，役役於形勢之塗，卒至於喪其眞，滅其身者衆矣。公將安逸自適，恬靜無求，用其拙而存其道者乎。余聞而笑曰，爲此說者，皆不知用拙之意也。夫拙者，巧之對也。非拙則不能有巧之名，非巧則不能有拙之名，二者相爲用，而不可偏廢也。盖天地之道，亦不過巧與拙而已，何以言之。夫天道流行，四時代序，當春之初，萬物發生，至夏之繁茂，於是鳥之鳴，獸之動，芽之生，甲之折，木之敷榮，花之艷麗，千態萬狀，靡不畢具。非雕篆刻畫之所可彷彿，則非天道自然之巧，安能如是乎。及夫秋冬之交，天地嚴凝，萬物收藏，榮者枯，澤者焦，泯泯⁴然無跡之可尋，此非天地自然之拙乎。今夫相公瀉天之巧而用其巧，法天之拙而用

1　远古。

2　音 xī hào，和乐，怡然自得。

3　柳楫（1585—1651），朝鲜时代中期文臣。

4　消失殆尽。

其拙者也。相公負超卓之奇才，蓋雄剛之俊德，爲王爪牙，爲國藩垣[1]，運一心而通萬變，區處條理，無不得宜。令修於庭戶之內，而人得於湖山之外。於是病者蘇，憂者樂，枉者直，屈者伸，譬如造化之著物成功，此非相公之巧乎。今將釋去大柄，歸臥于斯堂之中，日與漁人野老爲友，棄榮辱於度外，忘是非於靜中，頹然冥然，無思無慮，向之所成就者，不知出於何人，此非相公之拙乎。噫，巧之所成，必收之以拙，拙之所養，必發之以巧。一於巧而不以拙收之，則巧至於必敗。一於拙而不以巧發之，則拙至於無用。吾知相公居是堂，養是拙也，益進其所未進，益充其所未充。異時登廊廟，入鼎軸，黼黻皇猷，經綸斯世，功業之盛，名譽之隆，追伊周[2]而謝稷契[3]者，未必不出於相公之手。而其終也，必以無功無名收之者，此乃相公用拙之道也。余未嘗獲承相公之顏色，徒聞於下風，而私爲之記。倘於他日登公之門，則請以是告之。

（录自《白石遺稿》卷之二記）

同春堂記

趙 翼

　　進善宋君自懷德，以書走數百里。請記其所謂同春堂者，蓋宋氏之家懷德，二百年餘矣。宋君七世祖雙清公，當太宗朝，棄官歸鄉里，始隱於懷德以終其身。搆一堂，名之爲雙清，因以自號，而校理朴公彭年記之。其後子孫衆多，一里皆宋氏，故人名之爲宋村。宋君之家在村上流，其先人亦搆一堂，其軒

1　藩篱、垣墙，比喻卫国的重臣。
2　商伊尹和西周公旦，执掌朝政的大臣。
3　音 jì qì，稷即后稷；契：古人名，商朝的祖先，传说是舜的臣，助禹治水有功而封于商，唐虞时代的贤臣。

楹敞豁四達，其室屋靚深溫暖，冬夏皆宜，所謂君子攸寧者也。其堂亂後頹廢，宋君乃重建以新之，其制一皆因舊。稍東徙以近溪澗，且其地在雞龍之東，鳳舞之北。名山在望裏，流水在屋下。山之四時朝暮，氣象萬千。而一練抱村，縈回清澈，皆可樂而翫之。而名其堂曰同春，取與物同春之意也。余惟懷德之宋，爲東方名族，如古范陽之盧，清河之鄭，以其族衆多而又多賢士也。其祖雙清公隱遯終世，其爲高人可知，而朴公記其堂，則必嘗與之交遊。朴公忠烈，凜凜宇宙，爭光日月，與之遊者必賢人也，非賢人，必不爲之記。於此益見其爲賢也，宜其子孫蕃庶而多賢也。於此見天之福善人，理所必然也。宋君以賢人之裔，長於賢士之里，遠追祖先之業，近取宋族之風，宜其情性事爲自與凡人異也。又能志乎古人之學，以古人之事自勵，則又非宗黨諸人所能及也。今堂構重新，不廢先人之舊，可謂孝矣。而觀其名堂之義，則又可見其志之遠矣。夫天之德有四，而元其首也。其氣之流行亦有四，而春其首也。然則春者，元之行乎時者也。人之仁，卽出於此。故元也春也仁也，一也。程子曰，靜後觀萬物，皆有春意。又曰，萬物之生意最可觀，此元者善之長也。斯所謂仁也，夫天地以生物爲心，元者天地生物之心也，春者天地生物之氣也。萬物之生，皆受之天地，故萬物皆有生意也。所謂春意，乃生意也。仁者，人之生物之心也。宋君以同春名其堂，則可見其志在於求仁也。夫仁，天地之公，萬善之本也。宋君之志乃在於此，其志豈不大哉。聖門之學，以求仁爲務。獨顏子能三月不違，此顏子所以幾於聖人也。程子謂之春生，此尤見仁之爲春也，此理人所均稟。君子，物我無間，既得乎已，又必欲與人同之，使均稟是理者咸有得焉。此君子之所樂也，宋君所以名堂之意，其在斯乎。余謂君子之志，固欲人人皆得乎此道也。然必成己而後乃能及物，然則君子之所急者，其在於成己乎。若夫成己之方，則聖人所告諸子者備矣。

此則宋君所熟講而從事者，何待余言也。余既慕宋君先世德義之高，而又喜其名堂之義異於人也，乃不辭而爲之說以復之。癸巳暮春，趙翼記。

（录自《浦渚先生集》卷之二十七記）

枕海堂記 甲申以後

李敏求

　　夫朝廷者，薦紳[1]進取之途。市廛者，孅[2]民衡利之區。寬閒之郊，僻遠之鄉，亦士之不遇於世，養安自放者之所趨也。然而處江海者厭湫墊，居山林者病深阻，二者每不得兩全而竝[3]有。則此又取適者之所常恨，其或挈此而訾彼，拘近而昧遠，俱非通論也。然則兼山海之勝，具高深之致，可以超護短偏長之目者，其惟成氏之枕海堂乎。牙州之鎮曰靈人山，山西迤東注，北起而爲新豐。嶺下平而爲倉城，城左右則民居之湊。萬屋鱗錯，中高者爲官廨，旁衍者爲諸廥。又起而昂頭者爲曲城，自曲城西轉數步，若人之回顧望洋者，即枕海堂。成氏得之，以都其勝槩焉。夫太湖之傍，巨海之涯，斷石承其阯，洪波浸其隄。嵎夷以東，渤海之津，島嶼隱現之形，樓舡往來之路，特目力所不及，而未嘗有芥滯焉。則升高瞰遠，究覽體勢之奇，固無所與讓，而以其在小山之頂。皐壤隔絶，崇庳剔突，因勢寓巧，曲折陟降，梯徑繚盤，雲煙蒸蔚，草木蔥蘢，又窅然[4]饒山藪[5]之趣。向所謂山林也江海也兩全而竝有者，宜無以先此屈指矣，

1　縉紳，古代高级官吏的装束，亦指有官职或做过官的人。

2　古同“纖”，细也；此处意指吝嗇，花钱小气。

3　同“并”。

4　指幽深遥远的样子。

5　生长着茂盛草的湖泊。

豈成氏胸中包大瀛海與小須彌山耶。自有天地以來，便有此江山，舟楫之憩泊者必於是，行旅之濟涉者必於是。民物之所都會，官吏之所走集。經閱百代，豈無一二具眼。而堆阜斷壟丘榛墟莽之間，付之漁村蜑[1]戶之所羣集，而騷人雅士，一莫之顧盻。今而遇佳主人，抽祕[2]蘊發潛翳，彰幽闡隱，刱新改覯[3]。山增其奇，水增其麗，宇宙增其曠朗，日月增其清美，使人人登覽者無不怳然開暢，神與境會。夫湖右地，傍海臨水而亭臺者殆以十百數，而此堂一朝出其上，自其西秋雪白沙之屬，索然以廢。意者顯晦在天，財成在人，而天人相與之際，其有主張闔闢，而默相之者存耶。山水余所樂也，探尋汎濫，足跡徧一邦。居恒有長往之願，至老流徙，不獲管一丘一壑，而濛汜[4]迫矣。僑寓鄉井，得從成氏游，暇日相隨，觴詠於斯堂之上，臨望之樂，與主人共之，亦已幸矣。堂西偏下據絕岸，每晝夜潮上，枕底聞波濤聲，堂之得名，義其取此。而觀成氏故偃蹇當世，倘亦有孫參軍洗耳意否。成氏名時望，字尚甫。辛巳歲，實經始此堂云。

（录自《東州集》卷之三記）

漫寓堂記

李敏求

　　爾欲舍而之所寓乎，寓不可舍也。天寓於氣，地寓於水，天與地猶不能自立而恃寓以存，若之何舍寓也。老氏守之，恒其寓而不得焉。佛氏厭之，脫其寓而不得焉。其不能舍寓也久矣。爾之軀，爾神之所寓也。爾之室，又爾所以寓所寓也。厭

1　音 dān，中國古代南方少數民族。
2　音 bì，刺也。
3　音 gòu，同"构"。
4　古代神話中指日入之處。

之而不可脫，守之而不可恒。爾之寓之，將以何術。曰，吾以漫寓而已矣。夫漫寓者，不求其脫，不蘄其恒。寓之以虛而不以其實，寓之以無而不以爲有。爾身之爲蝸甲蛇蛻，況其所寓者乎。春秋之忽往而忽來，氣化之迭盛而迭衰，日夜相代乎前，而旣不得據而自私，則斯可謂漫寓者矣。凡爾室之所有木石花鳥，階庭園池之實，山川之流峙，雲煙之起沒，物態之推移而遷變，驟得而驟失。無非爾耳目之所寓，其所寓亦漫而已矣。方且寓趣於詩書，寓興於壺觴，恬愉靜虛，無適無莫，優游乎無爲之域，無何之鄉。不疵癘[1]，不撓攖[2]，以至乎華皓頤期，遂名其堂曰漫寓。

（录自《東州集》卷之三記）

觀物堂記

權好文[3]

余以時着愛溪上小峯，編茅爲屋。左琴右書，期以畢百年光景也。歲壬戌，又卜築于峯之下。依翠麓，搆一畝宮，爲妻孥[4]所容也。杜陵詩曰，何時割妻子，卜宅近前峯。杜則割家累，余則携家累。雖趣舍不同，而其近前峯之意則一也。新居溪曲，環堵晏如，聊足以寓一生之歡。秖以賓友時至，觴詠無着。常欲架空數椽而未能者，若干年矣。去己巳，姪子道可幹家事。財力稍優，乃欲成余之志。秋七月，乘農之歇，命匠聚材，起小堂于松巖之西偏，閱四蓂[5]而功訖。余適是年，久在京師。十一月，歸見簷楹之歸然高峙，其制度雖不愜余心，其勢

寬豁，可償宿尙矣。越明年春，貿瓦而蓋，買版而粧，半爲燠室，半爲涼軒。隈壁而藏書，虛前而繞欄，翛然宜騷子之攸芋。余乃名其齋曰觀我，堂曰執競，而退陶先生以觀物改之，仍名焉。嗚呼，觀物之義大矣。盈天地之間者，物類而已。物不能自物，天地之所生者也。天地不能自生，物理之所以生者也。是知理爲天地之本，天地爲萬物之本。以天地觀萬物，則萬物各一物，以理觀天地，則天地亦爲一物。人能觀天地萬物而窮格其理，則無愧乎最靈也。不能觀天地萬物，而昧其所從來，則可謂博雅君子乎。然則堂之所觀，豈但縱目於外物，而無研究之實哉。閑居流覽，則水流也，山峙也，鳶飛也，魚躍也，天光雲影也，光風霽月也。飛潛動植，草木花卉之類，形形色色，各得其天。觀一物則有一物之理，觀萬物則有萬物之理。自一本而散萬殊，推萬殊而至一本，其流行之妙，何其至矣。是以，觀物者觀之以目，不若觀之以心。觀之以心，不若觀之以理。若能觀之以理，則洞然萬物，皆備於我矣。邵子曰，人能知天地萬物之道，所以盡乎人。曾子曰，致知在格物。苟能處斯堂而着力於格物致知之功，而以得夫所以盡乎人之道，則庶不負觀物之名矣。辛未季夏旣望，松舍小隱記。

（录自《松巖集》卷之五記）

寒碧堂記

柳夢寅

寒者何，竹也。碧者何，沙也。堂之名寒碧何，以其地有竹沙也。竹沙之稱寒碧何，取杜子竹寒沙碧浣花溪者詩也。趾居之，鄭措大時也。措大，京師人，其先君詩名高一世。嘗隱於會稽山不售，自號會稽山人。措大自幼稚富氣槩，值時之難，亦隱於錦城山。山有萬竿寒竹一帶碧沙，可挹於一堂，堂之名於是乎得之矣。夫寒者非一，有風也月也水也石也，千百其名，而必曰竹。碧者非一，有天也雲也山也海也。千百其名，而必曰沙者何。措大與杜子出處相近，居同於避寓，而地同於錦城，而堂同於浣花之草堂，而詩同於旅遊之遣懷，宜夫取興之似之也。然而措大有搗玉揚珠千百斛，是士之不寒者，而猶愛其寒，有粉黛緋紫數十行，是其色不止於碧，而猶愛其碧，是措大有杜子之所有，而又有杜子之所未有也。吁，人徒知寒者寒碧者碧，而不知寒碧二字之出於詩，不足以識其趣也。人徒知詩之趣在竹沙二物，而不知其趣之不於氣不於色，不足以識其趣之所自來也。其趣之來不竹不沙不詩，而其不自吾方寸間乎。於是，君子歌之曰：

亭亭萬竹，氣侵書帙。綿綿平沙，色連溪月。孰營是堂，堂以詩名。世隱於詩，允繼家聲。錦城嵯嵯，錦水深深。寒耶碧耶，主人之襟。

有聽其歌而愛其名者，不入其堂，不見其物，而文以記之。記之者何人，高興柳夢寅也。

（录自《於于集》卷之四記）

三梅堂記

姜 沆[1]

吾族祖仁齋先生，著養花錄，曲盡花草之性，而梅花居其第四。數梅之品，以橫斜疏瘦爲上，而取實規利爲下。以臘前着花爲重，而冬至前早梅，爲非風土之正。歷世之養梅者，皆以仁齋爲擧主。余觀夫今之養梅者，與古之養梅者不同。挫其

1　姜沆（1567—1618），朝鮮时代中期学者兼义兵将帅。

直幹，折其長枝，長不得如人，施不得滿尺，橫斜疏瘦之天，日以離矣。或計之太早，養之太恩，栽以瓦盆，置諸暖突，灌以溫水，薰以爐火，致令着花於冬至前，向人誇說，邀致好事者，遂以爲交結貴人之資。向之所謂規利者，非風土之正者，不幸皆有之。夫梅之所以見重於人者，以其有枯淡之性，寒苦之節，陽春不能淫，大冬不能移，饕風虐雪不能屈，奔蜂浪蝶不能透，凜然花卉中特立獨行者耳。今如是，其可乎哉。使梅而有知，亦將愧死之不暇矣。吾鄉友丁君重甫氏，卜居于光山之大岾，因先廬也。搆草堂二間，絶瀟洒，雜植花卉數十種，種三梅以殿群芳，遂以名亭，屢索余文以記。余未嘗登重甫之堂，問所謂三梅者，而若重甫之心則吾得以知之。既得主人之心，則余於三梅，非生客也。余聞重甫之堂之壁，掛詩若序，太半出於不遇之人，而又徵記於一世之棄物，則重甫之不爲時世粧者，擧此可占。而其養梅也，又順其天地而不盆，俾遂其風土之正。重甫之於梅花，眞得其韻與格者，三梅之生，得其所哉。

乃成一絶：玉立亭亭不受埃，貞心羞逐艷陽開。氷霜苦節無人識，會有孤山處士來。

（录自《睡隱集》卷之三記）

三梅堂記

趙希逸[1]

或問於余曰，三梅之堂之說，子知之乎。曰甚易曉，何問爲。此不過堂有梅三，而仍以扁其堂已矣。曰，誠取乎梅者，烏乎三之拘耶。曰，此適有三焉者而云。苟得其趣，奚拘乎三，如翫梅而得其趣者，雖不及乎三，而二也一也。何損於吾所得之

1　趙希逸（1575—1638），朝鮮時代文臣。

趣也，抑過而四也五也，至於數十也，百也，千也，亦何加於吾所得之趣也。固不可以三梅之故，而臆設多少之數，妄有所加損於翫梅之眞興也。曰，此則然矣。古之三槐之義，與夫三梅者比耶否。曰，子之因梅而及槐者，未免有惑乎三之說，而欲知古今人所尙之異同，烏得無說。彼槐者，有取乎槐棘之義，而三者亦台公之數。三梅者，無意也，三槐者，有意也。三梅者，適寓其興而已，三槐者，取必於來世之興起者。幸而得符其所期者亦偶爾，曷若三梅者之無意也，無必也，無來世之所期待也。而其實之于庭者，清寒冷澹之操，芳馨孤潔之賞，夫豈與槐竝論也。曰，子說然矣，但未知爲梅之主者能得乎翫梅之趣，而不孤乎稱物之芳者乎。曰，姿之豐艷，莫如富貴花也，淨而不染，莫如君子花也。春蘭秋菊，皆有服媚而諷詠之者，以其所好之深，而察其人之心事，則蓋十得其八九矣。我嘗聞三梅之主，居一畝之宅，而結數椽之盧，絕迹趨競之途。棲息乎寬閑之所，半生無所求於人者，而唯手植三梅，朝暮自娛，則其得於心而託其興者，顧無媿[1]乎子所謂清寒孤潔之喩矣。既得其趣，雖加於三而至百，其損於三而有一，何病乎三梅之義耶。或曰，然。主人姓丁，名曰鎰，重甫，其字也。見其人，韻而雅，其貌清而癯，可念人也梅也，宜乎其相信也。歲甲子臘月，林川竹陰子記。

（录自《竹陰先生集》卷之十五記）

三梅堂記

張　維

　　光在湖南爲名州，地據瑞石之麓，有溪山林泉之勝。土沃而民侈，多治臺榭園囿，以崇麗相夸。有丁某甫家世儒素，雅

1　音 kuì，古同“愧”。

爲鄉里所重。乃卽其屏居之所，爲草屋數楹，環以圖書。雜植竹樹花藥，擁繞前後。有古梅三本，高出簷楣，幹條奇蔚，掩映戶牖，遂標堂名曰三梅。人有驟聞而疑者曰，某甫之園，百卉萃焉，紅紫濃淡，四時不絕，計其鮮盛繁麗，必有倍蓰於三梅者，而堂扁之揭，取舍乃爾，意某甫於此，亦有所作好惡者歟。某甫聞而笑曰，淺乎人之觀我也，君子之於物也，爲足以寓目乎則無所不可，爲足以寓意乎則焉可苟也，吾園之蓄富矣。自靑陽以至黃落，自姚魏珍品以至妖英浪蕊，無非可以供吾之玩賞者。然皆止於鬬華色之艷，私雨露之滋而已，蓋好色非好德也。若其不與衆卉爭先，不以舒慘易操，馨香標格，直與高人韻士相稱者，捨吾梅兄何適哉。試於歲寒之際觀之，霜雪貿貿，衆芳凋殞，雖以松筠之節，猶不能使吾園吐氣。而三梅者乃始蜚英揚馥，發舒精彩，其奇芬冷艷，襲吾之宎寙[1]而映吾之琴書，直使人肝膽瑩澈，一塵不染，則茲梅者庸非吾三益友哉。居久之，某甫因畸庵子請余記文。余與某甫未嘗有一日雅，而斯堂也又在湖山千里之外，夢想所未到，以是辭焉。而畸庵子強之不已，因致某甫所自解者，且曰，某甫雅尙如此，又與吾善，此足以得子文而無媿者。余於是爲記其大略。因勖某甫曰，昔人之鍾意於梅者多矣，水曹之詠，只資詩興，廣平之賦，徒陳物色，乃其高標逸韻，人與物稱，爲千載艷道者，惟和靖處士耳。充某甫之趣操，使初服無斁，又得如畸庵子者爲之友。斯堂也雖在海外，何渠遠遜孤山，然則非吾文重斯堂，乃斯堂重吾文也。某甫勉之。

（录自《谿谷先生集》卷之八記）

---

1 宎，音 yǎo，风吹入孔穴中发出的声音；寙，音 yào，古同"窔"，幽也。宎寙：结构深邃，喻修养或学问的高深境界。

雙竹堂記

李南珪

余嘗讀淇澳[1]之詩，竊歎天下之竹之美，惟武公得之矣。後人之於竹，或發之於詞章，烏足以盡其美哉。近與山南鄭誠進遊，聞其堂之名之雙竹之義而後，知天下之竹之美，將復見於今也。誠進語余曰，吾母嘗夢雙竹生階前，挺然秀也，勢若干雲者，已而吾兄弟生焉。母曰，噫，是夢孚也。吾敬而不敢忘，遂以名吾堂，吾子盍爲我記諸。余曰，異哉夢乎。昔姞氏[2]夢天與之蘭而鄭遂以蕃，蘭與竹類也，子之家其蕃乎，嚮所謂天下之竹之美，誠進又得之矣。於是爲之賦淇澳之首章，誠進肅而曰，猗猗，德之美也，吾何敢。又爲之賦其二章，誠進逡而曰，靑靑，德之修也，吾何能。又爲之賦其卒章，誠進退然曰，如簀，德之盛也，吾尤何能。余又亟呼誠進而告之曰，猗猗之美，必有所本。寧有其本不固，而能猗猗者乎。旣美矣而益自修，進而至於盛，亦豈無繇哉。武公之心，其必曰，身吾父母所授，吾德於不修，是忘吾父母。德於修而不能至於盛，是亦忘吾父母。故武公九十五，作懿戒以自警，夫九十五而不忘，則終身而不忘矣。此武公所以旣切而磋，又琢而磨，以至於德之盛者也。今吾子之名堂，其有得於武公之心也歟，其亦有本焉耳。愚老植之，立翁漑之，賢母兆之夢，而吾子堂而名之，世之美可記也，母之賢可記也，吾子之志其又可記也。異日客從山南來，言商山之下洛水之上，有二竹焉，其拔挺然也，其質猗猗也，其華靑靑也，其盛簀如也，若知此竹何也。余將應之曰，此豈愚老所植，立翁所漑，賢母夢所見之鄭家竹乎。遂爲記，以附淇

---

1 《诗经》中《卫风·淇奥》："瞻彼淇奥，绿竹猗猗。"
2 《十二诸侯年表》中郑文公有一小妾名燕姞，梦见有人给她一支兰花。

澳詩後。

（录自《修堂遺集》卷之六記）

西別堂重作記

許　穆

上之二年，余出守陝州，州稱西樓之勝，爲東界絶景。然樓最高，登臨，覺風氣絶殊。悽然有去國之感，傍有荒園廢觀，號曰西別堂。草木蕪沒，堂穨毀，不可遊處。園林多怪石，前對峭壁，高崖蒼然，佳趣可愛，柳子厚所謂奧之宜者也。公事閑暇，日遊其間，忻然樂之。迺[1]改椽易棟，正其面勢，指日就役。堂成而軒檻楹桷，無侈於舊，而庭院旣闢，刳[2]剔翁蔚，佳樹離立，層巖蒼壁，奇狀畢出。林影扶疏，尤宜於月夕煙朝。每衙罷無事，常讀書，倦則鼓琴而嬉，其鼓琴之銘，曰絲聲切廉而不誇也。一盈一反，天地之和也。噫，琴者禁也，禁其邪也。

（录自《記言》卷之十三中篇棟宇）

息營堂記

張　維

余與林君東野，幼年同業塾師，因以定交，至白首不見甘壞，蓋相期於歲寒者也。東野於錦城桑梓有堂曰晚休，嘗以詩若記見屬。余病且懶，久未成也，今年始賦堂詠十六章以寄之。東野造余謝，且曰，晚休之勝，十六詠盡之，記雖無作，無憾也。

1　音 nǎi，"乃"的异体字。
2　音 kū，剖开后再挖空。

敢舍舊而新其請，某之營晚休，蓋爲暮景優游計耳。第以地非幽深，應接醫煩，拙者之所病也。嘗於錦江下流縣城東竟得一奧區，負山而面江，宅幽而勢阻，頗愜雅懷。遂劚丘阜翦荊榛，築室一區，穿池種樹，幽居之事粗備。山腰庌广間，憑高頹迥，起數楹精舍，以爲燕處頤適之所，扁其堂曰息營。登堂而望焉，則山而爲月出，僧達，銀積[1]，水而爲夢灘，花浦，南川，斜川[2]者，羅列錯綜，或遠或近，效狀于欄檻之外。某誠樂之，意謂造物者蓄此久矣，一朝舉而歸諸我，爲賜厚矣。誠得吾子之文而揭之楣間，不唯江山之勝，賴斯文而益顯，區區息營之志，庶幾有以發之，此某之深望也。嗟乎，余少讀仲長氏[3]樂志論，欣然有慕焉。嘗自語曰，人生何須富貴，第辦此生活，足以樂而忘老矣。不幸爲虛名所誤，置身于榮辱利害之塗，顛冥不返，百事無所成，而身已老且病矣。顧東野何人，迺能專此境而饗此樂哉。夫會津，錦城之名區也，晚休實占其勝，林園水竹之美，余所目擊。東野於此，意有未足，乃舍而之息營，卽息營之勝，不待言矣。作記固不辭，但念平生於此，興復不淺，乃不得成其志，輸以與人，而又從而文之。雖復強顏爲之，何能無愧辭與恨意耶。抑息營之義，又有說焉。東野骯髒者，凡於世人所趨營，未嘗數數然也。晶固無所營矣，今亦何待於息哉。雖然離動而卽靜，去勞而就佚，自其既息而觀之，則方其未息，無往而非營也。韓子之詩曰，趨營悼前猛，韓子豈眞有是哉。懺悔之辭，不得不爾，東野之息營，亦猶是也。方今聖上勵精宵旰，旁求俊乂，巖穴側陋，皆陽陽動氣，而東野業以言事著直聲，詘極而信，亨途正遠，卽東野雖切於就息，而世豈舍東野哉。東野之身繫于朝矣，然其心未嘗不在

1　月出，僧達，銀積皆为山名。

2　夢灘，花浦，南川，斜川皆为溪川名。

3　仲长统（180—220），东汉末年哲学家、政论家。汉献帝时荀彧闻其名声，举荐他为尚书郎。著有《昌言》。《后汉书·仲长统传》中曰："蹦蹃畦苑，游戏平林。"

息營也，故余記其室而因闡其心云。

（录自《谿谷先生集》卷之八記）

清閟堂記辛未

曹兢燮

來濟之南村，山回而溪抱，有竹十數畝，其下有五楹之築，吾友無聞子李重可之別業。而其諸子之所爲親而作，以娛晚境者也。既成重可自爲文以叙其事，而長子元斌請余以名若記。竹爲天下卉木之最，而古今之名言，不可勝取。然余獨愛韓子筍添南階竹，日日成清閟之句，因命其名曰清閟堂。其外軒之敞者曰醒夢，取朱夫子此君同一笑，午夢頓能醒之語也。其右室之深者曰歸春，取呂成公卷藏萬古春，歸此一窓竹之語也。天下之物，能清而又能閟者，鮮矣。今夫大湖之蓮，亭亭淨植，不受一點之垢。而探香採芳者，日相尋逐，以至紅摧綠委，不堪把玩，是爲清而不閟。深山之松，鬱鬱相持，可期千歲之壽，而麤[1] 皮附焉，枯藤絡焉，脂膏流焉，茯苓琥珀利寶藏焉，是謂閟而不清。清足以引風籟而爽心目，閟足以遠俗塵而生隱趣，非竹將惡乎歸之。其在人也亦然，李元禮[2]，范孟博[3]，廉直之聲振於天下，而輕犯世禍，其清而不閟者乎。阮嗣宗，劉伯倫，沈冥麴蘗，以保全節，而過混流俗，其閟而不清者乎。若夫其操有白雪之清，其跡同蟄龍之閟，與竹君爭高於萬世者，惟墨胎子，彭澤先生可以當之。重可學有淵源，才優幹辦，而所值之時，適與二子同。其爲此營，盖出於澄心息慮藏名遠俗之計，雖采

1　音 cū，同"粗"。
2　李膺（110—169），字元礼，东汉时期名士，官至青州刺史、司隶校尉，有"天下模楷"之称。
3　范滂（137—169），字孟博，东汉时期大臣，名士，清廉正直。

薇之歌不必作，述酒之詩不必詠，而潔然之志，闇然之工，當有所自飭於蚤夜者，於以追躡古人，遠溯高風，亦在勉之而已。此余之所以奉名之意。至於醒夢歸春之云，其說有不必究言者，或自默識而心得之，或世之能言者代爲演繹之。

（录自《巗棲集》卷之二十二記）

三願堂記

曹兢燮

　　月城之李，雄於國中。而杞溪爲縣，雄於東都。故李氏之居杞溪者，亦以著族聞。去杞溪數里，有玉洞者，山水頗奇而李氏之先墓在焉。故處士公諱挺善，卽其地構一精舍，名之曰三願堂。三願者曰謹守墓田，勿替香火，曰子姓會食，講信修睦，曰購藏經籍，以資學習。處士公當明社之屋不求聞達，惟以此三者自願，而又願其後人如王右軍之墓前自誓，當時士大夫多賢之。堂久而圮於火百餘年，後孫思所以新之，乃議曰玉洞地僻而難守。前日之圮多由於此，曷若就公之故居而成之，第勿失遺意之爲得也。乃就杞溪西占一區，背山面野，傍泉依林，刱新制而以舊號顏之。李君鍾律，鍾炫前後來請記，兢燮忝爲公外裔，不敢辭。則竊以爲公之所以稱三願者，其事槩相類，卽謂之一願亦可。然以其事之相類，而愈見其丁寧懇惻之意，宜後人之拳拳遵守，愈久而不衰也。抑古人之稱三願，曰盡讀天下好書，盡識天下好人，盡觀天下好山水，此固人之所大願。然古今從未有能盡者，則其願者終近於虛而已，設有能盡之者，足以終其身而已，是焉得以及於人而傳之子孫乎。今李氏之所謂三願者，雖若狹小而重複，然其道近實，其事易勉，其及可以至於無窮。吾未知世之有願者，爲彼乎爲此乎，諸君子亦於此加勉，毋以公之所願者，或歸於虛，是爲不負斯堂也已。《書》曰，敬修其可願，天下之可願者，豈獨止於三而已。求之以誠，修之以敬，雖推進於百願可也，此又諸君子所宜留念也。

（录自《巖棲集》卷之二十二記）

農春堂記己丑

金允植

權圃雲侍郎旣解綬[1]南歸，買第于藍浦之思勤川，名其堂曰農春，蓋取陶靖節文中農人告余以春及之語也。馳書告余曰，吾浮沉半世，始營一菟裘[2]，依山傍海，頗有佳致。魚鹽蔬果，足以自供，園圃泉石，足以自娛。於分足矣，吾將歸老焉，子盍爲我記之。余聞而歎曰，仕而至軒冕之榮，退而享山林之樂，宦遊之士，孰無斯願，顧有命焉，遂其志者亦寡矣。昔朴瓛齋[3]相公少時手作燕巖農墅圖，以寓晚年歸休之計。及公晚年，國家事多，不敢言退。故友徐絅堂注情林樊，結想邱壑，家貧宦薄，竟歸空言。嘗過洪川人家，有詩云藥欄花逕共參差，種麥良田繞屋籬，坐來忘却非吾里，正自商量歸去辭，蓋羨慕而自傷之詞也。余嘗直玉堂聞禁苑布穀聲，有詩云記得林園春事至，臥聽布穀謾思量，亦此意也。今瓛翁絅友不可復作，而余則孤落蓬轉，靡所止屆。歸田之難有如此者，獨圃雲雍容一朝，乃能辦此，何其易也。余與圃雲嘗有耦耕之約，今老矣，不能執耒耟[4]。他日升公之堂，啣盃顧眄，朗誦歸去來辭一編，庶亦不負初

---

1 解下印绶，指辞官。
2 春秋鲁地，后世称士大夫告老退隐的处所。
3 朴珪寿（1807—1877），朝鲜王朝后期的政治家、思想家。号瓛斋，艺文馆提学，出使中国两次。
4 音jù，古代一种农具。

志云爾。

（录自《雲養集》卷之十記）

四樂堂記

許　穆

公子朗善君，於其堂寢南新作特室。本先公子次舍，而歲久頹圮，黝暗不可居處，因舊制易以新之。公子閑暇蕭散，無他玩好，室中圖書滿架。樂觀書，以時遊戲翰墨以自娛。庭中有古松殆百年，枝幹蟠屈多奇，狀如蛟螭蚪虯攫挐，蒼葉赤幹，宜於風，宜於雨，宜於雪，宜於月，可蔭數百人。養雙白鶴，夜無人，萬籟俱靜，松下聞鳴鶴，使人忽忘城市之塵喧，超然遺物，足以養壽命而窮年者也。堂名曰四樂，四樂者何，書一圖二松三鶴四，皆公子之所樂者也。上之十一年仲春吉日，眉叟書。

（录自《記言》卷之十三中篇棟宇）

養直堂記

成汝信

翁之所居堂，以養直名之者何意耶。曰，堂之北，有竹千竿，亭亭焉森森焉，直節干霄，凌霜獨立，故因所見以名之。養字是苟得其養，無物不長之義也。君子之於物也，非徒觀物，而必反之於躬。是以，國風以綠竹如簀，興衛武之德，樂天以心空性直比賢人之節，徒知觀物而不知反己，則非君子養心之道也。孔子曰，人之生也直。孟子曰，以直養而無害，則塞乎天地之間。

仍以是二語，爲此堂做工之根基焉。遂爲之箴曰，堂之北千竿竹，其心空其節直，卻炎暑排霜雪，君子以取爲則，踐吾形復吾性，善其養直以敬，常顧諟用自警。

（录自《浮查集》卷之三記）

附：養直堂　八詠

兩三茅屋竹林邊，暮暮朝朝起翠烟。若使連連無斷絶，可知昭代太平天。又竹林炊煙

江水磨銅鏡樣清，夜來漁火燦星明。不知何處寒山寺，未聽疏鍾夜半聲。又江天漁火

五峯連亘遠東邊，翠益森羅上上巔。欲識後凋無變節，要看霜雪歲寒天。又嶺秀蒼松

晴嵐橫帶碧山腰，添助詩人逸興飄。安得龍眠揮彩筆，移將此景八鮫綃。又山帶晴嵐

秋來潭水絶塵清，月色波光上下交。一理清明誰會得，請從邵子問其要。又澄潭皓月

翠壁周遭廣野東，霜風時起耀丹楓。憑軒一夕成眞趣，欲詠還嫌語未工。又翠壁丹楓

漁人網集三仙島，枕石披簑臥月明。夜深水寒魚不食，空教閒唱兩三聲。又南島漁歌

春草茸茸翠色交，呼朋呼犢向東郊。橫吹短笛聲三兩，誰辨宮商與六么。又東郊牧笛

（录自《浮查集》卷之一詩）

翠香堂記

成汝信

　　翠香堂者，浮查作亭以與鏞者也。將上梁，鏞請曰，願作文以頌焉。翁曰，諾。余雖耄，可無一語。於是，以翠香名其堂，仍作文以頌之。謂之翠香者何，以後有竹前有梅也。客有諷余者曰，子於前日，名鏞之室曰三喜，今者號鏞之室曰翠香，前以實，後以虛，何歟。翠香之號，無以太虛。翁曰，子亦徒知其一，未知其二者也。古人之於亭臺，或誌喜，或記見。喜雨亭，誌喜也，凌虛臺，記見也。今余於鏞，誌喜也，於鏞，記見也。然實中有虛，虛中有實，亦古人因物起興之義。梅之實何，馨德是也，竹之實何，直節是也。人之處心行事，如竹之直，如梅之馨，何往不可。況梅是兄，竹是弟，人之兄弟，亦如此二物而各保其馨直，則可以生而順，死而安矣。既而語客，又吟一絕以示兒輩，曰：

　　翠微婆娑堂後竹，暗香浮動檻前梅。兄兄弟弟相依處，剩得春風雨露培。

　　噫，汝等徒知梅竹之相依，而不知雨露之所從來耶。梅而無雨露則不生，竹而無雨露則不活，汝而無雨露則不長。沛然而下，溥溥而零者，梅竹之雨露也。乳之哺之，顧之復之者，兄弟之雨露也。汝知雨露之所從來，夙夜思無忝也則庶不負名堂之義矣。浮查野夫記。

（录自《浮查集》卷之三記）

涵碧亭重修記

李種徽[1]

有數楹於聽事堂之南，而二小池居其左右者，曰涵碧堂。不記其始建，而年久圮敗。以縣之僻而野，昔有此而今廢，亦可見今太守之不如古也。用是之耻而輒謀於衆，以滌場之暇，而合縣底之力，穿兩池之隔而一之，疏四隅之淤而拓之。願豐樓者，南門也。又築其外之水田而瀦之，毀東南隅之子城而溝之，使內外池相屬也。池長百五步，廣四之一，而逶迤演漾，有江湖之勢焉，故命之曰天光湖。駕木其上，以達南門，曰雲影橋。西南畚土之積而有松如蓋，曰一松塢。東南苫墩之舊而有竹如簀[2]，曰百竹嶼。內外池之交，水如束焉，而朝暉夕照之，與波凌亂者，曰金琶峽。其兩邊築石爲障，而穉竹小松之緣罅[3]掩暎者，曰玉筍臺。因堂之舊，而傾者持之，朽者易之，虧者完之，闕者具之，又加以丹臒，蓋輪焉奐焉矣。遂浮二小舫水中，而聽事之暇，沿洄溯泳，或嘯或詠，以寓其趣焉。雖然，太守之有亭臺池沼，非所以爲民也。自豐樂醉翁之亭，超然凌虛之臺，皆不得其爲說。如不牽連傅會於豐和治成之餘，則輒皆自托於放浪形骸之外，要之非中道也。惟柳子厚永州亭記，以爲鄭之神諶[4]，謀諸野而獲，蓋蕭散夷曠[5]，使亂慮滯志，無得以容焉。所以發之政而措諸事，未始有失焉者，庶幾近之，是爲記。

（录自《修山集》卷之四記）

---

1 李種徽（1731—1797），朝鲜时代学者。
2 音 zè，床席。
3 裂缝和漏穴。
4 音 bì chén，春秋时期郑国人，有谋略。"神諶能谋，谋于野则获，谋于邑则否。"
5 平和旷达，闲适放达。

【齋·書屋】编

心齋小記

奇宇萬

　　心稱主人翁，以齋主人之五竅七竅，未敷蓮花爲齋。齋主人以所謂三架五架，房室堂庭爲齋。鳳城文君致一甫所築而爲心齋者，受命於主人之主人，以爲齋之齋歟。然則齋之主人，卽齋之心也。主人之主人，卽主人之心也。齋無主人，則房室不掃，庭堂蕪沒。主人無主人，則身不修而家不齊。信乎齋不可以無主人，而主人尤不可以無主人也。吾聞齋主人身旣修而家旣齊，則主人於主人者，固守神明之舍矣。又見主人之齋房室灑掃，庭堂潔淨，則主人於齋者，起處於所築之齋矣。然則是齋也得主人爲心，而齋主人又得主人翁爲主人，不可以主人之主人。差殊觀於齋之齋也，彼出入無時，莫知其鄉者，將過其齋而思有以反之者矣。

（录自《松沙先生文集》卷之二十記）

畫舫齋記

申景濬

　　清心養性，爲爲治之本。堯舜事業，在於浴沂[1]之中也。然而心之所寓者身也，身之所寓者室也。室亦不爲無助，故官非家也，計月年留焉。而古人爲宰，遇山水佳處，往往作亭齋，

1　语出《论语·先进》："浴乎沂，风手舞雩，咏而归。"喻一种怡然处世的高尚情操。

以養其目養其耳養其體，養外以及內，則輪奐髹腹[1]，君子不以爲侈焉。自夫世道下而訟獄繁，供賦增而科督嚴，簿書期會，日以役役，念不暇及於他也。挽近民貧，士大夫甚焉。幸而得祿者，祿薄未救其貧，外官號優，而與中國之二千石不同，常絀於公私用，顧亦力不暇及焉。古之亭齋有名者荒圮，多不修，況創之乎。玉川郡之凝香閣，湖左之勝也。引水入閣西爲池，植芙蕖泛小舠，環以竹林雜樹，幽窈可愛，而敞豁不足也。東陽申候尹玆土既三年，政平訟理，官與民閑。遂卽其閣西南池與川之間，有長塢，捐公廩[2]數百金，鳩財雇人，建一齋。下體象舟，上設彩閣，望之若樓船泊於岸也。前臨大野長路，可以觀稼，可以察行旅謳謠，不止於養閑而已。扁之曰畫舫，是取歐公滑州齋名。而然而歐公罪謫，水行萬餘里，寓戒於舟者也。候雖久淹下邑，未能大展，而遇順風恬波，傲然枕席，則與歐公有異。歐公之記，終之以宴嬉，侯之志，又豈主於此歟，知其大者與本而有所養焉耳。民亦得其養，宜乎百里之內，安堵樂生也。雖然公退之暇，閉戶端坐於斯，竹林不動，川瀨聲微，則怳然如泛五湖烟波矣。時或大雨，狂濤觸石而喧豗，如過灩澦之如馬矣。吁有可樂也夫，其亦有所懼也夫。

（录自《旅菴遺稿》卷之四記）

畫舫齋記

洪樂仁[3]

環湖南，以樓觀數者非一二，而淳昌之凝香閣，亦擅於道內。

1　髹，音 xiū，把漆涂在器物上；腹，音 huò，矿物质颜料，泛指好的色彩。
2　粮仓，亦指粮食。《周礼》注曰："米藏曰廩""仓有屋曰廩"。
3　洪樂仁（1729—1777），朝鲜时代后期文臣。

余按是道，翌年初夏，主倅[1]東陽申公，因公事過余。袖小圖以示曰，彼穹狀者名爲烏山，而官居在下，窪[2]狀[3]者名爲通塘，而凝香閣在上。由通塘越一阜，有名爲鏡川者，卽其阜構一小齋，房置中央，軒置兩傍，與凝香閣橫對。以杉板做舟形飾之，加以丹臒，依狀似一畫舫，而川與塘，可左右臨焉。用歐陽公滑州舊事，以畫舫名其齋，幸爲我記之。余惟舟之爲物，用於水者也。無定處，無方所，欲行則行，欲止則止。可以溯則溯，可以洄則洄。及其遇順風，放乎中流，一日而千里可至焉。是舫也，揚之不得，縱之不得，頑狀著在岸上而無所運動焉。若是而強名之以舫者，不亦遠乎。狀公之舫，豈無所用哉。當夏而荷花馥馥，碧水籠煙，是舫也依彼南浦。若有望美人之思，當秋而蒹葭蒼蒼，白露爲霜，是舫也宛在中流。如有訪伊人之興，飄飄乎滌濶詩中之景，浩浩乎吳淞畫裏[4]之境，而爲齋也，爲舫也，不可得以辨焉。未知滑州之畫舫亦如是否。而公之名是齋以畫舫者，不亦宜乎。余觀公出自大家，素負聲望，一時諸公願與之遊。假使公早揚明廷，展其所有，其將乘風破浪，無所向而不濟。乃反膠滯[5]蔭塗，白首潦倒，無以自見於世。噫，士雖有爲貧而仕，而公之久於是，非計也。吾知其早晚賦歸，卜居江湖之上，與漁父舟子上下煙波，以忘其牢騷不平矣。狀則公之行止，豈不沛狀有餘。而今以畫舫名是齋者，無或微示其志歟。狀公三載苻郡，爲政平易，民樂其便，惟恐公之或去，則公亦有不得自由者，公之志於此，蓋未可易成，而聊且自樂於是齋也歟。余以巡路歷凝香閣者凡再焉，而春初秋末，動違荷時，每以是恨之，而今又將解官北歸矣，凝香閣雖未覩眞光景，猶得以登臨焉。公所謂畫舫齋，將無以

---

1 音 zú，古同"卒"。
2 同"洼"。
3 同"然"。
4 元代潘純作《曹知白吳淞山色圖》。
5 拘泥，不超越。

一寓目，則只幸其揭名於楣間，遂爲之記以奉於公。

（录自《安窩遺稿》卷之五記）

寓花齋記

蔡濟恭

柳斯文璞癖於花，家白川之金谷，謝遣世紛，日以蒔花爲調度。蓋花無不蓄，時無不花。五畝環堵，馥馥然衆香國矣。君忻然自多，名其齋曰寓花。遍要一代名能詩者，歌詠其事，謁余文爲記。余聞而笑曰，君愛花則誠有之，未始不爲不達道也。天下萬物，有者無之始，衰者盛之終，此理之必然者也。以故明則暗暗則明，寒盛則暑，暑盛則寒，權威盛者禍及，富貴盛者殃至。蓋物之爲人所賞者，其盛衰尤亟焉。花爲天地之精英，其色蕩人目，其香觸人鼻，其尊或以王稱，其正或以君子。視其傲霜或喻節槩，其出塵或譬處士，要之皆天地之所甚惜而不欲使常常而有也。是故花發則風雨隨其後，此非造物者之得已而不已，物之盛衰，雖化翁，無以容其力矣。今君之栽花也，高高而下下，形形而色色，此褪則彼艷，彼謝則此續，雖積雪長冰之節，君之前，花固自如也。率是道以行，明暗寒暑可以無代謝也，權威者可以長華赫也，富貴者可以長佚樂也，惡乎可也。況君之名以寓花，又何其狹也。君之齋以百花爲樊籬，君又以身而處其齋，認之以寓花，似得矣。然木之根寓土，幹寓根枝寓幹，花之蒂[1]寓枝，英寓蒂蘂寓英，蜂與蝶寓蘂，花固不勝其寓也，其可使君而作寓之贅乎。君試思之，君之身寓齋，齋寓兩間，兩間卽物之逆旅也。君稱之曰寓逆旅則可，曰以寓花，無亦爲有物而私之者乎。雖然，吾聞君愛花甚，人莫不化

---

[1] 音 dì，同“蒂”。

之。君以事而遠遊，不能以時月返，則家人封植花澆灌花，莫敢失其機，一如君在家，此君之愛花之化家人也。環金谷而村者，聞君築花塢培花根，不令而趨，不勸而役，有若己事之不可已者，此君之愛花之化隣比也。州里人之操舟業日南者，見奇品異種可供玩賞，盛以盆寄之船，怡怡來呈，若納錫然，此君之愛花之化船人也。君一布衣，何嘗有力而致此。子思曰，不誠無物。曾子曰，誠之不可揜[1]如此。天下之事，未有誠而不感者也。夫所貴於花者，不特以香與色，以其由花而就夫實也。君以心誠求花之癖，求之於天下事物之實理，不但寓之而已。身與理爲一，則他日之培根食實，其效不亦無窮旣乎。姑爲文以勉之。

（录自《樊巖先生集》卷之三十五記）

自知自不知書屋記

趙冕鎬

　　屋三間外，長齒屐一，草屨不絢者一，傍植紋竹一，杖內懸簟簀一，短鼻鉏一帶在檻格。又內北安斲木靠椅一，陶洗蓮器一。又內少南，蓄小梅一老梅一。又盆水仙抽葉胚花者七暴於外。又右小屏風，敗畫法書綴之者一。圍之南一方木丌上，宣爐一，漢瓦一，大竹連蠡裘鍾一，古墨二，新墨一，小散卓一，雜毫新敗者並七。惡札二十片乃左，十三經一大函，史函一，唐宋詩文四函下。花石箇一，挿麈一。又左土罐一，風爐一，鐵網者一，磁碗一。船具鉛鐙一，越南小木板一，排瘦瓢[2]一，內沙匙一。復側越窰秘色瓴，伊州石罍各一，小盃並臺一，

1　音yǎn，同“掩”。
2　瘦木制的瓢。

北壁掛古釰[1]一口。北西立長琴一張，洋子琴鎮玉一在。又西一湘竹箭在，琴傍折東小案才尺者一，石印十二，方漳紅入盒一，小九曜一，山苦茗半籄一，安息香五枝。中位秸席一，藉破氈一立，上一松木枕一，背梧几子前一青囊袋。有所謂主人翁者，頹然白髮，坐卧其間，常以不知爲知而自樂，合以扁屋曰自知自不知。

（录自《玉垂先生集》卷之三十記）

枕聲齋重建記

閔在南

　　余過枕聲齋下，未嘗不拊古興悵何也。昔吾族大父東湖公少日居業於斯，自爲標榜。而公之歿幾四十年矣，齋之扁依舊揭楣，人之登斯齋者，但知水聲之猶在枕下，而吾獨知公之命名之意，有在於水聲之外。故嘗自解之曰鑑湖之水，出自方丈山，東馳百餘里，往往曲汀長洲，逶迤縈抱。宜其地靈之毓英，而水到齋下，始爲湍流。或得雨而汪漾則若地雷之動山岳，或因風而灑落則若天籟之瀉星漢。其聲之倔健清遠，有似乎文章家遺韻，久而不息也。公以風流雅致，大鳴於江右之山陰，殆古之賀季眞[2]，王子猷[3]，陸放翁之流也。人之在世，凡可以聞於後者皆聲也。則公之寓言於水托意於齋者，安知不欲與此等數人夢遵枕上，和以詩聲也歟，此可與知公者言也。齋凡五楹而三易礎，今其族姪拙齋翁又能不墜家聲而改建於舊基之稍上處，其地勢之爽豁，景物之明媚，窈然新面，而枕下之聲固自若也。嗚呼，

1　古同"剑"，剑刀。
2　贺知章，字季真，唐代诗人、书法家。
3　王徽之，字子猷，东晋名士，书法家。书圣王羲之第五子。

居士之風，與東湖俱長矣。聲乎聲乎，奚但取於水哉。

（录自《晦亭集》卷之六記）

慕寒齋記

許　穆

　　慕寒齋者，吾友謙齋叟山居別業。有巖泉茂林脩竹，其意
慕晦翁之寒泉云，其側溪上臺曰詠歸臺。叟與物間暇，亦其樂
可知。叟潔身隱居，上累召累不至。非其義也，一介不以予人，
亦一介不以取諸人。囂囂而樂義，又其巖居之樂，詩所謂考槃[1]
之寬者也。今叟亡而其門弟子以叟知老人，老人知叟，請一言，
以識君子古事。上章閹茂夏正日長至，台嶺老人記。

（录自《記言》卷之十五中篇田園居二）

華林齋記

曺兢燮

　　成君敦鎬以其先大人之志，作齋於樊山之東祖墳之下。爲
制南北五架，東西六楹。虛其中二爲廳事，通其左右三爲室。
左以便起居讌[2]賓客，右以蓄書史居子弟。室之南亦各爲夾廳，
其右者稍高且深，爲小樓直其前。涉小澗百餘步，鑿池半畝，
以其土築墻壁而引水以爲沼。種蓮其中，盛則樓可以望而賞之。
既成，請余名之，余曰朱子詩省先隴云，竹柏護陰岡，華林敞
神扉，因以華林名其齋。其雲谷云，寒雲無四時，何妨媚幽獨，

1　盘桓之意，指避世隐居。诗经《考槃》：“考槃在涧，硕人之宽。”（硕人：道德
高尚的人；宽：心意。）
2　同“宴”。

室請曰寒雲乎。君子亭云，披襟立晚風，爲我說濂翁，樓請曰晚風乎。既而請余記。余又用朱子言以告之曰，園雖佳而志則荒，此先生之所以歎劉平父也。夫平父宰相子，昵聞燕縱琴酒，以隳[1]其志業，而役心於園亭，以快其耳目，其譏之宜矣。今君世食於農，而勇事喜施予，悔於失學而廣求書籍，以爲子孫無窮計，其爲此役，又不失爲不忘其本，樂其所生之禮樂，雖佳其園而不虞其志之荒也。然人心至危，物欲易流，求外物之佳者，乃其荒志之本也。夫臺池林竹書琴圖畫之玩，視聲色貨利則有間矣。然必欲其足於志而後已，則其役於物一也。請自今君其益勵本志，恬淡以安其素，節約以厚其福，上以安先靈，中以交賓友，下以遺子孫，是爲不負其所以作乎，爲不棄其所以名乎。

（录自《巖棲集》卷之二十二記）

竹林齋記甲寅

曺兢燮

　　吾鄉之以士族名者僅十數家，雖其間不無隆替衆寡之不同，而所在必有齋舍數間，以爲修歲事會賓族處子弟之所，蓋其習尚之美也。然其間又自各有不同者，則以其時有久近，地有爽卑，制有廣狹，而居之者亦未嘗無盛衰之數焉。若其爲時之久處地之爽得地之宏而閱居者感衰之多，則無與尹氏之竹林齋比。齋之始建也，不知其歲代。然自殿中公當明陵之末，取其所謂淵谷者以自號，則大約二百餘年矣。其間計不無修補之舉，而無典故可按。其以今制，建于舊址之南，則蓋在五六十年之前，而其又不善是也。而徙從舊址，則實以太上丙寅，其爲地也當瑟山之南麓，北東西三面，皆峻嶺層巒懸崖亂石。南有平川曠

1　音 huī，古同“惰”，懶惰。

野間閭之錯比，而爲林麓之所翼蔽，迥若不接烟火。前有大澗自北而南，奇巖曲瀑，迭爲隱見，可俯瞰而旁溯委流。到廣處乃成所謂平川而始出峽，是齋之占居其半焉。其爲制也，東西五楹，南北五架，左右爲煖室而堂居中，厨庫門塾皆備，其所以居則故老所傳尹氏之盛也。蹄輪冠盖，相望於洞口，而州之文士，鮮不於是乎假舘。及其衰也，賓客不至，而孤寡之窮無所者，或乃托而處焉。至將不能保守，吾表兄成采氏殿中公後也。於是慨然白其門長老，請以所蓄門貲若干，振復而居業之，諸長老皆曰可。則爲之繕其窓櫺，新其塗墍，固其藩級。而廩塾師以瞻就學者，既又移厨廡三間以稱之，問記于予。予自童時遊是齋，窃睹其修壞之始末，因有感於世道興廢之數，不獨爲尹氏一門之鑑也。則又告之曰凡居是齋者，于其嘗廢也，而思所以廢之端，于其既興也，而思所以益興之道，既有所徵，又有所勉勸而不怠焉，則詩所謂雖舊維新者，其不在此乎。若曰廢興天也，非人之所能爲者，則吾不知也。齋舊有竹林蓮池，廢沒亦久，近頗封殖修築之，以復故觀云。

（录自《巖棲集》卷之二十二記）

竹林齋記

閔在南

　　老磵劉子建，嘗語余曰吾所居村曰老隱，豈古之隱者老於此間歟。距村之東百餘武，始吾先人構小齋數三架，面與背皆山而瀫瀫循除鳴者溪水也。境無明媚而徒取幽寂，制非軒敞而務令堅樸，盖其後進肆業而藏修也。傍有古松若干株，童童如盖，蘿葛羃于上，鳥雀噪其陰，此則不假人措置而溪上自來舊物也。命家僮庭植葡萄一本，芍藥四五叢，間雜蘭菊等花卉，不使之繁龤而亂點焉。手自種竹於左右，而呼余伯季命之，曰竹之爲物，敖霜雪不改操，有似乎君子所守。汝輩觀取此物，牢著工程，春秋匪懈，則汝父之志，可以繼矣。若乃暑氣之蒸鬱而颯然引風而納涼，夜色之昏黑而粲然邀月而呈媚，則于斯時也，騷人清致，當復如何。必須栽培，毋爲筐筐者簧簀者之所戕害也。家伯氏趍而退，齋居三十年。日與學者做業於斯，時又盤桓拊竹曰，此吾先人手澤也，愛護之，不與閒草木等視，於是竹亦長子孫而成林，故齋之名因冒焉。嗚呼，家伯氏早已不幸，而余獨居焉，懼是齋之或廢，嗣而葺之。子爲我文以記之，以顏其楣也。余曰，子之言盡之矣，又何待文爲。然子愛其齋乎，我愛其竹。竹固非草非木而挺然介立於草木叢中，故愛之者無異辭焉。有曰無竹令人俗，有曰看竹何須問主人，又曰千畝竹與千戶侯等，觀其材則松栢之與貞，語其實則橘柚之與富，而其餘梧桐楊柳梅花菖蒲之屬，當見竹而再拜矣。七賢[1]之所遊，六逸[2]之攸愛，又作君家世守之長物。始焉封植之意，深且遠矣。終焉扶護之道，勤且切矣。然以余意則擇其最長者，簡而編之，書六經百家之文，而使子弟者誦讀於其間，則竹之爲用，豈云小哉。子之先人之志，眞可以繼矣，子建勉乎哉。若夫颯然風粲然月，如余詩儈之所玩弄者，以一張素琴，置諸林中而等待之否。

（录自《晦亭集》卷之六記）

1　中国魏晋时期七位名士。三国魏正始年间"竹林七贤"，竹林系东晋士人附会佛教经典而成，即"格义"之说。
2　竹溪六逸。《新唐书·李白传》：（李白）客居任城与孔巢父、韩准、裴政、张叔明、陶沔居徂徕山，日沉饮，号"竹溪六逸"。

景濂齋記

鄭　琢

歲已亥秋，朝家設科取人，多士聚京。丁生孝伯亦以鄉解，來自首陽，館於余所。就試見屈，余以話留之。一日，致辭于余曰，生於海邦所寓之側，闢污萊爲池，其方半畝，種以香藕數十本，未幾，勃然其生，茁然其長，靑幢翠葆，次第開張，錦帳絳帷，先後敷榮，煙朝月夕，馥郁可愛。仍構小齋於其傍，臨軒縱玩，嗒然相對，濂翁眞趣，怳若相揖於曠古之上。此生之百年第一所得，將爲永久棲息之地，公其爲我記之。曰，噫。蓮之梗槪，濂翁一說已盡之，更何容贅，如不得已則請衍濂翁言外餘意而爲之說。曰，吾觀夫蓮之爲物，居污下而不辭卑，以自牧者也。處淤泥而不染，守而不變者也。卑以自牧者，比乎德。君子以自修其德，守而不變者，視乎節。君子以自固其節，濂翁之所以愛之者，未應不在於此。吾子之所翫，果得濂翁之所愛而深契光風霽月之雅尙，則目擊道存，意思一般。花開葉展，未必不爲君子格致進學之資，扁以景濂，不亦宜乎。乃知愛蓮所以景賢，景賢所以思齊，不但一花一卉上役志而已，孝伯勉乎哉。嗚呼，異香浮動，無風而自聞於百步，濃彩炳煥，不妝而自驚於衆目，此固蓮之全體。而其芙蕖也菡萏也，或以葉或以華，雖有隨時得名之不一，而一段馨德固無不同，名有所好，豈韻格出衆，芬芳條暢，自然見愛於人，而人不得不愛者乎。嗚呼，世之愛蓮者，雖不及濂翁之眞，然亦皆知蓮之可愛，誠以是花有德馨，覿之者心醉也。人而體此，和順積中，英華發外，則有不愛我者乎。孝伯能文，而未免下第，有不遇時之歎，故幷以此及之。孝伯起而復曰，敢不依敎。遂書其語，爲之記。時萬曆二十七年七月日，藥圃老夫題。

（录自《藥圃先生文集》卷之三記）

可一齋記

鄭　琢

　　吾友蘂城安敦叔，歸自春州，訪余於終南之寓舍。謂余曰，吾於寓鄉，新占泉石坊，曰可一。三面據山，一面阻水。外人莫知其有居者，尋源而入者，須用舟筏溯流而行。行過十餘里許，方始下岸，見有一洞，山明水麗，武陵桃源，不足多讓焉。吾將伐茅築石，構小齋以寓余棲息終老之志，公其爲我記之。曰，夫人好居城市者，舉世皆然，而達士自遠，好慕榮利者，浩劫一樣，而高士自引，其所爲自遠自引者，不獨古人爲然。近世君子，亦多有之，豈無其說乎。蓋夫人之不能固守其德者，多在於動處。自非大賢以上充養執守不回者，鮮有能自立而全其德者，故君子愼之。居處之有關，其切如此。乃今敦叔卜得淨土，永辭塵寰，將求所以全其德者，豈非有見於此耶。吾想夫可一爲區，別一洞天，翠嶠屏回，清流練拖，眺望寥曠，喧囂迥[1]隔。齋居息慮，形神俱靜，萬緣皆虛，一塵不飛。於斯時也，此心可一，此心既一，此德可一，心德俱一，百僞退聽，死生無貳，終始可一，此則居處未必非有以助之也。噫，敦叔其可謂既知其所止，而又能得夫聖門一貫之旨矣。若然則功夫階級，可以循序有進，又何患定靜安慮之不得其道乎。可一之功，實有賴於處得其地。雲谷之有院，竹林之有舍，亦其效矣。以可一扁諸齋，不亦宜乎。敦叔起而復曰，唯。遂書其語，爲之記云。萬曆己亥新秋下浣，藥圃老夫題。

（录自《藥圃先生文集》卷之三記）

1　同“迥”。

宴超齋記

　　大凡恒情，所處而安，則志有所滯。性從而汩，雖其煩簡
靜躁處地之不同，挾冊博奕，其歸喪羊一耳。山林遁隱之士，
處閑曠安素樸，自以適志矣。然一有所滯，終不免夫汩，故有
泉石膏肓煙霞痼疾之喻。卽處富貴華腴者，其有甚焉可知也。
駙馬都尉玄江公，以奕業卿相家，身居戚里，位亞臺鼎，當今
人臣榮貴，少居其上者。然公若不有諸己，自少服儒攻藝，以
詞翰自娛。居第近木覓之麓，嘗卽其正堂門側，闢齋三架，庪[1]
書軸畫閣筆硯諸具于左右。公退默坐，翛然若遺外軒冕[2]而出於
埃壒[3]之表。一日，植造公晤侍，竊嘆公早處榮貴華腴，而能不
滯其志有如此者，仍記道經雖有榮觀宴坐超然之語，請以爲扁。
公喜而許之，且命植說其義。然植素不習老氏書，愧無以爲說。
或語植曰，玄江公素有高趣，雖居城闕，是其志必常在高山流
水清曠之境，是所謂超然者耶。曰否，是乃程氏所戒坐馳者也。
欲無滯於所處，反有牽於所慕，豈公之志哉，然則何以謂之超
然耶。曰超然之義，惟不滯於所處而無牽乎外慕者，當自得之。
此正玄江公度內事，余亦可以忘言夫，是爲記。崇禎壬申冬，
德水李植，藥奉玄江臺座下。

（录自《澤堂先生別集》卷之五記）

1　音 guǐ，放置。
2　官位爵禄显贵的人。
3　音 āi ài，尘土。

松石齋記

松青而石白，特其華也，其性則貞確而已。世之人，只愛其形色乎外者，而其貞確之德性則渺莫能究之。若夫獨青於歲寒之後，屹立乎狂瀾之中者，且人愛之。其貞貞不可奪確確[1]不可損者，夫孰能以之。吾友尹聖照所過遇小松片石，輒嘯詠不能去，以他人視之，不過一纍[2]纍一蔥蒨而已。其好之之心，有甚於東坡之道友，米芾之拜丈，爲一世所笑者久矣。人笑之不慍，好之尤有甚焉。仍之以所居之齋名焉，齋之所有，亦不過纍纍焉蔥倩焉而已。則夫人之所好，不以形，而唯性之求之也，可知已。朝夕唯以松影石色環之左右，靜坐其間而潛自薰襲者，唯二物之德性。如桂中蠹，自食桂中味，清香遍體，則吾知君他日之所用，無非出於此而警於世者也。乙未暮春，寒水翁書。

（录自《寒水齋先生文集》卷之二十二記）

巖棲齋重修記

華陽水石之勝，甲於湖嶺。尤菴先生於丙午年間，築精舍於溪南，儘象外奧區也。精舍之東一喚，有石臺陂陁[3]，其高數十尺，上可坐百餘人，亦天作也。先生嘗構三架小齋，時時遊息於其中，甚樂也。嘗曰自懷鄉入此洞，神心灑然，如在仙境。回視懷鄉，誠是塵寰。自精舍移北齋，北齋眞箇仙境，而精舍

1　貞確：堅定。
2　同"累"。
3　同"阶"。

反爲塵寰，可謂十分清奇，何必更覓桃源路也。臺下深潭，足以方舟。時汎一葉小艇，隨波上下，其澄徹底，可數纖鱗。夜憑軒窓，月色如晝，玲瓏映帶，髣髴水晶世界。先生乃曳杖嘯詠，響如金石。翛然有遺世獨立之想，其視武夷茅棟，清興孰優也。不幸黃巴慘禍之後，齋舍傾圮，山阿寂寞，過者傷神。乙未之歲，金侯伯溫出財力重建，不大不小，不華不陋，依然昔日樣子。於是後生小子，莫不登臨想像，如坐春風，且頌金侯之誠不衰焉。今春金侯爲花山伯，過余黃江之上，使余題巖棲齋三字，鏤板揭楣，又屬余爲記。余是當時昵侍小生，不敢以不文辭，略書所睹記如右。昔有蟠桃一樹，生於巖間，今不可見。老僧嘗取種菴庭，待秋多植如舊云。崇禎後辛丑仲夏日，門人權尙夏識。

（録自《寒水齋先生文集》卷之二十二記）

寧澹齋記_{庚寅}

金允植

　　昔郭林宗抱瑰偉之才，優遊於世，既不效申屠之高隱，又不慕李杜之顯仕。褒衣博帶[1]，雍容於太學之中。隱不違親，貞不絕俗，而澹然無求於世，故標榜不及焉。青山陸君聖臺聞其風而慕之，雖客遊京城而不事干謁，介然自守，不役於物。身處囂塵，心常寧靜，乃名其所居之室曰寧澹齋，蓋自志也，夫心不繫物則物不能擾之，擾之則不寧。《傳》曰君子坦蕩蕩，小人長戚戚。戚戚者不寧之謂也，方其未得也。繫於得，其既得也，繫於失，然則何時而心得寧乎。惟君子則不然，以死生繫乎命，以富貴繫乎天。吾心空空然無所繫累，故無時而不寧。夫虛舟之在江湖也，雖遇風波，無傾覆之虞，若有人在舟中則於是慮患之心

1　着寬袍，系闊帶；亦指古代儒生的裝束，出自《汉书·隽不疑传》。

生焉。是舟非有虞，人爲之累故也。余方謫居靈塔山中，屏人事絕嗜欲，閒居淡食，心無所繫。每悠然獨往，支頤而坐。聞松聲水聲，伐木聲洴澼[1]聲，鍾魚聲，山僧梵唄聲，杜宇聲布穀聲，鶯喚，鳩呼，鶴唳，鵲噪，烏啼，鵲喳，鷄鳴，犬吠，蟬噪，雀啾，百蟲吟唧之聲，紛紛擾擾，應接不暇。而其境愈寂，吾心愈靜，湛然若無一物之在於胷中。及聞小童來報有京中家信，於是乎心爲之動何者，松水蟲鳥，非吾心之所繫也，惟家信爲繫心之物也。纔有所繫則心不得寧，今聖臺之遊於京城也。泊然無忮求[2]之心，視人之勢利芬華，如聞松水蟲鳥之音，雖日閱於前，曷足以動其心哉。或曰苟無所求，何必遊於城市乎。余應之曰苟無所求，又何必不遊於城市也。此林宗之所以爲高也，夫李杜亦賢者也，固不以富貴死生繫於心，所繫心者，惟激濁揚清而已。雖然此亦有所繫也，故不得寧焉。林宗則處局外而無所繫，惟心護善類，不忍遠去。此謂不繫之繫，無求之求。雖在城市，豈足累其澹然之心哉。

（录自《雲養集》卷之十記）

借樹亭記 丙辰

金澤榮

去年乙卯六月，余自南通城中許家巷之僦[3]屋，移僦于巷之西南十餘武地之屋。屋稍聳淨，而庭窄無種植。惟西牆之外有一宅，本明遺民進士包壯行先生之所築，名以石圃者。而宅中女貞樹一株竦立千尺，終日送翠，滴滴如也。人之始至者，莫不認爲是屋之有，旣而知其非而將爲之悵然，此屋之所以命爲

1　音 píng pì，漂洗。
2　嫉害贪求。
3　租赁。

借樹亭者也。夫借者，非已有而不久將還之詞也。故彼穿然之天，隤[1]然之地，古之曠達者，亦或視爲逆旅借居之不久將還者，而況是樹者，安可以借爲奇而著之名乎。雖然今不借是樹，則無以挹包先生之高風遠韻而親之於朝夕之間，此實區區之志之所寓也。嗚呼。是志也，苟余能洞洞屬屬，持而勿喪，不以利昏，不以窮濫，不以威撓，則其將還之于誰。志旣不可還，則其爲志之所寓者，獨將何如哉，試以問之樹。

（录自《韶濩堂文集定本》卷之五記）

舞雩亭記癸未

崔鳴吉[2]

　　有一言而可以驚動千古，鼓舞儒林者，曾點言志之對是已。蓋聖門之敎，不越乎修己治人之道，則浴沂風雩，特一閑人事耳，宜若無取焉。而夫子喟然之嘆，獨發於曾點，至宋二程先生[3]師事濂溪周先生[4]，函丈授受之間，又有默契於斯焉者，故其言曰再見周茂叔，吟風弄月而歸，有吾與點之意。則吾夫子家風，亦自有超然於日用事爲之外者哉。曾點死已二千餘年，而魯之距東國又萬餘，則其地與其人皆不可得以見，得其名之偶同者而寓吾意，因是而想其人而慕其志則亦庶幾焉。沿洛東江而上，直尙州治之北二十許里，曰有奧區焉。山擁而水回，內邃而外曠，泉石之賞，艷稱一邦。蓋古沙伐王所宮，故老相傳謂之雩潭，有龍窟於潭，往往能作異，人憚不敢近。邵城蔡侯見而悅之，定爲專壑之計，人多止之者。侯笑曰，地名應吾名，殆有天緣，安知非造物者故爲藏祕以有待焉。且龍亦物也，奚

1　音 tuí，毀坏。
2　崔鳴吉（1586—1647），朝鲜时代文臣。
3　即程颢和程颐，北宋儒学大家，宋明理学的奠基人。
4　周敦颐，号濂溪，世称"濂溪先生"。

懼焉，旣往家焉則龍已遁避久矣。於是鋤荒鑱穢，益樹竹梅柘栗，將終老焉。環居皆山也，其最秀而奇者曰自天之臺，束石而起，矗矗干雲。地太高難久居，其下有壇焉，石勢夷曠，可坐百許人。遂結茅爲屋，扁之曰舞雩，而標題十景以侈之，旣又自更其字爲詠而，蓋所謂因其名之同而有慕焉者也。當其春日正暖，江山增麗，巖花交映，澗柳爭妍。游鱗活潑，百鳥嚶鳴。村童野老，後先其行，提壺挈榼，隨意遊賞。跨龜巖窺龍穴，歷玉柱徵異石，倚層壁攀垂松，濯垢淸冷之淵，振衣千仞之岡，返而逍遙乎舞雩之上。洗盞而酌，鼓瑟而歌。神融形釋，合於太和。然後知蔡侯之所慕，不獨於其名而于其樂者矣。雖然，曾點實未易言也。身遊聖門，親被時雨之化，見識超邁，胸次灑落，蟬蛻人欲之私，春融天理之妙。是不待三春之麗景，舞雩之佳興，而其樂自足也。然則欲樂曾點之樂者，亦在夫求其所以樂而反之於心焉耳。嶺南卽我鄒魯之鄉，而蔡侯又爲嶺南名族，其先祖懶齋文章風韻，至今照映耳目。侯又聰悟明秀，博涉書史，嗜古癖奇，恥名一能，偏門外道，靡不傍通。已乃悟曰，君子多乎哉，遂取一部古易，以爲床頭之翫。蓋將刊落華僞，要歸諸本實，由是而充之，勉勉不已。庶見曾點之樂不外乎吾之方寸，而今之舞雩猶古之舞雩也。向者造物所爲藏祕靈境以待其人者，果不爲無意，奚但曰其名之偶同而已哉。歲癸未，蔡侯以華扁之術，從儲君於混河之西。余時羈滯旅舍，愁寂無聊，日與蔡侯遊處。每聞雩潭山水之奇絕暨侯卜居命亭之所以，未嘗不神往名區而嘐嘐[1]然古之人也。蔡侯托余爲文以記勝迹，余旣多蔡侯之志，而欲進之以孔門之眞樂，爲此說以勖之云。

（录自《遲川先生集》卷之十七雜著）

1　音 jiāo jiāo，志大言大，如"其志嘐嘐然"。

【軒・閣】编

白雲軒記

權　近[1]

　　白雲軒，浮圖坪之自號也。出岩谷歷城市，踵門於陽村而語曰，余居深山，謦音自絕，獨坐軒中，終日看雲，變態固不窮矣。至於不隨風不含雨，不蔽於日，不垂於地，濃暖嬌饒，英英藹藹，屯如積雪，橫如匹練，氤氳如烟，輕白如綿者，尤雲之閑態也。吾以名吾軒，子爲我記之。予曰，夫物之形於天壤間者，其體有所局，則其用有所碍。日月，明之至也，而其行局於躔度，故不能無盈昃朓朒[2]之患。風霆，變之至也，而其氣偏於鼓動，故不能無暴怒摧折之傷。唯雲也動靜無常，變化不測。蒸而升，欝而結，漠然而虛[3]，油然而作。起膚[4]寸遍六合[5]，水下土澤萬物，其變極矣，其利博矣。詩曰，英英白雲，露彼菅茅，言其氣行於天而澤及於物也，豈非體無不局，故用無不周乎。在我身者，耳目口鼻各司一職，而心無不通，四者局於形，而心之理無不具也。宰制[6]萬物，酬酢[7]萬變，放之弥六合，而斂之不外乎方寸，此心之有同於雲也。然雲氣無爲而自化，人心有覺而能思，無爲者自當有澤物之理，有覺者不可無持守之方。人之於心，無

1　權近（1352—1409），朝鮮时代前期文臣兼学者。
2　朓、朒：中国古代天文历法中的两个专用名词，一般指晦朔日时的月见。昃：音zè，古同"仄"，太阳向西倾斜。"日中则昃"，见《易经·丰卦·象曰》。
3　音xù，同"虚"。
4　音fú，同"肤"，一肤等于四寸。
5　泛指天地或宇宙。
6　统辖，支配。《史记·礼书》中曰："宰制万物，役使群众。"
7　音chóu zuò，互相敬酒，泛指应酬。酢：客人回敬主人；应对、应付。

持守之功。而聽其如雲之自化則爲狂妄，制酬酢之用，而欲其如雲之無爲則爲枯槁，枯槁與狂妄，君子不爲也。師觀雲之靜而養其心，使體有所存而不爲物欲之動。觀雲之變而達其情，使用有所行而不咈[1]事理之正。則体用兼全，內外交養，而心之理得矣。舉斯加彼，由近而遠，澤物之功，將不羡於雲而無所不周矣。若浮圖之有取於雲者，吾不知其說，師之徒必有能言之者，何待予言爲。

（录自《陽村先生文集》卷之十一記）

折筍軒記

南九萬[2]

歲崇禎己卯，先祖考平康府君解縣綬，閒居于結城龜山。爲先考金城府君買龍臥里河氏之宅，規制雖朴，亦可容膝。更架二間軒於東隅，冬則開南牕以迎陽，夏則拓北戶以眺遠。祖考命叔父判書公作龍村別墅記，盛稱山川陂池浦漵之勝概。先考種竹庭前，未及成林，初夏抽筍，僅以十數。一日祖考自龜山來臨，先妣手折其筍，以供午膳。祖考欣然下箸，極稱美味曰，此在龜山所未得嘗也。時余年甫十一歲，雖無知識，然先妣調膳敬謹之容，祖考進食嘉悅之色，森森猶在心目。到今甲子一周，流風日遠，身且游宦，離鄉久矣。旣桑梓隔遠，莫展恭敬，棘心成薪，又將凋落，永慕之慟，曷有其已。況今年及謝事，尤宜歸于故土，守先人之廬，洗腆之養，今雖不逮，堂構之業，庶幾勿墜，孝敬之風，今雖已衰，思其居處思其所嗜，亦庶幾有所依歸，以之興感於心而示教於後。今余乞休於朝，久未得

1　后作"拂"，违背。
2　南九萬（1629—1711），朝鲜时代后期文臣。

請。寓居畿[1]郊，猶未遂首丘之願。丘陵草木之縐入者，雖欲一望而暢然，不可得也。昔楊巨源之年滿歸鄉也，指其樹曰，吾先人之所種也。鄉人戒子孫以其不去鄉爲法，蘇子由之居於潁濱也，築室而名之曰遺老齋。極言平生之樂，未有善於今日者，後人深以其不歸眉山，老死客土爲譏。嗚呼，余不得追巨源[2]後塵，與子由同譏矣。今男鶴鳴將以事歸舊居，閔余鄉縣之戀未已，既請軒名，且請名軒之語，欲刻而揭之，以慰余意，於是乎記。軒成周甲後翼年庚辰之暮春，不肖孫男大匡輔國崇祿大夫領中樞府事九萬謹書。

（录自《藥泉集》第二十五家乘[3]）

凝碧軒題額記

許　穆

凝碧軒，眞珠館之上西軒也。在西樓北巖壁上，臨潭水，樑棟極壯麗。其西檐下，開巖逕，有石梯。正德中，有府使金順宗，作此軒，觀察使尹豐亨命名曰凝碧軒。軒當頭陀，列岫茂林，蒼崖潭瀨[4]皆碧。軒無揭額，但有嘉靖間府使申光漢作凝碧軒四時詞題壁。余用墨葛，作軒名三大字，掛之壁上，字三板，畫如藤葛，仍書曰陽川許穆書。時壬寅孟秋。

（录自《記言》卷之十三中篇棟宇）

1　京畿，国都附近的地区。
2　山涛（205—283），字巨源，竹林七贤之一，三国至西晋时期名士、政治家。
3　即家谱。
4　急速的水流。

見一軒重修記

蔡濟恭

　　王考九峯公早歲蜚英，翰苑臺閣，聲譽藹鬱。若將朝暮巖廊，當肅宗世，朝局嬗變。公不樂仕宦，與伯祖五視齋先生，携手同歸。卜洪州之九峯山下里，名曰漁子洞。先是業水鐵者數十戶據焉。公曰，君子居之，何陋之有。於是占地勢之稍隆然者，立屋若干楹。務完而不務美，制甚樸也。軒之前，以不斲之石，築其庭而騫之。庭下鑿塘三四畝，中凸土石，若島若坻，於頂培楓木一株，得雨霜鮮紅照室，光耀可愛。堤畔樹一帶竹，長可二丈餘，其密如束，使村人傳地而閭者免俯瞰之苦。水之自九峯諸壑來者，其源雖不甚大，穴堤而灌諸塘，餘者泠然繞竹走洞門不舍。垂柳十餘株，離立水傍，朧朧有掩暎之態，公於斯焉樂之。以竹筇[1]野服，非課農田疇，卽釣于溪矣。遂扁其軒曰見一，蓋反用林下何曾見一人之語也。尙記余年八九時，侍側於終南僑舍。時，公翺翔銀臺，佐貳省府，而及退食，每不豫者久曰，人言仕宦好，終不如高臥一軒之有眞樂也。以故淹京師纔浹[2]旬朔，輒苦心呈告，拂袖南歸，牢守東岡，行且爲四十年。卒乃考終於見一軒中，公之言顧行行顧言，卽此而亦可驗矣。自公捐舘，伯父玄巖公與從祖兄，數十年之間，相繼下世。軒無主，風雨所漂搖，壞漏日益甚。舊客之過軒下者，爲之躊躇而咨嗟[3]。歲在辛，庶叔膺八甫慨然主其事，爰[4]度爰謀，棟之仄者正之，楹之衺[5]者竪之，瓦破則新覆，廳缺則改鋪，不旬月而依然復舊觀矣。余聞而歎曰，

1　一种竹，实心，节高，宜作拐杖。
2　音 jiā，浃日：一旬、十天。
3　音 zī jiē，叹息。
4　音 yuán，何处、哪里。
5　音 xié，古同"邪"。《广韵》不正也。

美哉叔之爲也。雖然，聖人之以肯構肯堂，書以詔之者，其意豈豈指室屋乎哉。夫人之於父祖之業，所宜顧諟不忘者，有大者焉，有重者焉。孝友不可隳也，詩禮不可虧也，事君而直道清操，不可不學也，處鄉而和敬謹慎，不可不襲也。忝厥所生，闕一於此，于堂構何如也。噫，爲孫於吾祖者，吾在也，而於上所稱四者，無一之肯焉。至於室屋之末，其所改葺之勞，在於叔而不在於吾，吾安得不靦然[1]也。況吾顚髮盡化，冥升不去，以致忌妒四集，鋒鏑交萃，早使我善繼見一之義。雖賞之不辱，他日角巾南下，亦已晚矣，何面目更對懸楣之扁乎。姑記之，以著余不能肯堂之愧云。

（录自《樊巖先生集》卷之三十四記）

綠畫軒記

姜世晃[2]

　　自古言山色者，曰靑曰碧曰蒼曰翠，未有言綠者。然方當春時，嫩樹細草，衣被崗麓，只是綠一色。所謂靑碧蒼翠者，特指天際遠山而言耳。唐人詩有曰，夕陽沈沈山更綠，可謂發前未發，然猶未盡善也。惟韓昌黎南山詩有天空浮脩眉，濃綠畫新就之句，形容摸寫，極其工妙。余每於春雨新晴，淡靄乍收，坐對羣峯，新綠如染，撲人衣袂，未嘗不長吟此句，獨賞造語之奇。弊廬數椽，在安邑治南，歲久頹圮者半。兒子葺外舍小軒，正對村南諸峯，雖無奇形殊狀，可以娛心快賞，亦自端秀參差，足供吟眺。稚松雜草，滿目弄色，濃綠欲滴。怳若李將軍，王右丞着色得意筆，相看不厭，奚獨敬亭山也。遂取韓語扁曰綠

1　同"靦然"，慚愧貌。
2　姜世晃（1713—1791），朝鮮時代后期文臣兼書画家。

畫，客有笑其命名之不佳，則答曰古之人亦有先我拈此語題扁者。在戊子九月初三日，書于綠畫軒，時適刈稻，打於軒前。

（录自《豹菴稿》卷之四記）

嘯軒記癸酉

金澤榮

鴻穴山亦曰橫山，山之西三水之下，有永川李氏墓齋。齋西南爲室，而附其右爲樓者嘯軒也。橫得十尺，縱加橫之半，窗三面凡十二扇，皆用鉤擧。其東南窗爲室壁，開闔視室之寒燠，又東南與室外通，以傍輔疏明，便升降。西北受遠色，松林中隱隱見鷹峰諸山。而白沙汗漫，草樹動搖，則又三水初滙處也。蓋五冠山之水由花谷至昭陵之水，不能獨至，至塔坪，與總持洞水合然後，乃復入于花谷水，於是三水合爲一而流入齋下爲積水。正當西南窗，而窗爲廊廡所蔽，不見其涵泓淪漣之狀，只聞其齧[1]食矴石之聲。與風相遇，萬雷俱作，知其蓄之久而洩之猛也。其外爲橫麓，如几案相對。庭有梨樹一株，枝摩于簷，風至珊珊然。每風月之夕，盛暑之晝，躋[2]者爭疾，臥者忘起，吟咏者長發情趣，皆軒之所包也。余來此且半年，愛其山水不忍去。且得數君子論道講書，日有增益，蓋天下之可樂者無過於此。語曰勞者歌，憂者嘯，嘯者蹙[3]口出聲，所以舒憤懣之氣。故諸葛武侯之抱膝，張九齡之登樓，於是焉形之，皆放臣志士一時感慨之作，而余顧無取焉，故姑不及之。

（录自《韶濩堂文集定本》卷之五記）

1　音 niè，同"啮"。齧食：侵蝕。
2　登、上升。
3　音 cù，蹙口出聲，即嘯，意指吹口哨。

松竹軒記爲尹鼎錫作

　　和菴尹子，喜和之義，字以和叔號以和菴。姿高而氣大，不爲厓異詭激之行，言語擧止，撝謙謹約。身若不勝衣，斂其光混其迹。子之於和，非徒喜之，亦有以行之也。於卉物最愛松竹，揭其軒之名曰松竹。客有難之曰，松竹之爲物，其韻蕭騷，其節勁壯，干層霄而出塵壒，其與和之義，不其左乎。余曰子之以松竹名其居者，必有所深知乎和之義也。復陽漸長，條風煽暢，卉木含生之類，勃然萌動，屯盈稺養，旣長而遂矣。及夫霜降而氣肅則茂者變結者落，天地生生之理，不復可見。唯松與竹不然，不隨生而盛，不以殺而摧。鬱鬱靑靑，貫四時而不改。蓋和者春之氣，所以生物者也。是氣之流行，固未始有四時之異，而卉木之所以得之者，或成而收之，或潛而滋之，及其發于外而爲春者則不過春一序而已。獨松與竹之春，在於四時，是惟得天地生物之氣之純而無時而或失者也。和之寔全而久者，孰松竹若哉。不知和者，又烏解夫松竹之爲可愛也。不獨物爲然，人亦如之。易曰元者善之長也，人之所賦於天而爲姓者，不越乎仁義禮智四者，而以一而包四者曰仁。仁之在人，固何嘗間斷之有。聖人全此者也，衆人亡此者也，然而四端之觸而感者，有不容泯焉，則擴而充之，在乎人耳。是故君子之道，自日用事爲，以至經綸天下，剛健純粹之精，渾然固有，無有一毫私意奸其間者，而四時之元氣盡在我矣。和菴子且不必冥搜廣採，自以爲求之之道，歸而讀羣聖人書，驗之於物體之於身，則松竹之爲可愛者，將日有所得，此所謂不遠復无祇悔元吉者也。

（録自《重菴稿》之二記）

1　姜彝天（生年未详—1801），朝鲜时期天主教徒。

松竹軒記

朴彭年

潛菴既謁韓山清甫，記其菴，又請仁叟文其軒。訊其名，則松竹也。余怪之甚，問曰，師菴在何方。觀其名，若潛天潛地，路甚滑，恐不能訪也。其軒則皆有形之物，松幾株，竹幾叢。軒之成幾甲子，吾雖文拙，敢不塞請。潛菴嘿然。余曰：

徂徠[1]之山，千巖萬壑，蚪髯龍甲，鬱乎蒼蒼。師之松乎，淇水之濱，琅玕碧玉，猗猗郁郁。師之竹乎，九洲九瀛，皆囿於形氣之內。師之軒，廣矣大矣，作於太古。有不可記以歲月矣，然則吾記可無作也。師若坐我於軒上，吟風喫茶之餘，後凋不改之說，吾何靳焉。

（录自《朴先生遺稿》之文编）

松竹軒記

丁範祖

余嘗記尹和叔所居和菴之義，而和叔又以其軒之名松竹者，索爲記。余惟松竹，植物之清者。而清與和，若不相爲用也。然而孟子稱伯夷之清，柳下惠之和，而同謂之聖。盖清而不和則其弊也隘，和而不清則其弊也流，故清和如體用之相須，然後其德備矣。和叔字以和，庵以和，而宅心應物都是和，則和之道誠至矣。而余懼壹於和而弗節，則其弊至於流蕩忘返矣。方和叔之處是軒也，朋遊合好，酒食導懽，談笑斐亹[2]，藹然而和

1　音 cú lái，生长栋梁之材的大山，位于山东泰安市东南。

2　音 fēi wěi，文采绚丽。

也。俄而和溢而樂，樂縱而淫，則不幾於蕩情性恣[1]儀度，而有祖裸呼呶之失歟。於是焉而有風瑟瑟然從庭除起，拂欄檻近帷席，而知其爲松竹之韻而清也。毛髮灑然，襟靈[2]肅然。有以滌怠佚[3]而生耿介，使天和之在我者，發而中節，而無嚮之流蕩之慮，則和叔之有取於二物者，詎不深切矣乎。至若觀柯葉而勵操，驗笣籜[4]而進德，和叔自當讀書而知之，故不爲贅。

（录自《海左先生文集》卷之二十三記）

花竹軒記

丁範祖

員外郎權公仲範，名其軒以花竹，而謂不佞範祖曰，王維桃源詩不云近入千家散花竹乎，吾取以名軒，子其推其義而爲記。範祖訝曰，何爲其然也。夫趣寄於其所慕，故其趣也眞。義寓於其所處，故其義也當。今公雖抹掇耳，猶是通朝籍而身簪纓，非隱者倫也。家雖稍僻耳，猶是隣城市，出門有輪蹄聲，非山林也。乃顧自托於桃源之逸民，而又欲吾記其實，吾將何以記之哉。雖然，不佞於此，知公之賢於人遠矣。夫尊官厚祿，天下之美利附焉，故咸趨之者，人之情也，故富貴如可求。雖吾夫子，固欲爲之，以富貴非必皆非義也，而卒之若浮雲然者，以非義之富貴也。是故，先之以義者，處崇赫而常有隱約之意，謂富貴非內也。彼惟內之也，故韋布而憧憧朱袚之欲，而肯襯襍爲哉。彼惟內之也，故蓬蓽而憧憧華屋之欲，而肯丘壑爲哉。又況朱

1　违背、违反。
2　襟怀、心灵。
3　同"逸"。怠佚：贪图安乐而不勤于修身治国。
4　笋因落籜方成竹。

袨華屋之身，而乃肻[1]有襏襫[2]丘壑之志哉。雖然，彼不知富貴之不可恒，而其卒也雖欲爲匹庶寒士，而不可得矣。彼不知外富貴而內義也，公能內義也，故盖身簪纓耳。而以爲簪纓[3]非吾素也，吾素吾之襏襫焉已矣。盖家城市耳，而以爲城市，非吾素也，吾素吾之丘壑焉已矣。世所說桃源，誠荒唐，果有之，吾素吾之花竹於方寸之內已矣。花竹吾所慕，故趣寄焉。而吾所處，故義寓焉已矣，於是公賢於人遠矣。不佞嘗循南山而入洞，則澗潺潺流出者，桃華之水也。林巒葱蒨，若開若合者，桃源之峰壑也。井落柴荊，羅絡洞中，而脩竹名花，迷離晻暎者，桃源之千家花竹也。入門顧眄，朝暮之景異態，則又是桃源之日出雲中，月明松下也。公方自爲源裏居人，而不佞亦自爲漁舟子。相視而笑，則夫何害乎。摭其實而爲花竹軒記哉。

（录自《海左先生文集》卷之二十三記）

戀明軒記

蔡濟恭

明德山在青門外十里許，巖巒抱廻。人之從山外過者，不知有洞府中實寬以容瀑流從深谷來，遇盤石淲淲飛鳴，石勢改其聲隨以變，乍大乍小。四山松櫪千章，奇花四時不斷。樓前規以爲池，蓮香籠枕席，魚鳥自在沈浮，翛然有太古意。實余別業也。余顏其燕處之所曰戀明軒，葢取唐人詩窮達戀明主，耕桑亦近郊之義也。傍有疑之者進曰，异哉，公之軒之名也。夫君臣之義，受之天而根於性者也。臣而戀君，義之所當然也，然豈自願乎哉。君棄其臣，使不得近君，則爲其臣者情發於中

1 音 kěn，古同肯。
2 音 bó shì，蓑雨衣。
3 古代达官贵人的冠饰，后遂借以指高官显宦。

而爲之戀矣。是故屈三閭[1]行吟沅湘之間而有睠[2]顧之恨，蘇雪堂漁樵江渚之上而有美人之望，二人者非樂乎此也，蓋有不幸者存焉爾。今公則異於是，結知先王，致位上卿，始終禮遇，青史罕倫。逮夫聖上嗣服，惟先王事是述，視公爲柱石，托公爲心膂。一日無公，聖情怒焉如失。每於賓對之際，雖三公有所建白，必諮詢於公以決其可否。又嘗諭于公曰，今世賢人，惟見卿一人，盛矣哉，契合之隆，眷待之摯也。第其伏莽之戎，肆爲入宮之妒，讒誣抵隙，靡所不有。而吾王明王也，魔鏡高臨，幽恠莫售，在公何損焉。公之義，惟當履險若夷，生死以之，益懋吾學，益行吾知，使生民被其澤，社稷有所倚。今乃潔身長往，麋鹿爲伴，若不知兼濟之爲可願而徒以獨善爲可樂者然，吾未知其可也。上方側席虛佇[3]，敦召公不置，驛騎奉絲綸日再至，公若寅以入卯以前席也巖廊也，尙何耕桑戀明之爲哉。余愀[4]然坐久而後言曰，子之責我是也，牖我明也，然上所以用我者，非榮我一身也，將以求治平之效也。吾所以圖報者，非私感君恩也，將以行直道於世也。上不以治平求我，是爵祿焉而已。我不以直道爲忠，是婦寺焉而已。若然則雖享之以萬鍾，繫之以千駟，吾豈以此而易巖巒瀑泉之樂也。子試思之，誠使我不忍便訣，蹩蹩然進於朝。竊弄威福者，吾其可黜之乎。矯誣聖意者，吾其可殛之乎。鷹犬噬嚙者，吾其可逐之乎。媚竈盤結之習，吾其可革之乎。潝訿[5]譸張之口，吾其可塞之乎。之數者，皆吾所不能焉，而子勸吾食焉而怠其事，可乎。若夫榮之有辱，猶寒之有暑。貪瀆之誣，程叔子所嘗被也，奸黨之目，司馬公所不免也。古之大賢君子猶尙如此，況如我之寄寓朝廷。

1　屈原。
2　同"眷"。
3　虛心期待。
4　音 qiǎo，愀然，形容神色严肃或不愉快。
5　音 xì zǐ，众口附和；小人趋炎附势、互相附和和吹棒的样子。

所信者吾心，所恃者吾道，則旁午構煽，理無足恠耳，只見其可笑而未見其可怒。若以我之退爲其端在是，則不亦爲知我之淺乎。嗚呼，吾君千一難逢之聖也，誠能一日奮發，精神所到，旋乾轉坤，何憂乎驩兜[1]，何畏乎巧言令色孔壬。愛之深故戀之切，戀之切故揭之於楣，以寓昕夕祈祝之誠。後之知我者，尙有以有感斯扁。願子無多談，遂錄其語，記吾戀明軒。

（录自《樊巖先生集》卷之三十四記）

安邊府香雪軒重修記庚辰

南有容

記昔丙寅，吾友金稚明出宰安邊。遺余書曰吾先祖仙源公宣廟末忤當路，出補是府，列植梨樹於東軒之北園，名其軒曰香雪。至今二百餘年，而一二故老有食其實者，其他開花發葉，照暎庭墀者，皆其種也。軒雖廢，材尙可用也。於是因其舊制而重新之，以先祖手書篆額扁焉，子盍爲我記之。余固諾而未就也。後十有五年而稚明以玉署長，言事忤旨，遠配海島。尋又量移長城，余亦不安于朝，乞外得是府，而稚明馳尺素越重嶺，復申前托。嗚呼，蜀之人，思武侯之忠，則愛其廟前之古栢。南國之人，思召伯之德，則愛其所憇之甘棠。况以公之精忠大節，實有邦人百世之思，而是樹也又其手自培壇焉。其爲人愛惜而勿之剪拜者，謂有異於栢[2]與棠者乎。今夫公侯貴遊之家，奇樹嘉實，不知其幾種，往來而玩賞者，不知其幾人也。芳華一歇，同歸於塵土。豈若玆樹之生乎關嶺荒寒之鄉，而寸根尺枝，必爲地主之所封埴，一盛一衰，皆入邦人之所咏歎者乎。余外先

1 部族首领，该部落起源于中原地带，曾加入过炎黄部落和华夏联盟，大半过着半游牧、半采集和半农耕的生活。

2 同“柏”。

祖孝簡沈公之宰是府也，清陰金文正公贈以詩曰，憑君有意封嘉樹，莫忘前人手種時。至今鏤板在壁間，後來君子誦其詩而思其人，不廢修餙[1]之功。則香雪之號，將與文忠之名，流芳於無窮，而永爲一邑之美談。稚明之求余記文，意亦在斯乎，遂樂爲之言。

（录自《雷淵集》卷之十四記）

檜軒記

安錫儆

　　橫川之北浦，有豪士曰高文叔。所居有大杞樹，倚樹爲小軒。軒前新栽二小檜[2]，名其軒，取檜而舍杞曰檜軒。余之往來於雪橋也，路多由軒下，數與文叔語，語次求余記。余撫杞而曰，此其材可用而且已大，何子之舍之而有取於低小之檜也。文叔喟然而歎曰，杞之老大，而尙不遇梓匠，則是爲棄材也，何足言。檜雖吾新栽而低小，不能爲有無，然已能不變於歲寒，吾愛其節操而取之也。嗚乎，材器見於人之用，而節操在於我之守，自勉乎我之守，而不求乎人之用，是吾之志也。余不覺灑然而改容曰，不亦善乎，子之言君子哉。顧傍人曰，文叔少壯有當世之志，游於朝市，博通事情，搢紳多稱其可用。而至今白首，不得一試。乃退居窮僻，務自砥礪。欲以全士節於邪世之外，其栽檜而名軒，蓋已深寓晚計而以實之言如此，其感於人者又深矣。吾更有何語可記是軒，子其筆此問答，以着軒之楣也。

（录自《雪橋集》卷之四記）

1　音 shì，同"飾"。
2　音 guì，指桧柏。

楊根縣東軒新修記

魚有鳳

　　楊根，素稱有山水之勝。邑址雖不甚高曠，南距大江，堇五里許。龍門[1]自東而北，逶迤環拱，若屏障然。原有松栢之茂，隰[2]有檉柳[3]之美，清流急湍，橫帶乎其中，儘足爲佳境也。然介臨孔道，應接頗煩，歲經荐凶，邑力凋殘，爲官者又多不能久。不五六年，輒七八易。擧皆視官舍如逆旅，而一任其弊頓。所謂東軒者，尤湫隘[4]荒陋。棟傾壁漏，上雨旁風。支以短杙[5]，架以頹簷，俯而入俛而出，殆不識軒外四面有何物也。家君始至，顧而歎，居數月，益病之。乃曰，守令官雖卑，四境之內所歸向，而政令之所由出，顧其居陋甚，其何以臨民，且使我寢處不安，起居不怡，意欝欝無以自適，則又若何以爲政。於是始謀所以易新之。或者以爲歲且荒矣，民亦勞止，苟可以時月，何必改爲。家君獨不然曰，苟如是，是官不官，且爲之有方，何至費財而煩民。遂減常俸，役游指匠不勞而功告訖。蓋運木石督斧鉅[6]者，亦旣有月，而邑人往往不知官有役也。村父老或因公事造門，忽見其翼然而成，輒驚且賀曰，美矣哉，吾郡之古未有也。是堂也，凡四架六間，有奧室焉，有廣楹焉。冬可以取煖，夏可以迎凉。上可以延賓客，下可以對吏民。憑軒而遠望，則高林斷麓，互出簷廡之外，而龍門蒼翠，如在几席之間。雨歇而靑嵐集，烟銷而明月出。開含吐吞，其變萬狀，有以散煩懊而瀉悁欝[7]，信乎

1　山名。
2　音 xí，低湿的地方。
3　即柽柳。
4　低洼狭窄。
5　音 yì，斜埋在地上的小木桩。
6　同"巨"，硬铁。
7　愤怒、忧郁。悁，音 yuān。

其不侈不陋而無不足也。家君方且益脩治階庭，蔭以松竹，間以花卉。視篆之暇，輒以角巾藜杖，逍遙其間，蕭然若無一事。而政日以清，訟日以息，民自得於湖山百里之內，則豈不尤可樂也哉。堂之既落，小子適歸覲，家君指示棟宇，命記其梗槩。噫，家君之爲政大致，固在邑人之所傳誦，而於此堂之作，亦可見其一端焉。敢告後來君子恪而守之，無或至於壞廢也。

家君於癸未春，出守奉板輿赴官。明年甲申，大夫人春秋滿八十歲。而三月初六日乙巳，即初度日也，一家子侄孫曾，齊會獻壽酌。越翌日丙午，延邑中年七十以上男女摠七十餘人，設養老宴于外衙，就軒上隔幔施簾，臨觀以娛之。戲具畢張，絲竹迭奏。酒三行，老人各以次起舞。邑人觀者以萬數，莫不上手稱[1]賀，歡頌洋溢，遂竟夕而罷。噫，此盛事也，不可不使後人知，仍附見于軒記之末云。

（录自《杞園集》卷之二十記）

九得軒記

魚有鳳

余官遊五陵間，與顯寢郎李公知最久且熟。公嘗從容語曰，吾家在嶺南之善山，是蓋吾曾王父玉山公之舊居。而洛東江之上，有所謂孤山梅鶴亭者，即其所也。直孤山之東數里許，有一洞焉，名曰禮谷。溪山足以供遊覽之勝，田園足以給衣食之源。余甚樂之，築室而居之，扁之曰九得之軒。自吾不得志於世也，歸而居於斯半世矣。今雖繫薄宦[2]，遲回於京輦之下，而吾之心，未嘗一日忘九得也。顧僻且陋，無以侈焉，幸吾子之記之也。異

1　音 chèng，为"称"的讹字。
2　卑微的官职，有时用为谦辞。"宦"疑为"宦"的讹误。

日之歸也，見其文，如見其人焉，亦庶乎其有慰也。余聞而竊有疑於心焉，曰，夫得者，非君子之所急也。君子有三戒，而在得居其一。君子有九思，而見得思義終焉。至於語崇德，則必曰先思而後得，得之害於人也如是，而聖人之戒之慎之，亦可謂切矣。今公之以得名軒，其義何居，一猶不可，而況於九乎。公笑曰，子欲知吾之得也耶。吾所謂得者，非他物也。居有薄田數頃，春耕秋斂，粟可以支一歲，是吾之得一也。鑿井一坎，源清而味甘，雖大旱不竭，是吾之得二也。臨溪而漁，則盈尺之鱗，容易而登釣，是吾之得三也。持筐入山，則嘉蔬旨蕨，滿意而取，是吾之得四也。平居雖不事聲病，而每當風清月朗，偶成數句閑語，吟咏自在，悠然而有興，是吾之得五也。性本不喜飲，而或遇良辰美景，輒呼童進濁醪數盃，已覺醺然而醉，是吾之得六也。室中置數盆梅，每到窮山積雪，相對一粲，怳若與故人相逢，是吾之得七也。庭有脩竹成林，貫四時而長青，翳然而陰，泠然而韻，能使塵俗氣淨盡，是吾之得八也。家有聖賢書數百卷，有時抽閱諷誦，便欣然而自樂，是吾之得九也。嗟夫，吾觀世人之所謂得者，逐騖於功名，攫挐於貨利。越分而希之，僥倖而據之。紛紛焉利害相攻而爭奪，作此固先聖之所戒，而君子之所當慎也。若吾九得者，皆吾之所自有者也，求之無不得，得之無不足。多取之而不爲貪，寡取之而不爲廉，則是亦何害於義，而何病於德乎哉。是故堯舜之民也，而耕而食，鑿而飲。夷呂之賢也，而採於山而釣于海，竹林栗里之放焉，而酣觴賦詩而自適，西湖剡溪之隱焉，而酷愛梅竹而不忘，而況耽經玩書，吾儒之本業。董生垂帷於三年，子雲潛心於白首，古人之於九物也，皆樂之終身而不厭，吾何爲獨不然也。抑得者對失之辭也，有得而有失者，非吾所謂得也。吾少也，習舉業，妄謂功名可立取。而差池落拓，竟無成焉，豈非孟氏所謂是求無益於得者耶。

今老矣，得一命焉。由是而綰墨綬[1]馳皁盖，號令行於百里，奉養足於一身，雖不足爲榮，而亦不可謂非得也。然一朝投紱[2]而去，是又非吾有也。惟歸而視吾居，則田益治，井益渫，水有餘魚，山有餘蔬，詩酒之趣自如，而梅竹之玩不改，晴窓之一架，黃卷亦無恙焉。取之無禁，用之不竭，昔非有餘而今非不足，則是所謂有得而無失也。有得而無失，非得之大者耶。子以爲聖人復起，其將曰戒尔[3]愼尔耶，抑將曰吾與尔之得也耶。余遂蹶然起曰，善乎哉，公之得也。向也吾聞其名而不求其實，妄意公之不能忘情於得也，不亦過乎。雖然，記以侈公軒非吾之所敢爲也。若曰他日見其文如見其人云尔，則是亦終不可得以辭焉。謹作九得軒詩九章。

（录自《杞園集》卷之二十記）

松月軒記

李廷龜

漢都之東駱峯之麓，吾洞也。環山三四里，林壑窈窕，有溪自北，抱村而南。淙淙不絶者，泮水流也。沿溪左右，舊多名園，今無存者。溪西有小丘，丘上多生嘉樹。望之蔥鬱，層階繚[4]墙，儼然幽麗者，宜城賜第也。丘之下，有松偃蹇如人，精舍數椽，翼然於其畔者，松月軒也。有幅巾道人碧眼丹頰皓鬚如畫，携藜杖披鹿裘，逍遙於軒下者，主人翁也。主人爲誰，雙湖南公也。公之先大父駙馬琴軒公，以風流文雅。處綺紈如布衣，亭臺遊觀。

1 《北山移文》（南北朝，孔稚珪）：“至其鈕金章，綰墨綬，跨屬城之雄，冠百里之首。”綰：音 wǎn，盘结。墨綬：结在印钮上的黑色丝带。
2 弃去印绶，谓辞官。
3 古同“尔”，代词：你们，你。
4 缠绕。

傾一時，軒前有賜井，水清而甘。井側植一松，歲久。松與主人俱老，亭亭數丈，蒼翠可人，尤與清宵觀月爲宜。公蕭然適意，日哦其間，遂以此名其軒。軒之創蓋久，而得名始乎公。火于戊午，公卽新之。壬辰之亂[1]，棄之而西，及歸墟矣。公徘徊躑躅於破瓦頹礎之間，撫孤松臨井欄，悲不自勝。既又自解曰，是松，吾先人所手種也，吾自童子時，遊戲於茲松之下，于今八十一歲，軒再火而松猶在焉，斯固奇矣。而亂離八年，少而健者皆死，餘存蓋寡。吾獨全吾之命，復歸故基，松在庭中，月在天上，依然面目，不改舊色。是則軒雖廢，而其實固未嘗亡也，斯非幸歟。遂鳩材[2]遂雇工，典衣而重營焉。是時公家無甂[3]石，所居不蔽風雨，楹不斲取不撓，簷不雕取不漏。涼除煥室，略備舊制，而一庭松趣，盡包而有之。松若增其靑，月若增其明，軒不待飾而已煥矣。每淸秋靜夜，萬籟俱寂，月出東峯，皎然入戶。起視前庭，松影滿地，涼風乍動，戞玉篩金。公輒散步沈吟，樂而忘寢。松陰月影，與公爲三。泠然神會，澹然形化，不知此身之在乎人間也。公性不解飲酒，客至必傾壺而酌飲。未幾，輒歌呼嘯詠，喜作五言詩，往往酷類淵明。年旣耋矣，聰明不衰，行步如飛，人以爲地仙云。

（录自《月沙先生集》卷之三十七記上）

松月軒記

李山海

南雙湖先大父駙馬琴軒公，當成廟朝，以文雅伏一世。其

1　即壬辰倭乱（1592），明朝军队与朝鲜军队联手击退日本侵略的历史。
2　即鸠工庀材：召集工匠、准备材料。"鸠"亦作"纠"。
3　音 dān，甂石，指少量的粮食。

賜第在柳村新橋之西，林木之佳秀，軒楹之敞麗，爲長安第一。
庭有賜井，水清冽而甘。琴軒公嘗傍井植一松，歲久，偃蹇盤屈，
如伏龍狀，每皎月當空，松影滿庭。雙湖公樂之甚，名其軒曰
松月。歲戊午，回祿爲災，公奮然曰，吾祖吾父之傳，而自吾
墜，敢不自力。公素不事生產，至是，家無甔石，而盡賣其衣
服玩好，鳩材與瓦而重營之。歲未訖，結構舟艫[1]，煥然一新，觀
者無不嘆異。壬辰，倭賊陷京師，鑾輿[2]播越，公擧室而西。癸巳，
車駕還京師，公歸視其故址，則頹垣破瓦，狼藉於荊棘榛莽之
間。而獨井邊一蒼髯，鬱然依舊。公喟然曰，吾幸而生，屋不
須侈，軒不必敞，吾其隨力所及而謀之。乃重構數椽，僅容膝，
更扁之曰松月，茲軒也，蓋至是而三創矣。遂索記於韓山李山
海。山海曰，倏往而倏來者，人事也，樓臺亭館，隨人事而爲
之興廢者也，斯固不足恃，而月在天上，猶不免盈虧，則彼植
物之榮枯，陵谷之變遷，必然之理也。壬辰之亂，都中世家巨室，
盡爲灰燼，園林樹木，無不被毒。而是松也，是井也，獨不爲
斧斤之所侵伐，沙礫之所填塞，以至今日，豈非鬼神異物陰來
相之者歟。抑安知雙湖公誠孝之所感，而祖先之靈，有以默佑歟。
吾想夫夕陰乍退，微涼生籟，玉露初溥，桂魄流輝，橫枝密葉，
婆娑掩映於庭戶之間者，宛如昔時。而雙湖公蒼顏白髮，幅巾
藜杖日，偃仰其間，或倚松而沈吟，或臨井而弄影，或憑軒而
舒嘯。懷先祖之手澤，則如見羹墻，慕先王之恩渥，則沒世不忘。
而存亡盛衰之感，有不能自已者矣。此豈如淵明之手撫，弘景
之起舞，徒樂其閒適而已哉。公潸然出涕曰，吾先祖之歿，于
今未百年，而樑甍[3]再火，杯棬[4]遺澤，無復存者，唯松與井在耳。

---

1 音 huò，船。
2 皇帝的车驾。同“乘輿播越”：指京城陷落，皇帝坐着车子流亡在外。
3 房屋。
4 亦作“桮棬”“杯圈”，一种木质的饮器。

【軒·閣】編

昔蘇子瞻以吳道子畫佛，爲先人所愛，屬山人惟簡，爲閣而藏之，況此非畫佛之比哉。吾其以萬錢封殖之，蓋覆之，可乎。曰，惡，干戈未定，亂離斯瘼，舍館懼且難守，況以封殖蓋覆而能保之乎。曰，吾將求歌咏於當世之名能文辭者，以圖永其傳，可乎。曰，惡，文固末技，文雖工，君子視之如飄風好音之過耳，是焉足以傳遠。曰，吾欲以死守之。曰，噫，是則終子之身而止矣，公亡而松與井，亦隨而棄焉，則何益之有。曰，然則何以守之。曰，天地之間，物之長存而不朽者，不在於形色之末，有形色者，有時而盡，無形色者，愈久而不泯，知是理者，然後可以能守之矣。夫松之所貴者，節也，取其節而礪吾操。月之所貴者，明也，取其明而明吾德。水之所貴者，清也，取其清而清吾性。則松萎，而吾之節未嘗萎也。月虧，而吾之明未嘗虧也。井廢，而吾之清未嘗廢也。公以是自勉，又以是傳子傳孫，而世世勿失，則其於善守是也蓋庶幾乎。雙湖公曰，善。敢不敬承，請書以爲記。

（录自《鵝溪遺稾》卷之三雜著）

松月軒重新記

鄭 琢

雙湖公南仲素，世居京師。歲壬辰，值倭亂，舉室而西。及京師已復，雙湖公亦還舊居。余因亂相阻久，一日，訪公于其第。公設榻爲坐，敍寒暄後。先及松月軒之事曰，堂之傍，曾有一軒，松月其扁也。方寇亂之興也，干戈糜爛，長安殘破，松月軒亦無有餘存，而獨有老松，舊蔥偃蹇[1]，翠葆青幢，不改前度。有月出山，來照松間，玲瓏璀璨，猶是舊光。吾當鳩材伐茅，仍舊

---

1 委曲宛转的样子，或指偃卧。

基而新之，公其爲我記之。余於是，有所感矣。夫貫四序而長青者，松也。歷萬劫而恒明者，月也。有時後凋，而長青不變焉。有時盈虧，而恒明不改焉。長青而不變者，近乎節，君子以自勵其節。恒明而不改者，比乎德，君子以自明其德。目擊道存，意思一般，必援二物，而爲扁者，其不以此乎。且夫月是太陰，配於太陽。圓缺明暗，自有常度，固不與人事而同其廢興矣。松則植物，一遇世亂，宜與林林總總者，一切摧敗，不得以獨免，而尙能無恙，此非人力之所及，豈天默佑於冥冥，別加撝呵，永錫有道者之家耶。嗚呼。月則一任諸天，松亦有天之佑，槪皆無待於人事，今人事之所當爲者，唯在重新舊軒而已，此固在我人事之不可不盡者也。公能新之，舊軒一新，松月重光，二物相宜，聚勝於一軒，而公兼有之，此蓋造物者之無盡藏也。雖千駟萬鍾之榮，亦不足冒擬。公其勉哉。噫。當春發生，萬木敷榮。蒼髥赤甲，獨自儼毅。入秋搖落，百卉俱腓。盤根錯節，獨自磅礡。夏而得風，則笙簧自發。冬而得雪，則厲操愈堅。而唯彼碾破靑天，三五一圓。淸景徧滿，世界玉京，此固十分好的[1]。其在餘夜，如鉤如弦，如片鏡如半輪。雖有損益，而各有光景。此是松月之大槪也，一軒所有，無不宜之。公且復以琴書圖書，朝夕于斯。偃仰屈伸，唯意是適，以之而養吾形骸，以之而順吾性情。由是而始，由是而終，一段淸福，曠世無比。三淸十洲，白雲黃鶴，未應不在於此，何必飄飄遺世，長往不返，然後乃可謂之眞仙也哉。公曰唯，遂書其語，而爲之記云。萬曆己亥仲夏下浣。

　　雙湖公，吾老友也。天性夷曠，聞道甚早。平生喜怒不形於色，未嘗以外累嬰其心，以賢德見選于朝。官至三品，非其志也。今已年近八十，童顏鶴髮，識者奇之。有上國人一見其貌，

1　"的"表示"目标""对象"的意思，这里指代月亮。

深加敬重。嗚呼。知我者，莫如雙湖公。知雙湖公者，亦莫如我。相與愛慕，終始不渝，而請記新軒，意且珍重，不可以不文辭。會聞鵝相爲雙湖公，已嘗草出，謹求其本，奉讀再三。措語縝密，盛水不漏，下字不苟，深有典刑，至如松之久近，軒之廢興，雙湖公世守不替之實，一記盡之。固無餘蘊，更何容贅，故余於斯軒，只揭其近年所及若干說話，及拈出自家別段意見。構以爲辭，以擴鵝相言外未發之旨，以續其記文之後，庶以不負雙湖公繾綣[1]之意云耳。觀者貰之。

（录自《藥圃先生文集》卷之三記）

金塲官宅竹軒記

柳方善

永川之地宜竹，人家大抵多栽植之，或以爲亭榭，或以爲藩籬，舉邑皆然，而未必深知竹之爲竹也。前塲官金君永之，士族也，性愛竹，自解官之後，退臥鄉山，不求聞達。卜地於二水之南，作軒于寢室之東，種竹於其軒之旁，以爲宴息之所，名之曰竹軒。夫竹之爲物，貫四時而不變，超百草而獨存。貞足以醫俗，健足以起懦。冬宜雪寒聲灑窗，夏宜風涼氣滿榻。煙霏冥濛，髣髴瀟湘之在目。星月照耀，爽然如仙境之融神。至於哦詩而逸興以增，對賓而高談轉淸者，是皆竹軒之所助也。世固以桃李與蓮荷爲春夏之美賞，以菊與梅爲秋冬之勝翫，往往不以竹爲貴也。蓋桃李與蓮荷，其爲花也富貴焉。宜菊與梅均是花也，風詠焉重。孰知竹之直而不華，苦而不俗，寒暑一節，古今一色，可近觀而不可須臾離也耶。世人徒愛其風姿之

1　难舍难分。

美麗，露萼之氤氲，而不知其暗誘侈心[1]，潛滋[2]邪志，使人淪於流蕩荒淫之地也。噫。若竹則不然，見之而鄙吝消，化之而士行勵。雨露不能以增其華，風霜不能以易其節。但無紅紫之眩耀，馨香之薰蒸，故人鮮能知愛。譬猶小人之於人，令其顏色，阿其言辭，卽之溫然，故人之附之也衆。君子之於人，正其衣冠，尊其瞻視，望之儼然，故人之歸之也寡。宜乎竹之愛少矣，今子獨能愛而種之軒墀之間，日夕相對，吟哦性情，蕩滌邪穢，其胷[3]中涇渭，固已辨矣。必將效其節，事君而不變其忠，事親而不變其孝，國有道不變塞焉，國無道不變所守焉，其深知竹之可愛而愛之也。僕之南竄[4]也，幸一往觀而高之，不揆文拙而爲之記，以扁其軒云。

（录自《東文選》卷之八十一記）

翠筠軒記

成　俔[5]

余幼時，嘗讀雪堂詩，怪其言之大徑庭也。凡人無肉則不飽，不飽則不肥，不肥則氣漸疲薾，終至於死矣。而乃曰，可使食無肉，不可居無竹，是則養生之芻豢，反不如目前之戲翫也。迨余年已老，多涉世故，然後知古人之論不可及也。人皆知養口腹爲可以得生，而不知養心志以保其身。心苟俗而志苟鄙矣，則雖生而無益於世，此雪堂所以愛竹之意也。非徒雪堂，古今達人莫不皆然。然則竹何裨於人耶？扶疎蕭散，則君子取之，

1　奢侈之心，恣肆之心。
2　形容暗暗地、不知不觉地生长。
3　同“胸”。
4　同“竄”。
5　成俔（1439—1504），朝鲜时代前期学者。

以脫塵垢，心虛節直，則君子取之，坦懷而無容私，貫冬夏獨也靑，則君子取之，守介操而不變。至如烟消霜葉，篩金戞玉，凡可以悅耳目淸心慮者非一，則不可一日無此君也固矣。

我從叔子正氏，居淸州元佐山下，開軒種竹，以翠筠名之。日偃息其間，翛[1]然若遺外聲利而不知厭。雖才名與雪堂不同，其心志則未嘗有異也。如中州富人之家，出則冒暑雨遵隴畝，入則執牙籌[2]計財穀，孜孜爲利，死而後已。是皆養其小者，宜見笑於養其大者也。余曩奉使命，過州境，望叔第於斷壠之間，而馴騎催急，未得往。今者又以護材，入侍鑾坡[3]，與雲林烟樹相違，則雖欲坐叔之軒，看叔之竹，其可得乎？然余與叔，同桑谷後裔也。見其淸儀，難以文拙辭，僅綴蕪語而告之。

（录自《虛白堂文集》卷之三記）

碧桂軒記

曹兟燮

中國之南，多產桂。其材則等漆，其性則配薑，其佳麗與荷花而並稱，其水土之感、精英之聚，含蓄發洩而爲此也。而衡、湘、閩、浙之間，山水之名，類多取是，故其江曰桂江，山曰桂嶺。

吾南固東土之衡、浙也。吾州之東，有山焉曰桂，凡今之過而問之者，欲求其產而不可得，得於其人焉，曰處士金公。公之世，自先正文敬公，以道學爲吾林根柢。雖其遭時不幸，乃見摧折，然貞剛之性，通塞不變，遺芬賸[4]馥，千古而未沫。公以屢世之支，承英襲芳，晚暮而不衰。蓋將老焉，名其所居曰碧桂之軒，

1　音 xiāo，翛然：无拘无束貌，超脱貌。
2　象牙或骨、角制的计数算筹。
3　唐德宗时，尝移学士院于金銮殿旁的金銮坡上，后遂以銮坡为翰林院的别称。
4　音 shèng，同“剩”。

間嘗命予以記其說。

予惟桂之爲物，常在於炎方僻邑窮深荒遠之域，而騷人遷客之所賦詠、幽士逸民之所攀援，亦每於此多焉。至於洛陽之牧丹、成都之海棠、河陽之桃李，其繁華富麗，爲侯公貴遊之所愛，非不美且盛也。然論卉木之德者，與彼而不與此，何哉？

物之榮於春者，凡物也，一朝而值天時之變，則不支矣。今夫桂者，春之所不能榮，而方其時人之見者，視凡物，若不及也。及夫秋風爲霜，衆芳始萎，彼桃李、海棠、牧丹者，皆已摧敗搖零，無復遺華矣。而桂於是乎始榮，故其德性之剛、材用之美，常卉庶木莫得而尚也。而公之今日，乃以此自托焉，則其志豈少而其望豈近耶？

吾聞之，根深者實茂。今公之有志於晚節既如此，而諸孫之在列者，皆循循有法度，其栽固可培矣。請以是說者，溉而壅[1]之，其實之收也，庶幾在此乎！吾將望南山而歌《招隱操》一闋矣。

（录自《巖棲集》卷之二十二記）

蕉軒小記

奇宇萬

金君相基挾書過余，及秋將歸，以其大人蕉軒求爲文。余問君大人軒前有蕉乎。曰大人手植一本。此大人之軒必以蕉也。余謂此有形之蕉也。古人有種蕉萬本者，以有形而爲蕉，則萬爲多而一爲少。若舍形而爲蕉，則萬本未爲多而一本未爲少。橫渠先生咏蕉有詩，以新枝新葉，況新心新知，吾未知橫渠牕前果有蕉否，既得其新心新知，則雖無蕉可也。吾知君大人借

---

1 音 yōng，堵塞。壅土，把土或肥料培在植物的根上。

有形之蕉，說出無形之蕉，而以新心新知勉其子，爲子者果能不負其大人勸勉之意，而使其大人保爲蕉軒主人乎。吾願蕉軒柱面，書揭橫渠咏蕉詩，而座隅又書湯[1]之盤銘，使兒孫輩定省出入，以爲常目之資，則遺謨在此。而彼有形之蕉，不過爲虛殼子耳。

（录自《松沙先生文集》卷之二十記）

亭亭潑潑軒記

曹兢燮

　　鄭寢郎致一作亭於香江之上，余名之曰漱香亭。其西偏曲而爲樓，以臨小池，池以種蓮而畜魚，余又以亭亭潑潑軒名之，致一請余爲記。余姑捨亭而記其軒曰，香江之源，發自德裕，逶迤百餘里至此，其涵泓演漾晴沙白石曠遠之觀，固斯亭之所占以爲勝者。乃若亭中之池，其大不過半畝，疏泉而注之，止而不流，誠無足爲勝觀。然其所種所畜，乃天地菁華生動之物，聖賢所寓愛而察理者則非可以其小而易之者也。想致一之居是亭也，賓朋之華琴酒之讌，夜以繼日，所以適耳目而娛心志者備矣。然斯皆樂之在外者爾，時一登樓而俯眺則彼亭亭者全身造化，潑潑者滿眼天機，於以洗滌胸中之滓穢，體驗理境之眞妙者，未必不賢於對長江之遼濶，縱目快意而止也。因以啓述聖元公之書，潛心默玩，邂逅發悟，則斯亭也遂爲道中之物，又奚止於楊花燕子富貴之相而已哉。余竊爲致一望焉。

（录自《嚴棲集》卷之二十二記）

1　商汤，商朝的创建者。《大学》汤之《盘铭》中曰："苟日新，日日新，又日新。"

琴鶴軒記

金允植

順天古稱富麗，有秔稻魚鹽之美，橘柚竹箭之饒，山水樓臺之勝，邑人稱之曰小江南。夫江南固佳麗之區，然去中州踔遠，風土異常。江北宦遊之士，每多失志遷逐，羈旅愁苦，以道其不平之懷，江南雖佳，未足爲樂。

余以久在內無補，思欲得一郡以自效犬馬。戊午冬，忝[1]守是邑，才疎慮短，困於劇務，爲官三年，簿牒稍閒。聽事之後，舊有翠竹、碧梧、紫薇、山茶之屬。余爲鑿小池，增植花卉，日夕與賓從嘯詠於其間。於是內無苦楚之意，外得優閒之趣，妻孥欣欣在官如家。其視江南遷客遇境悲愁，果何如也？但念政惠未有所加，昔之富麗者，舉皆失業凋殘。太守知江南之樂，而不知江南之苦。百姓知江南之苦，而不知江南之樂。樂則同其樂，苦則同其苦，此賢太守之事，非余之所可及也。

哲宗庚申夏，余省晦隱從兄于順天之琴鶴軒，未幾任滿隨歸。今公遊岱已久，而余以知府重登斯軒，陳跡森羅，觸目傷感。昌黎詩云"憶作兒童隨伯氏，南來今只一身存。目前百口還相逐，舊事無人可共論"者，正爲余今日道也。遂誦公所作《琴鶴軒記》，刻而揭之，日夕寓目。屈指星霜，居然爲二十二年，而異鄉對床之樂，宛然如昨日也。辛巳仲夏。

（录自《雲養集》卷之十記）

1　音 tiǎn，愧对，愧于进行某事。

雙翠軒記

崔　豈

今首相朴公，卽私第廳事[1]之南，樹二松於庭，竝高可尋丈，自身以下，柯葉不附，而盤偃於頂如蓋形。不容好事者施其巧思，牽縛彎曲，而奇則過之。且是松也，取之巖縫石罅[2]，不與生於肥壤者類，氣古而色澹，使人不可褻玩，而獨可愛焉。相公爲是名其廳事曰雙翠軒，命豈記。豈退則與客計所以爲相公道者，客曰，古人多愛松，有庭院皆植而聽其風者，有爲三逕主人而撫以盤桓者。言未已，則曰，若是者，愛痼於物，非所以道相公也。夫愛痼於物者，如王子猷愛竹，不能一日而無，蘇子瞻因去，無竹令人俗，物固有一日不可無者，而人固待物而俗不耶。曰，松可愛，豈徒哉。記取其貫四時，而語美其後歲寒，相公之志尙宜同，而培養之久，則有棟梁之用，豈不復與相公事業幾耶。曰，若是者信美矣。然君子之志尙，大人之事業，自有其眞焉，未聞必取物之似者而留我靈臺也。如仁者樂山，智者樂水，亦適遇而融會焉耳，豈待此爲樂耶，恐亦未足以道相公也。曰，然則相公之愛賞夫松也，外而非內耶。曰，然，然則相公何至名軒，而松果無以發趣耶。曰，是又不然，而又難言也。今之好樹松者多矣，終日對之軒除之間，有能終日賞松者乎。其進取之誘於名，營爲之役於利，不離席而心已夢，終日之間，自暇者希矣。雖有松惡，得而賞諸，獨位極人臣，則志願已足。若宜與彼異者然，或仰思於迎合，俯慮於締固，而患失之心，嚚然[3]其未已，則終日之間，暇亦少矣。雖有松惡，得而賞諸，惟我相公侍帷幄則

1　官衙。
2　音 xià，裂隙。
3　闲适貌。《尔雅·释言》"闲也"；晋郭璞注：闲暇也。

赤誠納誨，居廊廟則至公裁物，退而燕處，其心如水，終日之間，蓋無事矣。泊然一堂，自圖書外，顧眄所及，惟二松在焉。夫其貞秀之姿，靜佳之色，疏疏之韻，密密之陰，得煙雨也，得風日也，得雪與月也，無不相助爲奇。入目而不厭，過耳而不煩，此相公所常愛賞夫松。而客所一二稱引者，與在其中，逢之左古，然亦何嘗痼¹於物，累於靈臺也哉。吾故曰外而非內，然比之夫人愛之而有所不暇者，則其發趣孰多也耶。周文王有池臺鳥獸之樂²，而孟子爲梁惠王言，賢者而後樂此，不賢者雖有此不樂，可謂知言矣。然以文王爲誠樂於池臺鳥獸則不可，而能樂夫池臺鳥獸者，必文王而後得也。今相公之於松也，類是矣，其以之名軒，不亦宜耶。客曰，唯唯。遂書以獻，爲雙翠軒記。

（录自《簡易文集》卷之二記）

獨翠軒記

李　漢

　　出國西門，迆³走五百有餘弓，井落相連，人煙不絕，若櫛比鱗次，閻閻⁴在目。最後得一草軒於藂薄密翳中，非諦視⁵未始知有軒在也。既造軒，衆柯繁陰，離立列植庭階之下，而孤松間焉，非諦視亦未始知有松在也。主人久要⁶也，人也外怡內守，惟知其深者，知其爲可人。一日爲余道名軒之義曰何如。余謂凡天下之數，萬物之情，必多者占其分數，彼方埋沒於林林，莫之

1　长期养成的不易改掉的癖好。
2　周文王建灵台、灵沼、灵囿。周文王距今约三千多年前修建灵台的同时，引注沣水以建灵沼（养鱼、龟之处），灵囿（养鹿等动物之处）。
3　同"迤"。
4　盛貌，繁盛。
5　仔细察看。
6　旧交。

有別，奚以松爲。主人曰不然。子姑須之 [1]，至風饕氣砭，霜霰交集，榮者悴茂者萎，向之綠縟而蔥蘢者，無不摧敗搖落，然後方始見吾獨翠。子姑須之，余仍而解之曰君子表微，見於未彰，既暴而方說，衆人識也。仁者謂仁，智者謂智，百姓日用而不知，故道無乎不在，惟有心者得之。今循其言究其情，所爲名可知。比之驥混衆蹄，伯樂取之，良玉未剖，楚卜獨覬，特繫所觀之如何耳。遂錄之爲獨翠軒記。

（录自《星湖先生全集》卷之五十三記）

檀軒記

李　瀷

蒼生而戴旻天，臣下而仰仁君，子孫而不忘賢祖一也。人本於父，父之所本又在祖，無祖無此身矣。夫有貽以萬金之寶，將感惠也無窮，然倉卒危難，舍物而存身，身不啻重於寶矣。又或扶持而得安，需供說樂，吹噓汲引，成名成功，必思所以報謝，沒身不置。今以萬金不易之身，受生于祖，傳世彌久，垂蔭益遠。安其軀利其生，爲名家顯閥，有才者彰，遇時以達，各自輝暎。勢若因風而呼者，其爲恩也果何如也。惟我李自我曾王考貳相公之宅于貞陵之洞，人目爲貞洞之李，世多賢才，簪組不絕，亦能佩持遺訓。不失大家風裁者，莫非吾先祖樹業貽謀 [2] 之餘韻也，其可忘乎。凡人之於所愛慕之甚也，必將亟趨而求觀，或不及焉則又必咨嗟嚮想，躑躅不能去。至其行坐憩舍，與夫酗戲咳唾之餘，莫不徘徊顧戀。若或可見，今貞陵宅者，寔先祖平生所嘗起居燕處于是。宗人以時集合，泝 [3] 回庭階，必

1　姑且等着看结果；须：等待。
2　父祖对子孙的训诲。
3　同"溯"。

曰吾先祖杖屨所及，扳撫欄檻，必曰吾先祖手澤所留。巾衍之遺器尙在，林園之封植宛然，雖欲忘得乎。北階有樹三株，一檀，其二皮深赤無香，俗稱赤木，亦壇之別種。傳言當時自盆盎中移植，今百有三十年。而柯葉益繁，如盤虬結螭，滿庭清陰矣。於戲，此亦可以識也，遂名其軒曰檀。軒之創不知何歲，而先祖捐價以得之在萬曆戊申，距未樹檀二年云爾。

（录自《星湖先生全集》卷之五十三記）

梅軒記

卞季良[1]

　　昔余旣成童，爲學徒成均[2]，有生員曰中慮者，講經著文，擅名館中。而一時縫掖之士[3]，皆自以爲莫及焉。余亦目其貌，耳其言，而得其爲人也。余心之矣，自是與之善焉，到今五六載不渝也。一日，中慮告余曰，吾以梅署吾軒，將以求詠歌諸友而未果。子之知我也深矣，善我也久矣，盍亦記吾軒以爲詠歌之端乎，余以從遊之久而不獲已。乃言曰，夫梅亦一花木也，凡花木之華於春夏，摧折於寒沍[4]。固自有不得不然者矣，開落榮瘁，盈天地之間者皆是。而梅也獨欺春耐寒，粲然生白於萬物未生之前焉。其先得天地一陽生意之動者，而信非群木比矣，是以古之詞人高士多愛之者。中慮之署其軒，其亦是之取歟。中慮爲人，慷慨不群，善吟詩，其方寸之間，灑落無一點塵，蓋清乎清者也。梅軒之扁，其不相稱矣乎。至若風香浮動，月影婆娑，中慮倚軒而坐，手執周易一卷，翫復之卦辭。其有心

1　卞季良（1369—1430），朝鲜时代前期文臣。
2　成均馆。
3　穿着宽袍大袖衣服的人，指读书人或官吏富豪。
4　寒气凝结，谓极为寒冷。

感發於所天，而有得於梅者，夫豈筆舌所能盡哉。抑他日坐于廟堂，調和於羹，其亦自得於復之辭者推之耳，中慮其察之。

（录自《春亭先生文集》卷之五記）

梅軒記

丁希孟[1]

龍山有九曲，第七曲之洞，宅幽而勢阻，泉甘而土肥，依如盤谷。然乙丑秋，使僧可義幹其營造之事，構成草堂五六間。冬則溫，夏則涼，可盤旋也。軒下庭中植數株梅，因以梅扁其軒。夫梅亦一花木也，而先得天地一陽生意之動，粲然生白於萬物未生之前，而獨凌霜耐雪，信非凡卉之可比矣。是以古之高人韻士多愛之者，吾之扁其軒，其亦以是之取歟。若乃風來而暗香浮動，月出而疎影婆娑，黃冠野服，倚軒而坐，吟詩舒嘯。世慮消遣，胷中灑落，無一点塵累。則梅軒之扁，不亦可乎，是爲之記。

（录自《善養亭文集》卷之三記）

和順東軒記

李　植

昔漢朱邑，自桐鄉吏，著廉名積，官至大司農，爲漢名臣，及病且死，遺命葬桐鄉，以爲民必奉嘗我，後卒如其言云。德水子曰，朱仲卿，循吏也，然未聞道也。夫治民而使民不能忘，是伯者效也。死又以俎豆煩其民，其於道也遠矣。吾友東萊鄭

1　丁希孟（1536—1596），朝鲜时代中期义兵将帅。

君則，宰烏城垂十考，清淨不擾，幾與百姓相忘，而治常爲湖南最，上下書褒美，一縣榮之。君則慊然若無與也，顧嘗卽其衙館之東，拓爲小軒。前俯小郊，淸川映帶，北對萬年山，蒼壁竦峙，瑞石諸峯，環列其外。軒前後竹篠敷綠，叢梅交映。君幅巾烏几，嘯詠其間。嘗謂賓友曰，吾滯官于茲，無勞績可紀，惟是溪山之秀，風日之美，乃余所以久留而不厭也。後之人，有能會余之心而追余之樂者，苟無廢斯軒足矣。嗟呼。君子之好尙，當如是也，其高情逸韻，豈組綬鈴牒所能係縛，而比之仲卿區區求食桐鄉者，可異日道也。烏城地僻俗淳，士民服君教訓有素，他日瞻峴首之石，表尹公之亭，以思詠公之遺德於斯軒，亦可卜也。

（录自《澤堂先生別集》卷之五記）

六一軒記

鄭 逑[1]

　　六一翁，旣以六一名其軒，而居而樂之者且十年矣，一日求余記。余以爲翁之六一，取古之六一也，所以爲六一。則又自不同，異乎翁之爲六一也，何不以古之六一爲六一，而自以其六一乎哉。豈有慕於屈子之夕餐，靖節之盤桓，子猷之看，和靖之詠，與夫周夫子之獨愛者，而參之以居士之一翁乎。然則所取者雖不同，而所以得意於五物，而自以樂且適焉，則蓋未始不同其所同矣。噫。翁之託爲幽貞之契，而資以待老焉者，誠非偶然。而軒裳珪組之勞，又不于翁之形，其爲趣味之深，又孰與古之六一哉。想翁之處斯軒也，翛然獨坐，寓意黃卷，其必有得味於人所不味之樂。不待外物之相助，而時又獨

1　鄭逑（1543—1620），朝鮮时代文臣兼学者。

酌，時又獨步。悠然同我襟期者，唯有東籬粲然，冬嶺偃蹇，疏影橫斜，清陰婆娑。而復有出乎淤泥，而清香遠播，各一其性，自全其天。而相與環繞乎一軒，俯仰目擊，實有汋然而相值，茫然而不違者，一原無間之理，此亦足徵。而樂而玩之，足以終吾身而不厭，外此而其復有慕焉者乎。古之所欲，而恨不得極焉者，翁則初無所願慕，而享之有餘，不待與容問答，亦不煩握手之笑矣。是知名不嫌於古今之同義，自殊於所性之適，而唯閑者而後眞能樂此，則翁之不遇，豈不爲五者之所遇乎。夫如是焉，而謂之人不相及者，吾不信也，此翁之所自以爲六一者，而不可爲不知者道也。余嘗入翁之軒，觀夫所謂六一者，以謂某與某也，歲寒而不變，某也，有霜下雪中之操，某也，清水以濯之，可敬而不可褻也，某也，矜式乎五者，而日勉焉其進而不已者也。夫然則六一者，其亦以爲知己之遇乎哉。余亦有園矣，月下黃昏，暗香動百，園上三逕，得以時理，而又將開塘，移玉井之舊植，喜翁之所樂與之相合也，樂爲翁道焉。翁方欲自晦，故不露其姓字，亦不斥五者之名，亦不標月日焉，所以助翁之隱德也。淒風帶霜，黃芬滿階，淵上芊茨，獨掃枯葉，煎茶而自酌者，是余爲記之時也，余之爲某，亦不必自著云。

（录自《寒岡先生文集》卷之十記）

書香墨味閣記

丁若鏞

政堂旣成。董事者告之曰木石有餘，何所處之，取土成坑，何以塡之。余曰城復于隍，以取土也，因塹爲濠，以其便也。汝其因坑爲池，石以砌之，以其餘材，臨池爲閣，將以處子弟也。閣既成，召二子而告之曰，不肖子弟，隨父兄之官者，唯色與食，是溺是嗜，親近脂粉而嗅其香澤，飫厭膏粱而玩其旨味，如是者冢而已矣。池閣既成，汝其居之。我之來也，載書二車，汝其庋[1]之。攜有顏米諸帖，汝其臨之。書之有香，汝其嗅之。墨之有味，汝其玩之。於是名其閣曰書香墨味。池邊多植花木，以助書香，壁上徧題行書澹畫，以助墨味，書其所與語者以爲記。

（录自《定本與猶堂全書》卷之十四記）

清淸閣記

金昌協

洞陰縣之東北，爲白雲山。其峰嶺高峻，澗谷阻奧，而水泉尤清駛，皆以白礫素砥爲底。山之產，多嘉木美材，又多五鬣之松。三椏之參，馬尾之當歸，獸形之茯苓，松芝石茸山芥諸服餌之物。緣山麓數十里，高原邃谷，茂林平川，大率皆可家。以其壤瘠而田下也，居民鮮少，往往草屋八九家。煙火裁屬，巖耕谷汲，生事蕭然。雖雅意林壑者，亦樂其幽勝，而病其荒落，卒莫能就而家焉。以故山水雖佳，而園池亭臺之觀，闕焉。吾友李君季愚，少從其婦家。家于山南燕谷里，既又卽其居之旁，爲藏書延賓之閣，而名之曰清清。自李君之閣成，而山氓野叟，無不就觀驚異，行旅之過者，亦皆顧望躊躇，疑以爲神仙之居。余雖未及登其上，而久已想像其勝。間始一往，從君俯仰移日，然後益知其名之稱也。閣凡九楹，涼軒燠室，繚以欄楯，戶牖明潔，莞簟瀟洒。流水周於堂下，奇石峙於簷隅。清池古柳，蒒椮[2]幽

1　放置，保存。
2　音 sháo sēn，草木茂盛貌。

爽。盛暑亭午，風氣瀏然。君則角巾布袍，從容其間。日灑掃焚香，諷書哦詩。其倦也則曳杖徐行，澆花種樹，仰觀山而俯濯泉。蓋終日蕭然淡然，無一俗務塵冗，是其境與事，可謂兩清，而閣之得名也宜哉。雖然，境者，外物也，事者，粗迹也。徇乎境則貪外而忘內，滯於事則得粗而遺精，以是而爲清，非清之至也。余觀君爲人，沖素澹泊，恬於勢利。雖生於紈綺琼璜[1]之族，而其容貌如野鶴，氣韻如幽蘭，固亦濁世之清士也。誠能不以是自足，而益以道義自濯磨，問學而達昭曠之原，操存而養虛明之體，使物累盪滌而胸懷灑落。眞如延平之氷壺秋月，則斯可謂天下之至清。而於以居此閣也，無愧矣。君之所以名閣者，意其在此乎。意其在此乎，然不但曰清而已，而必重複其辭者，其亦致丁寧之深意也歟。或謂君之名閣，實本於稚川詩語矣。今之推之也，得無近於郢之書燕之說乎。曰，不然也。古人之引詩也，固亦不必其本旨，而惟吾意之所取。是以文王之雅曰，穆穆文王，於緝熙敬止。止者，語辭耳，而曾氏借之以明聖人之止。烈文之頌曰，不顯維德，百辟其刑之。不顯者，顯也，而子思用之，反爲幽玄[2]之義。今夫稚川之詩，而李君之取之也，殆此類耳。不然則自洞陰而之風珮，自風珮而之清清，其取義也。無乃太遠而不近，已晦而難明乎。余故略此而推其說如是，借曰非李君之本意，亦必犁然有當而莞爾而笑也。辛未歸餘之小望，農巖迂氓，記。

（录自《農巖集》卷之二十四記）

1　紈綺：富貴人家；琼璜：比喻德才或文辞之美。
2　①幽深玄妙；②谓玄虚的释道哲理。《周书·武帝纪上》："至道弘深，混成无际，体色空有，理极幽玄。"

浮萍閣記

洪奭周

閣以浮萍名，居水中也。水環而爲池，廣袤僅十許畆。池西可數十武，爲觀察使營，觀察使領東方二十六邑。左鉅[1]海而前大江，擁名嶽而縮絕峽，瓌麗殊絕，浩渺之觀，甲於一國。而浮萍閣猶能以名勝，聞於其間云。閣之建，在崇禎己卯，白洲李公實經始之。厥後垂二百年，葢再葺而三圮矣。我伯父東按之三歲，政清而民安，迺[2]循觀茲閣。喟然而嘆曰，斯古名公之遺蹟也，可無繕乎。於是捐俸以圖之，不役民不費官，不引日而閣告新，丹雘不施，土木不雕。葢不出庭戶，不動車馬，而坐獲湖山之勝。旣成之翌月，以書命小子奭周曰，記之。奭周聞古之爲官府者，旣有高堂正衙。東房西室，聽事之軒，延賓之舘，以蒞政而講禮。又必有園囿，池沼，曲榭，別觀登臨遊息之所，以舒其湮欝[3]，以平其忸怓[4]，然後氣暢而神愉，氣暢則喜怒不乖而疾病不作，神愉則謀慮不爽而施措不愆，於以平其民而和其政也，亦必賴之。雖然，地僻則妨務，道遠則煩人，侈觀則傷財而勞民，宜吾伯父獨有取於茲閣也。吾伯父春秋巡部，嘗再至海上，望見天地之所際畔，日月之所出入，視蛟龍鯨鼉[5]之滅沒於其中者，猶醯[6]鷄也，及歸而登茲閣臨茲水，猶欣然樂之而不以爲小。夫不以大而廢小，不驚遠而忽近者，君子之所用心也。嗚呼。斯亦可以觀爲政之道歟。

（录自《淵泉先生文集》卷之十九記）

---

1 同"距"。
2 "迺"的讹误，音 nǎi，同"乃"。
3 音 yù，同"郁"。湮：塞也，《广韵》《集韵》没水中也。
4 音 zhān chì，烦乱不安。
5 音 tuó，爬行动物，亦称扬子鳄、鼍龙、猪婆龙。
6 醯，音 xī。醯鸡，即蠛蠓，古人以为是酒醋上的白霉变的。

重修浮萍閣記

吳道一[1]

　　原之客館之東，有閣曰浮萍，以閣在池中小島上故名，而
卽白洲李尙書按本道時所刱也。嶺之西十餘郡，原爲名邑。山
川襟抱，明麗周遭，而邑無亭樹臨眺之所，此玆閣之所以刱歟。
閣之體制，雖不甚宏巨，處地幽而眼界敞，林木繚繞，池沼環之，
頗以爽塏[2]稱。歲庚申，余佐幕于玆。壬戌，以守禦戎幕來。甲
子，以僊槎[3]令來。登玆閣者，蓋非一二，而歲久不修，丹艧漫漶，
猶不至甚頹圮。輒憑欄吟嘯，樂而翫之，別來十有餘年。荷香月色，
時往來于懷。今幸按節重來，而樑棟撓折，戶牖破缺，陂池堙
塞，蓬蒿翳薈，鞠爲一荒墟也。余病之，語原之守鄭侯愉可叔曰，
玆閣也卽白洲公之所刱，而其風流勝蹟，至今在人耳目，且也
邑之可以宴賓僚暢幽悁者，惟玆閣在，而蕪廢至此，此固前後
吏于玆者之恥，而況可叔雅以文雅稱，宜不以俗吏自待，則其
可恥也，在吾可叔爲尤大焉。可叔聞余言，有憮然色。屬余東
巡列邑而廻也，可叔迎我於楓嶽。語余曰，浮萍閣重理矣，盍
爲記以賁飾之，余欣然許可。歸而見之，向之漫漶者鮮麗，撓
折者繕完，居然輪焉奐焉，而紗籠舊什，重揭楣間，咸燦然改觀焉。
翳薈者剗鋤之，堙塞者疏拓之，池紋潋灩而新荷已出水田田矣，
非可叔雅有勝情素著才諝，何能神且速若是乎。每於簿領餘暇，
觴於斯詠於斯，披襟而納鳳川之泠風，卷幔而邀雉嶽之霽月，
時或俯瞰漣漪，坐數游魚。則不出戶庭之外，渺然有江湖千里
之想，皆足以洗滌煩鬱，撥除幽憂。可叔之賜，誠大矣。噫，
余於此，抑有感焉。物之興廢，莫非有待而然。前後握節於玆，

1　吳道一（1645—1703），朝鮮时代后期文臣。
2　音 kǎi，同"塏"。爽塏：高爽干燥之地。
3　音 xiān chá，神话中能往来于海上和天河之间的竹木筏。见张华《博物志》。

佩符於茲者凡幾人，而茲閣也始刱者，白洲公也。重修於五十有餘年者，可叔，而蓋由余一言以啓發之。白洲公，以文章鳴一世，余讞[1]劣，雖不敢侔擬[2]前人，頗以嚘唥[3]爲事，亦嘗忝齒文苑，可叔雖以蔭發迹，自少有能詩聲。古稱地之勝人重之者，白洲公之謂。而余與可叔，亦與有榮焉。遂書此爲浮萍閣記。

（录自《西坡集》卷之十七記）

1　音 jiǎn，浅薄。《史记·李斯列传》中曰："能薄而材讞。"
2　音 móu nǐ，类似、相同、拟、比。
3　音 án lòng，鸟声。

【樓·臺】编

黃州月波樓記

丁若鏞

　　東國之稱月波亭者三，余得而盡見之。一在嶺南之洛東，余嘗由晉州赴醴泉得登斯亭，然時當晝日，但見川華歷歷。一在露梁之西，余嘗與權李諸人，汎舟斯亭之下而觀月波焉。一在黃州城東。己未春，詔使至，余以迎慰使赴黃州。適値月夜，波光瑩朗，知州趙公榮慶爲余具女樂酒饌，安岳郡守朴公載淳亦遣舞童四人，作黃昌之舞，奏抛毬之樂，以助余賞。余感二公之意，爲之燕游，且爲詩以詠其事。余惟月波之游三，其最不可忘者，洛東之月波也。何者。文酒雍容之趣，於露梁乎得之。聲色芬華之美，於黃州乎得之。然二者皆見其所謂月波者，獨於洛東。未卜其夜，不見其所謂月波者，斯吾於心不能忘，疑其有奇賞異觀，而余未之見也。由是觀之，人之有文采菁華之積於中者，唯醞藉包蓄而不輕示人，斯人之不能忘也。余以是自勉，歸而爲之記。

（录自《定本與猶堂全書》卷之十四記）

降仙樓記

鄭　逑

　　成州，乃松壤故國東明聖王之所都也。多古事異迹又土壤肥美山河險，固前史所傳國人所知宜爲關西之第一焉。而不可得者，直緣降仙有樓，而他不預言者，何哉。樓在東明館之西，沸流江之陽，直屹骨城之東南。不知㓹於何年，建於何人，亦何所取義而名焉。其以峯崎十二，而用楚王神女之古說云，則蓋荒矣。余觀夫斯樓也，前山相遠，不滿百步，而奇巖怪壑，峭蒨朧媚。水汪洋乎其間，而澄清渺瀰[1]，縈紆回繞。以出乎山之後，或滲透汨㵼，聲鳴若沸，於是焉而翬飛乎其上，顯敞瑰瑋。若與山而爭高，與水而爭麗，咫尺之間。神目莫定，四時之交，變態萬狀。飄飄乎不覺馭冷然而度閬風[2]，超汗漫而映雲天，世外奇賞，吾不得以議焉。評人間勝槩，而求瀟灑靚粧之觀，其復有右焉者乎。如是焉而壓倒一境之形勝者，實未爲過焉矣。神仙有無，眇茫而不可信，然古人多言之，吾又安知其必無也。岳陽之三入，華表之一遊，如不以誣焉，茲樓也而又不爲之一降乎哉。黃鶴留名，赤松有亭，則侈一樓之表德，期羽蓋之翩翩者，信有徵而非誇矣。況體勢之高明，結構之精緻，尤足以稱樓居之好焉者邪。夫既降而好之，則其必有留焉者矣，亦必有伴焉者矣，學焉者矣，心通焉者矣。所以樓之東，諸觀閣之競秀而爭雄者，名各有其意。而蓬萊者，非仙之所廬。玄虛玲瓏者，非仙之所適者邪。余又名樓之內楹曰集仙，德不孤，必有鄰。《易》稱盍簪[3]，《詩》詠伐木。朋來之樂，何至獨不然其于以留焉，則不于以集焉者乎。余安得親逢諸仙子之降且集而留焉，與之講參同，黃庭之微旨，且爲之學焉而伴焉邪。吾有俟而將佇見焉，然此間豈有仙者，如有之，吾遊於斯三年矣，尚未之一見乎。有焉而不吾見，吾又不信其爲仙也。仙豈有異形而別種，心清道通，胷次瑩淨，無物欲之累，則吾斯仙矣。捨吾之方寸，而別求所謂仙者，則吾不見其爲眞仙焉。吾於是而登臨乎茲焉，徙倚乎茲焉，其不爲之降仙樓乎。後之登此樓者，其

1　音 miǎo mí，亦作"渺弥"，水流旷远貌。

2　见东方朔《海内十洲记》，昆仑山一角称阆风巅。

3　音 hé zān，亦作"盍戠"，指朋友，后指士人聚会。《易·豫》"勿疑，朋盍簪"。王弼注："盍：合也；簪：疾也。"

不以仙之仙而求焉，而求諸吾本心之仙，則其庶幾乎。萬曆紀
元之二十七年歲在己亥臘月中旬後二日，清州養眞道人書。

（录自《寒岡先生文集》卷之十記）

浮碧樓記

成　倪

　　都之有樓臺，古也。以都邑之盛，而無觀覽之所，則無以
慰賓旅而宣湮鬱之懷。西都之勝甲海東，而樓之勝，又甲於西都。
出城數里，錦繡山牧丹峯之下，因崖竅構樓以遊，而名之曰浮
碧。謂其仰憑峯巒，俯挹江瀨，山光水色，嫩碧相映，而浮動
於空明中也。峯斷成崖，翠壁峥嵘，奇巖矗矗，支股緊葛而南蟠。
長城雉堞，隱現於雲林叢薄之間。澄江一帶，觸樓之下，燕尾
分爲二派，其中可居洲曰綾羅島，未數里復合爲一。溶漾演迤
如白虹，蜿蜒抱長城而流。南通碧海，潮汐往來。此樓得山谿
之勝也。近則平沙斷岸，籬落縱橫，楊柳連堤，桑柘蔭徑。與
夫風帆雨楫，沙禽水鳥下上而浮沈者，皆出乎履舄之下。遠則
平郊緬邈，田疇綺錯，茂林豐草，一望無際，遙岑群岫，如丫
如髻，點點脩姱。半露雲表者，皆在乎衽席之内。凡地之遠近高下，
壯大宏廓，可喜可翫。環樓之東南者，悉莫逃於眼界，至如林
花頹駮，樹陰綠縟。天高月白，霜雪縞積，而四時之景不同。
雲煙開斂，日月出沒，晦明變化，光彩絢爛，而朝暮之景不一。
探之無窮而討之不厭，雖有智者，不能窮其狀也。或飲者呼吸，
歌者激裂，吟者愁苦，射者揖讓，留連彷徨，徙倚而不能去。
雖古今豪傑，所遇之樂不同，而得之於目，寓之於心者，亦各
適其適也。余嘗三赴京師，再爲宣慰使，凡五過城中而登陟茲
樓亦非一也。歲乙巳，又以千秋進賀使到此。時監司朴公楗，

庶尹安君璿，判官鄭君叔墩來迓舟中。仰指樓崖，執盞謂余言曰，高句麗三壤皆大邑，而惟此平壤爲最阜，檀君之所起，東明之所居，九梯宮之基，卽今之永明寺，嵒窟深而獬馬不返。石出江心，而朝天馬跡如舊。青雲白雲東西有橋，而仙馭之遊已遠。其神蹤誕蹟，恍惚難信，箕子以九疇[1]之學，設八條之教[2]。人知禮義，俗尙敬讓，流風遺韻，猶有存者。高麗置爲西京，以備巡幸。五百年文物之縟，至于今不替。世廟來巡，駐蹕[3]登御，設科取士，親揮膚藻。炳炳琅琅，耀人耳目者，垂後世而不刊。然則都邑之雄，城郭之壯，閭閻之殷，非如羅濟之遺墟也。每歲赴京大臣與夫中華之士，往來而不絕，必登此樓。樓久不葺，棟宇將頹，擬欲改營而侈美之，於君意何如。明年丙午，朴公見遞[4]，而余來代之。因朴公規模，鳩財傔[5]功，閱數月而告成。又作長廡數間以翼其下，郎僚有室，泡湢有處。樓之制作，極壯無比，於是因客之至，大張絲竹而落之，遂書形勝事蹟而鋪敍之。丁未仲秋，觀察使成俔，記。

（录自《虛白堂文集》卷之三記）

浮碧樓記

洪敬謨

舟泛浿江[6]，左夾清流壁。溯而上數十弓，望見牡丹一峯。奇拔馳驟，秀如叢花出水，勢若渴龍赴海。於其所止，昂然擧頭，

---

1 源见"龟畴"，指传说中天帝赐给禹治理天下的九类大法，即"洛书"。
2 《水经注》谓"约以八法"，是箕子适朝鲜（地在辽西）之后所制定的法律条规，是为维护礼义、田蚕和聚落制度，结合当地秽貊的具体情况而制作的"犯禁八条。"
3 音 zhù bì，泛指跟皇帝行止有关的事情。
4 音 dì，同"递"。
5 音 chán，"鸠傔"谓筹集工料，从事或完成建筑工程。
6 又名王城江，两汉为朝鲜清川江。《隋书·高丽传》所指今朝鲜大同江。唐代唐军征伐高丽的一次战役称"浿江之战。"

千尋巉壁，突入水中。自成城塹，周遭數里，因其天險，縈以粉堞，建以麗譙，門焉曰轉錦。舟泊於門外，入門而有樓，据城之高，壓江之廣，冠飛甍[1]鋪方甎，扁之曰浮碧樓。瀟灑清淨，塵無一點。浿江之水到此而淡青濃碧，浮光躍金，靜影沈璧。西東群山拱挹，如簪笏[2]環樓，而翠滴簾几。下眺綾島之妍媚，斜瞻酒巖之奇秀，而其背則有九梯宮故址。其下則有朝天石，尚傳東明之謄蹟焉。由樓而望，沿江下上，商船漁艇櫂謳[3]相答，山鳥沙禽鳴聲相聞。烟雲之與宅，晴雨之互景，幽夐[4]曠爽，不知有都市之湫喧，而古寺鍾唄增其清，錦山嵐霧助其趣。登斯樓者，飄飄然有凌雲之想，殆非埃壒之境也。且試觀之，山之積也厚，水之蓄也深，其氣蒸淳，而樓當其間，葱[5]蒨黛黝，而空明洞透，相與照映而碧生焉，此其命名之意歟。夫西都之勝，莫如練光浮碧，而練光如冶女輕粧，掩映簾箔，浮碧如披褐道士，丰神特秀，練光以佳麗，浮碧以清絕，相與之伯仲焉。樓刱於高麗輿上人，而睿王西巡，命平章事李頲名以浮碧。金學士黃元見古今題咏，皆不滿意，旋焚其板。竟日苦吟，只得長城一面溶溶水，大野東頭點點山之句。意洞痛哭而去，此一聯盡之矣。

（录自《冠巖全書》冊之十六記）

求仁樓記

鄭道傳[6]

世之極遊觀之榮者，必窮山水之幽深，涉原野之曠漠，疲

---

1 音 méng，屋脊。
2 冠簪和手板，古代仕宦所用。
3 搖桨行船所唱之歌。
4 音 xuàn，远。
5 同"葱"，青色。
6 鄭道傳（1342—1398），朝鲜时代前期政治家兼学者。

精神勞筋骨，然後得之。亦不過快目前之景，恣一時之玩而已。樂極而罷，俯仰之間，惘然成陳迹，猶如昨夢之無有。其或得之畿甸[1]之間，如裴晉公之綠野堂，謝太傅之別墅，誠亦難矣，或在晚年懸車之後，或在國步危急之秋。後之好事者，不能不爲之浩歎也。惟吾尹公，逢國家閒暇之時，以妙年入中樞，參機密，卜地得城東南隅，構草屋以居。有山蓊然包乎其外，有泉泠然出乎其中，又起新樓于屋之東。日邀賓客，觴詠樓上，蓋不離將相之位，而翛然有幽人出塵之想，不出戶庭之間，而悠然得山水遊觀之樂。所謂仁遠乎哉，我欲仁，斯仁至矣者，寧不信歟。孔子又曰仁者樂山，請以求仁名是樓，若夫仁道之大，與其求之之方，當在自勉焉。他日對子，必刮目矣。

（录自《三峯集》卷之四記）

天氣山光樓記

金允植

昔杜工部有詩云"四更山吐月，殘夜水明樓"。摹寫月出時虛明之景，意想逼眞。其後蘇長公謫居儋耳，演此詩爲五首，以記嶺南氣候之異常，首首清絶。千載之下，誦二公詩，恍然如身在其境，殆神造也。余族人石莊少有詩才，嘗賦詩于歸川天雲樓，有"天氣鴻將至，山光月欲來"之句。哲嗣傒卿甫，因以"天氣山光"名其所居之樓，以寓慕先之志。戊子冬，訪余于沔川謫[2]中，且徵樓記。余曰，歸川吾鄉也，石莊吾同窓故契也，天雲樓卽吾與石莊三十年遊處之所也，吾雖離鄉歲久，尚能言其詩境。方秋冬之交，峽水初落，藍洲鴉溪之間，灘聲

---

1 指京城地区，京畿。
2 音 zhé，罚。

如雨。向夕商飆[1]乍動，四山秋籟，與灘聲相應，霜氣滿天，黃雲亂飛，此鴻至之候也。于時景翳林薄，烟沉墟曲，羣喧纔息，暝色戎戎。登樓四望，山川寥廓，惟有兩三漁火明滅沙上而已。俄而岫雲澹薄，峯樹鬅鬙[2]，山根黝然而暗。半嶺以上晃然生白，荒乎亭亭，若窗之將曙，此月來之候也。爲此詩者，非江樓山庄身閒心靈人不能道也。蓋詩中未嘗及鴈聲月色，而使人欲側耳而聽，拭目而看，是何妙耶。如畫家渲染施於丹鉛之先，而一幅畫意已在眼中，然則杜蘇二詩雖工，亦不出此詩範圍之外耳。噫！不見石莊已八年矣，今誦其詩述其事，如將携手登樓。聽鴈賞月，窅然不知身在靈塔荒寺之中。詩之感人如此，奚獨古人乎哉。

（录自《雲養集》卷之十記）

夕陽樓記

南公轍

駝駱峯在城東。幅圓十里，其水石林巒，明秀蜿蜒。騷人墨客，指爲觴詠游樂之地。而所謂夕陽樓突然起於煙雲樹木之中，隱暎有畫意。樓是麟坪大君舊第，與孝宗大王鳳林潛邸，對閒相峙。麟坪於孝宗爲親弟，友愛特至，及登宁，數具儀衞鹵簿幸第。於是治臺榭園池，鉅麗甲於國中。園植紅白梅、杏、水仙花、楓、楠、桐、竹、松、檜幾千種，方春秋花開葉脫時，金碧翅蛺蝶、褐色蜻蜓、翡翠靑鴨、錦雞鸂鶒之屬，聚散游泳，心目炫燿。麟坪尤好客，一時士大夫造其門者，分韻命酒，肩摩袂接。

---

1 亦作"商焱"，秋风。
2 音 péng sēng，头发散乱貌。

車馬笙歌之聲，日聞於閭里。後值變故，第幾籍入度支，僅以得免。樓浸以圮，花卉樹植斧以爲薪，流丐豕畜雜入羣聚，幾爲廢區。其後百餘年，安興稍葺而居之，蠲薉[1]刜剔，崇傾決淤。嗣孫侍郎起家，爲東京尹，復列於朝。至是樓之勝，十完三四。余嘗登斯樓，與侍郎相見。醇謹長者也，三子皆讀書飭躬，絕無富貴家習氣，甚可意也。嗟夫，方樓之始落也，清聲而豐頰者，墮舞鬢拾歌鈿，紈扇掩笑，羅帶飄香。迭侍而遞代，恃艷而呈媚，而所爲畫棟流蘇，錦筵鐘皷，幾與西園金谷相高。豈聖代之風流昇平公子王孫，得以肆志，故驕奢遊宴，至此之極也耶。雖然，物盛而衰理也。樓既一閱滄桑矣，又孰知今侍郎能保其故家遺址，與客舉一觴爲樂耶。繁華者驟見銷歇，而澹素者持而長久。昔之爲珠翠歌管者，詩書秩如也。昔之爲綺紈膏粱者，布蔬泊如也。吾將卜侍郎之後必昌，而樓不知更支幾百年矣。

（录自《金陵集》卷之十二記）

約山樓記

趙冕鎬

余謫江日，江人金聖叟以南溪約山樓居之。聖叟亟勸余曰，樓南綾君莅縣時，營而名者，今公居之，時有不同，亦豈可無記。余黽而應曰，居不記徒居，亦各言其時而已，惡不記。吾始由隈隩[2]而入，溪瀰瀰出脩林，行數百步，底衍跨池亭，觀魚披趣，嘉陰翳翳，樓翼然乎花果蔚映間，吾已得其居。聖叟曰然，曰吾又見其偓臿蒼欝，勢之不可犯，其舞鶴山靄然而東，遠而望之有容，其鳳凰岡縹緲秀拔，泠泠滴翠，慮足以澹，性足以適。

---

1 薉，音 huì，同"穢"。薉翳：指荆棘荒草等阻碍通路之物。
2 音 wēi yù，曲折幽深的山坳、河岸。

玉女峰在其西，吾又愜其樂。聖叟曰然，又曰吾日寢處飲食於斯，逍遙汗漫而遊，與樵農渾，與鳥獸羣。吾自熙熙逌逌[1]，不知吾有我者，吾乃順其時。聖叟又曰然。余又告之曰，苟心所營而與之約，其勞矣，今居是居而樂其樂者時也，猶飛鳥止于戺，復惡知其孰營孰名。聖叟斂衽[2]而作曰，約山樓記已悉。

（录自《玉垂先生集》卷之三十記）

竹樓記

南公轍

歲丁卯，余奉使赴燕京。路出黃州，查準表咨[3]訖。解帽袍坐東軒，旋念行役，心頗擾惱。主倅言距十數武，有竹樓可游。余乃挈一壺，不輿而至。樓爲一架，欄楹不錭[4]而飾，如野人之茅茨。前名賢多有吟詠題壁，而三淵詩最闡發清趣，其詞爲益工，故樓仍以傳，傳亦能久。日且暮，徙酒月波樓。時十一月，江聲甚厲，木落山出，雪玄月正，杯盤交錯，聚集亦衆。千樹華燈，佛眼晶晶，紅粧靚服，炫燿闌干。人影倒地，笑語相響。有二妓善歌，曼聲度船離一曲。客醉者歔欷，餘皆手杯而思，覺咫尺有萬里意也，諸君屬余爲竹樓記。余曰，扁斯樓者，以名求古，其夸已甚。夏雨瀑布，冬雪碎玉，矢聲之錚錚[5]，子聲之丁丁[5]。華陽巾周易一卷，王翰林之作，爲千古絶調，誦傳人口，余則述今日之游可乎。仍卽席上，捉筆立就，香煙初銷，茶爐未冷。咸曰是竹樓也，而不着一黃岡竹樹字，拈遊事爲題，使風流跌宕，

1　同“悠”。
2　音 liǎn rèn，表示恭敬。
3　咨文，指政事。
4　同“雕”。
5　“矢声铮铮然”，箭声铮铮悦耳；“子声丁丁然”，棋子下落的声音。皆出于北宋王禹偁《黄冈新建小竹楼记》。

照映一代，亦一格也。是日會者，副价侍郎林公漢浩，書狀官經筵侍讀金公魯應，朴節度基豐，南使君寅老，人馬差員金丞亨麟及余凡六人。

（录自《金陵集》卷之十二記）

兼山樓記

申景濬

華山國都之鎮，以其三峰奇秀並立，亦曰三角。南有鷹峀白嶽，王宮宅其陽，北有天冠巖。巖在山頭，上平若有梁，下體方，其高切雲。昔周高士尹喜[1]，宋鈃[2]，皆作爲華山之冠云，其象未知與此何如也。冠巖之下，耳水出，縈回巖壑，或瀑或淵，向東而去。耳溪洪漢師築室于耳溪之上流，室數楹右折，而爲樓一間。天冠[3]三角在西北，儼然如先生長者，分坐於奧，其氣象不同，有可敬者，有可愛者，諸山之美，斯樓得兼之。遂以兼山名，盖取諸艮之象也。泥崖京城南山之北也，洪君家於是。與鷹峀[4]白岳，起居相接，此華之面也，耳溪華之背也，山之背與面，君且兼之矣。君之在泥崖也，前臨朝市之會，五劇三條之交，怒馬華轂[5]，擔簦躡屩[6]，歌哭喧呼，奔走駢闐[7]，此動之極也。君之在耳溪也，一樓在曲岪叢薄之間，四無鄰，出洞外，有人家七八碁散，墟烟不相連，終日與棐几薰爐相對而已，此靜之

1　尹喜，周朝大夫、大将军、哲学家，先秦天下十豪之一。《庄子·天下》将其和老子并列。

2　宋鈃，战国时期著名哲学家，宋尹学派创始人及代表人物，著有《宋子》一书。《汉书·艺文志》有《宋子》18篇，在当时影响颇大。

3　日本民族的一种装饰物，即日本人去世时头上戴的三角巾。

4　音 xiù，同"岫"。

5　音 gǔ，车轮中穿轴安辐部件。华毂：华美的车子。

6　音 dān dēng niè juē，担簦：背着伞；屩：草鞋。形容艰苦地长途跋涉。

7　音 pián tián，聚集；罗列。也作骈填、骈田。

極也。一山之面背，其動靜之殊，何相絕若是也，如人耳目鼻口手足之動作，皆在面前，而惟背爲止者然歟。朱子釋艮[1]之象曰，艮其背而不獲其身者，止而止也，行其庭而不見其人者，行而止也，動靜各止其所止，而皆主夫靜焉。今君之於泥崖耳溪，皆得艮止之義，而以耳溪爲樂者，其在靜之靜歟。艮之卦，二陰盛，欲進而爲陽所止，一陽居位之終，亦止而不進。陰陽俱止，所以爲艮，而陰後陽前，將必有漸。夫陰陽止進，皆以漸。而聖人序卦，震之下，不受之漸，而卽受之艮，於艮之下，受之漸何哉。此非聖人所得安排者也，皆自然也，因其自然，亦靜也，遂以此爲兼山樓記。

（录自《旅菴遺稿》卷之四記）

兼山樓記

洪良浩

豐山子築室於耳溪之上，戴天冠之崇，面水落之秀。萬丈之峰，在其北。三角之山，在其西。於是植五楹，磬折而樓其右，其高可立，其方可展足，自地上過顙[2]，名之曰兼山。兼之言，幷也重也，環衆山之勝而幷有之也。有析薪[3]於山者過而哂之曰，此地之爲兼山久矣，子惡得而名之。豐山子問曰，何謂也。析薪者曰，兼山者，重艮也。三角之山，形如鼎足，豐腹而下殺，故一名曰覆鼎，是覆椀[4]之象也。天冠之峰，特立於前，平如冠頂。而後有二峰，皆呀然中坼[5]，一奇二耦之畫也。地居漢城之東北，

1　艮，止也。《易经》中艮卦六爻。
2　音 sǎng，额头。
3　劈柴。《诗经·小雅·小弁》中曰："伐木掎矣，析薪柂矣。"
4　同"碗"。
5　音 chè，裂开。

終始萬物之位也。彼乃自然而然耳，何待乎樓之成，何假乎子之名之也。然其數七，七者少陽，老變而少不變，君子之不易操也。其德止，時止則止，止於所當止也。惟有是德者，可以居之。豐山子洒然異之，前揖曰，子非明易者耶，願聞其休咎[1]。析薪者曰，夫吉凶悔吝，皆生於動，止而不動，何悔何吝。貞者，所以立命也。變者，所以從道也。過此以往，未之或知。乃負薪而去，行且歌曰，樓上有天，愚者伏兮，樓下有澤，居以約兮。風行其上，德日新兮，雷過其下，以安身兮。豐山子憮然良久曰，是知之矣。君子遯以求志，損以寡過，漸以進德，頤以養性，斯無咎矣。何筮之有，是可以居是樓也，遂以書諸樓。

（录自《耳溪集》卷之十三記）

見山樓記

蔡濟恭

余友洪尙書君平，家南山之下。今年春，規南垣外數畝地，剏燕居之所若干楹。迤其東爲小樓，公退之暇，蕭然野服，日夕登眺。松檜也巖壑也凡麗南山爲姿者，皆吾几案物矣。君欣然悅之，朗誦陶令詩，名之曰見山樓。要樊巖子書其扁，樊巖子笑而言曰，之山也，王宮之所案對，都人之所瞻仰。室廬三輔，行出莊嶽[2]者，舉眼皆覿，奚獨君平之見爲見也。況君之樓，傍枕山趾，前對山面，非膠目[3]，雖欲不見不可得。今乃名以扁之，有若能見夫人之所不能見者，吾不知其可也。既又念孟子曰觀水有術，山與水，物之對待者也，而謂觀山之獨無術可乎。淵

1　吉凶、善恶。
2　莊嶽，比喻好的合适环境。莊，战国时齐国街名，嶽是里名。
3　蒙住眼睛。

明之採菊見山，其必有無限意趣。或有默契，或有感悟者，而古人詩淡泊要眇[1]，只以悠然二字，包盡言不盡之妙，此非知詩者解不得。夫山，土之積也。其始也散，而占位隆[2]焉爲峙者，似乎造物之適然而成。而剖判以來，以理觀物，則莫不有莫之然而然者矣。五嶽之於中華，各有攸主，姑勿論。雖以我神京言之，山於白岳，爲北之鎮，山於木覓，爲南之鎮，其位不相紊，其勢不相下。國家所以望秩以尊之者，不亦爲妖孽之自北而興，鎮北者可以制之，自南而興，鎮南者可以壓之乎。若北而不能北，南而不能南，使羣靈散而無統，舍龜朵頤[3]，則此爲鎮者之羞而不幾近於孔聖所云觚哉觚哉。君平之見山而得之心者，其在是歟。於是書其扁而爲之記，以警夫觀山而不知術者。

（录自《樊巖先生集》卷之三十四記）

錢塘秋色樓記

金允植

有明洪武中，姜公希孟奉使朝明，得錢塘蓮子。歸種安山家池，及發白花紅尖，其香異常。姜公歿，池歸外孫權氏家。相傳以蓮之盛衰，卜權氏之興替，今侍郎權圉雲其後仍也。正宗時乘輿歷幸安山，臨池賞蓮，命以安山爲蓮城，爲題試士。自此錢塘之蓮，聞於國中。歲已丑圉雲買藍浦田舍，堂前有小池，取安山蓮子以種之，名其樓曰錢塘秋色，蓋不忘故也。噫！其地是聖帝之所撫治也，其花乃聖王之所臨幸也，又歷賢公手種，名家世護[4]，垂五百年之久，豈尋常凡卉所可比哉。且夫朝代

1　音 miǎo，谛视，眯着眼睛看。
2　高起、突出。
3　颐卦第一爻，爻辞：初九，舍尔灵龟，观我朵颐，凶。
4　同"护"，保护。

迭遷，陵谷[1]亦變，是花以微弱之植，飄蕩萬里之外，遺種至今，爲世所賞，豈非所托得其人乎。嘗見弘光遺事，值南都傾覆之後，舊日繁華之區，一望榛蕪[2]，有一怃離[3]，朝士掩淚歎曰西子湖不可復問。夫湖猶不可問，況湖中之蓮乎。然則此花盛衰，實關天下之大數，非止卜權氏一門而已。願花努力自愛，與權氏並隆，永葆千春，揚芬播馥。豈獨花之幸，乃權氏之幸，抑亦爲一世之幸也。

（录自《雲養集》卷之十記）

風花雪月樓記丁未，此下還朝後作

金允植

吾友朴平齋參政謝事閒居，築于北山之下，顏其堂曰風花雪月樓，蓋取邵堯夫[4]擊壤集中句語也。堯夫深於易學，明於先後天之理。夫花因風而開，因風而落，流行之一氣也。雪得月而愈潔，月得雪而愈明，對待之相須也。流行對待之義備，然後四時之功成，而天地之變可以觀矣。夫對待雖有定位，天下無不變之理，若椿[5]定不變則天地或幾乎息矣。故曰道通天地無形外，指先天之無極也。思入風雲變態中，指後天之太極也。富貴不淫貧賤樂，男兒到此是豪雄，謂君子之道。隨時任變，而常有不變者存乎其中也。平齋攻苦績學數十年，晚登台司，閱歷世故，備嘗艱險，知天道之不可不變，亦不得不變，而常

---

1 丘陵与山谷。
2 荒凉的景象。
3 指夫妻分离，特指妻子被遗弃。
4 邵堯夫，即邵雍（1011—1077），北宋哲学家、易学家，著有《伊川击壤集》《皇极经世》等。
5 同"桩"。

存其不變之道，以御萬變，不變而變，變而不變，而易之道盡於是矣。夫散而言之則風也花也雪也月也，畧而言之則天理之流行也，故君子寓象於物而樂觀其變，豈徒爲嘯詠之資批抹之具哉。平齋旣以是名其樓，且屬記於不佞，故書此以復之。

（录自《雲養集》卷之十記）

集古樓記

金允植

　　孟子曰所謂故國者，非爲有喬木之謂，有世臣之謂也。余則曰所謂故家者，非謂有臺榭之謂，有古籍之謂也。夫所謂古籍者，書畫古器皆古蹟也。古之人不可得見，則書以觀其心，畫以觀其貌，古器以觀其俗尙。生於千載之下，交於千載之上，而其心術形貌俗尙，歷歷在眼，豈非可樂之事乎。故古籍爲天地間至寶，非徒爲世人之所珍，抑亦仙靈之所愛好也。古所稱羣玉冊府瑯嬛[1]奇書，皆世外難見之秘寶，然其言荒唐弔詭[2]，不可盡信。藉令有之，書非我所解也，畫非我所見也，器非我所用也。如夢游洞天，口不能述，要亦無益於世，豈若鄴侯[3]之三萬籤軸[4]。歐公之千卷金石，可以廣知識，可以資攷證，可以陶寫性情者乎。吾友尹東庵博學好古之士也，平生無所嗜，獨好書畫古器若性命焉。古家遺裔多零替[5]貧乏，發其世藏之寶，賤售於市，轉而流散海外者，不可悉數。東庵爲之憫惜，不吝重貲[6]

1　音 láng huán，传说是天帝藏书的地方，后泛指珍藏书籍之所在。

2　亦作吊诡，奇异、怪异。

3　邺侯（722—789），唐朝李泌，拜中书侍郎，累封邺县（今安阳）侯，家富藏书，且多为书祖。后人称美他人藏书之众时，喜用此典。

4　加有标签便于检取的卷轴，常用以泛指书籍。

5　也作“陵替”，衰败。

6　音 zī，同“资”。

而購之。歲久蓄積之多，富於公侯世家，皆施以錦裝玉軸，架而櫝[1]之。名其所貯之室曰集古樓，於是一世之故家精華，咸聚于斯。四方觀者日集于門，此眞所謂故家者也。客至輒導之登樓，屏寒具啜佳茗，縱令披覽，窮日而無厭倦之色。此又見其公益之心，不專爲一己之私有也。昔丁顗[2]盡其家貲，蓄書至八千卷。嘗曰吾聚書多矣，必有好學者爲吾子孫。至其孫度，果以文學爲宰相，吾知東庵之後必大昌也。

（录自《雲養集》卷之十記）

朝夕樓記

丁若鏞

　　朝夕樓者，尹皆甫之書樓也。余寓茶山，今且四年。每花時試步，必由山而右，越一嶺涉一川。風乎石門，憩乎龍穴，飲乎靑蘿之谷，宿乎農山之墅。而後騎馬而反乎山，例也。皆甫與其從父弟羣甫，佩酒持魚而至。或期乎石門，或期乎龍穴，或期乎靑蘿之谷，旣醉而飽，與之宿乎農山之墅，亦例也。農山者，皆甫別業。農山之阡[3]，卽龍山之麓，厥[4]考葬焉，厥考之高祖葬焉。又其西，厥考之皇考葬焉。於其墓道之側，起一畝之宮，而扁之曰永慕齋。齋之左序，因而閣之，爲小樓。登斯樓則龍山百峯，崒然岬嶫[5]而列乎几案之前，鬱然葱蒨而拔乎塵埃之表，可驚可悅。若積雨連延而霽月出嶺，若羣仙游戲而霱[6]雲盤空，蓋

1　柜子，匣子。
2　丁顗，北宋著名藏书家，共搜集图书八千卷。
3　“阜”与“千”结合，“千”字引申义为“南北方向”，借指南北向的田埂。
4　其、他的。
5　音 láo cáo，形容山深而空。
6　音 yù，彩云，瑞云。

千里一遇之絕境也。余之足跡，遍乎龍山。或遠而望之，或迫而視之，或睨其側面，或對其正面，皆不過罪嵬崒兀以爲高而已。其歡顏瑞色，未有若登斯樓之爲快也。昔王子猷嘗有味乎斯也，特取其朝氣。陶元亮嘗有味乎斯也，特取其夕氣。乃皆甫兩取之，名其樓曰朝夕。豈惟彼二子者之愚，而皆甫獨慧，二子者之廉而皆甫獨貪與，蓋其所謂西山南山者，不若是龍山之秀麗耶。抑二子者之所據乎地者，不若斯樓之得其要也。余既宿斯樓矣，夕而觀其夕，朝而觀其朝，益信夫二子者之偏，而皆甫之得其全也。樓之四畔，皆簧篁巨幹，通一竅以爲門。門之西，負其東阡曰寒玉之館。館之南，有樹大十圍，巉嵒[1]詭怪，曰綠雲之塢，自塢而轉，東折數十步，有池一曲，以植芙蕖，以養赤鯉，曰琴高之池。臨池爲榭曰滌硯之亭，亭之東有老柏一株曰掬壇，西有洌泉一眼曰鹿飲之井，井之上有徑可聽田水曰倚杖之蹊。東阡之東，密松萬計曰豹隱之谷。西阡之西，嘉木森列，可休可蔭，曰鸑子之岡。自岡而西，清流赤石，可沿可濯，曰漱瓊之澗。自岡而南百餘武，構一草屋，可以禁伐，可以讀書，曰橡菴。而漆林柹園，隨地皆有，亦斯樓之羽翼也。自農山東行數里曰翁仲之山，方言翁仲曰法壽，厥王考葬焉。亦有園圃之勝，謂之翁山別業。嘉慶辛未春。

（录自《定本與猶堂全書》卷之十三記）

書樓記

成汝信

古之名樓者，或以地，或以跡，或以景。在岳州之南者，謂之岳陽樓，則名之以地者也。橘皮仙去處，謂之黃鶴樓，則

1　同“巉岩”，高而險的山岩。

名之以跡者也。千尺舳稜[1]，干霄逼漢者，謂之齊雲樓，則名之以景者也。書樓主人之名樓以書，而不以地不以跡不以景者，其有意乎夫書者，記事之具而載道之器也。學古訓者，無書則難以考。纂古事者，無書則難以記。是以，儒者不可須臾離。陸務觀之書巢，李公擇之山房，無非以是故歟。今主人之樓斯樓也，架插萬軸，案堆千卷，俯而讀仰而思，洋洋聖謨[2]，昭昭胸襟，則豈以斯樓爲登覽地而已。一日，老友浮查翁，憑欄四望而語主人曰，斯樓也，以遠者語之，則方丈峙其西，臥龍蟠其南，防禦經其東，集賢橫其北，靑嵐白雲，朝暮變態，不可以此名此樓乎。主人曰，未也，不若吾名之以書之爲切也。曰，以近者觀之，則菁川之芳草，飛鳳之層巒，矗石之畫閣，重城之粉堞，舉在顧眄中，不可以此名此樓乎。主人曰，未也，不若吾名之以書之爲當也。翁曰，然則主人之强以書名之，而以爲切以爲當者，何耶。主人曰，吁，吾一介士也，自志學之年，至于今日，不事他技，唯書是業。龍門三級，期一登也，而未能焉。紅蓮兩葶，期一折也，而又未之。荏苒光陰，已經半百，九萬鵬程，扶搖無日。幼而學，壯而行，此志何施。此吾之所以名樓以書，而惕[3]雞孜孜，囊螢[4]矹矹[5]者也。奚可以山川草木之在外者名吾樓也哉。浮查翁聞而壯之，勸之酒而爲之歌曰，樓之中書千帙，樓之外塵千尺，樓居者仙，塵居者俗，樓之主人，仙耶俗耶，抑亦非仙非俗，而爲樓上窮經之一書生也耶。終乃雖蔬釋屬，脫麻衣衣錦衣，出入乎龍樓玉堂之一佳士也耶。主人誰，凌虛步仙朴行遠也。記之者誰，浮查少仙成公實也。記之於何年代也，星明天啓二年壬戌之臯月旣

1　宫阙上转角处的瓦脊呈方角棱瓣之形，借指宫阙、故国。
2　圣训，圣旨。《商书·伊训》"圣谟洋洋，嘉言孔彰"。
3　小心，害怕。
4　晋朝人车胤家贫，用白绢袋子装几十只萤火虫照着书本，夜以继日地学习。
5　音 wù wù，痴呆貌。

望也。

風詠樓記

鄭焕弼[1]

　蘯院之創設久矣，始於周茂陵竹溪之後。而創之者，惟介
菴姜先生也。介菴生于文獻公五十載之下，慕先生之德，講先
生之道，與鄉士若干人，同心協贊，立祠宇講堂東西齋及前門
數十餘間，以爲尊先賢牖後學之地，而仍以命名焉各有義，若
明誠，居敬，集義之類是也。且夫曰愛蓮，曰詠梅者。齋前鑿
塘，塘外築塢，蓮可賞而梅可賦也。曰遵道者，由是而行，道
在斯焉，於是乎院之制始大備矣。然而學者於講論游息之暇，
不可無暢敍之所。先父老圖惟經始之未遑者，數百年于茲矣。
迺於庚子秋，儒議復起，屬家兄焕祖幹其事，蓋以其尊賢衛道，
夙有誠力故耳。于以營繕百務，實檢舉是，盧君光表，姜君大
魯，族弟焕龍，亦與有相焉。咸以謂與其創立層榭，徒取觀
美，曷若因舊貫增新制，恢拓我胸次也。遂就遵道門上，葺之
以小樓，樓凡上下十許間，以翌年辛丑六月二十日落之。遠近
章甫，濟濟趨賀，主守姜侯彝文亦來會。揖讓之風，進退之節，
蔚然可觀也。夫樓之爲制也，不甚宏傑，而奐輪翬革。倏然改
觀，不百尺而迥臨，有四望之攸同。郊坰平曠，川澤縈洄，遙
林蔥蒨，晚靄依霏。巖山數黛，入暮雨而半隱。潘溪一面，帶
朝旭而全露。竹柏前村，啼鳥催春。穊稭[2]古巷，老農知秋。風
月呈美，煙霞獻技。一瞥千奇，恍惚難狀。登斯樓也，則心廣

1　鄭焕弼（1798—1859），纯祖三十四年（1834年）甲午年进士。
2　稻摇动貌、稻多貌。

神怡。涵泳灑落，悠然有自得這意。矧[1]乎頭流萬疊之峯，花林九曲之流。庶可以覽先生之清風，仰先生之氣象，恰若列侍函筵，有點也鏗爾舍瑟[2]之趣，故因名之風詠樓。若遵道舊楣，則介菴之錫號，梅菴之心畫，列揭于門上，以示不泯先賢遺蹟之意。噫。曾點[3]，夫子之徒也。吾儕，先生之徒也。學夫子而有風乎詠而之趣，則學先生者，烏可無一般這箇想耶。遂援瑟而爲之歌曰：

麗景遲遲兮增乎春服，無小無大兮冠童五六。鳳凰高騫[4]兮盍余游息，優遊厭飫[5]兮使自得，已見大意兮融理而蛻慾。蘫[6]水之洋洋兮可以浴，孤臺之屹屹兮可以風。茲樓之適成兮吾將詠歸颯颯。

落成之日，鄉長老屬余爲之記。余以護識，極知僭汰[7]，而長老之勤託，有不可孤，是爲之記。

（录自《一蠹先生續集》卷之三附錄）

梧月樓記

申維翰

寅賓閣東不十武，舊有風月樓，樓之北又有鳳棲亭，載郡志。樓毀者八九朞[8]，蔓草生之。亭之廢不知年，而景廟壬寅，郡守金

1　況且。
2　鏗尔：形容金石玉木等所发出的洪亮声。鏗尔舍瑟：曾皙、子路、冉有、公西华坐侍孔子旁谈论各自志趣，当孔子问曾皙时，正在弹瑟且近尾声的曾皙鏗地一声将瑟放下，站起来答道："异乎三子者之撰。"见《论语·先进篇》。
3　曾點，又称曾皙，"宗圣"曾参之父，孔门弟子，春秋时期父子同师孔子。
4　飞腾。
5　音 yàn yù，满足。
6　水清。
7　僭，音 jiàn，超越本分，古时指地位在下的人冒用地位在上的人的名义或礼仪、器物。汰，清洗，淘汰。
8　同"期"。

侯遇秋新之。有堂而無壁，左右梧桐可蔭也。己酉秋，郡人以青烏家謂茲弗祥，盍撤乎。余唯衆言之從，而慨舊事荒落。廼於風月遺趾，築土而高之。用鳳棲材瓦作小樓，四面爲堂者十楹，中爲寢房，可容一琴一几，治書視印諸具。楹外設欄干，後有叢竹拂簷，左右植梧桐如故。盖以鳳棲之觀而移於風月樓，一舉而兩美無恙，合而名之曰梧月樓。樓之高不能倍尋，而地勢高，其甍與寅賓[1]齊，朱丹映日，坐卧侵雲。朝暮挹翠屏蒼林之勝，夜看晴月上高梧，甚樂也。樓前十餘尺，鑒方池種蓮，水澁[2]而蓮未成。西築小亭以臨池，扁曰喚月亭，取月從青鶴山出。而亭與山相對，勢若可呼故云。

（录自《青泉集》卷之四記上）

八仙臺記

李山海

水精溪，渟溜[3]於胎峯之南。而凸乎溪心者，爲八仙臺。名之之義，未詳。余嘗疑羅代[4]多仙人道士，如永郎水郎之輩一遊而仍名焉。及聞故老所傳，昔有太守之子，與客遊於斯，適與會者八人，故名之云，此亦未知其果不誣也。噫。神仙之說，誕矣，有無虛實，固不足辨。而設令有之，必韜光匿彩，不使凡人俗子物色其來去，豈揭名亭臺，輕播其蹤跡耶。抑安知太守之子，同遊之客，非地仙道士之類，而混混於流俗者歟。余之寓達村也，距是臺最近，故幅巾藜杖，日往來而不知勞。當其山雨初霽，松陰滿臺，俯瞰澄潭，如寶鏡新磨，大小銀鱗，撥剌而游，衰

1　恭敬导引，以敬宾客。
2　同"涩"。
3　汇聚貌。
4　新罗时代。

顔白髮，偃臥其上，與山光雲影，徘徊於蒼然瑩然之中，形神融融。物我相忘，亦謫中之一奇事也。臺無常名，後之人，其必更名之曰謫仙臺矣。

（录自《鵝溪遺稿》卷之三雜著）

鏡浦臺記

張 維

三韓山水之美，名於天下。幅員八路[1]，各有勝境，而嶺東爲之最。嶺之東九郡，北自歙通，南盡平蔚，各占山海之勝，稱神仙窟宅，而臨瀛爲之最。環臨瀛百餘里，官私亭榭，據形勝擅瑰奇者，不一其所，而鏡浦[2]臺爲之最。按圖志，浦卽永郎仙人舊遊地，而臺之建，實刱於麗朝按廉朴公淑，方其經始也。除地而得故礎，不知是何代物，則其爲臺也蓋久矣。自是而又得趙石磵、朴惠肅之風流以藻飾之，益爲人所賞艷。逮我太祖世祖，東巡而再臨幸焉。則斯臺之增重，不啻九鼎矣。兵難以來，寖就頹圮，莫有爲之修復，譚者恨之。今上中興之五載，李公命俊輟亞卿班，出守是府。公於治郡，素稱斲輪手[3]，莅事未幾，百廢俱興。嘗登臨慨然曰，使是臺遂廢，吾屬當蒙百代詬厲矣。然不可以煩吾民，屬釋子之好事者，募緣鳩財，爲營度之。居無何而訖功，結構丹雘，悉復舊模。既成，馳書千里，請維記之。再至而辭益懇，維竊念鏡浦之在臨瀛，猶錢塘之有西湖，會稽之有鑑水。而浦之有臺，亦猶岳陽之於洞庭，滕閣之於豫

1 即八道，朝鲜时代行政区域共划分为八个道，分别为京畿道、忠清道、庆尚道、全罗道、江原道、黄海道、平安道、咸镜道。

2 韩国镜浦台楼阁建于1326年高丽时代，是风流雅士观湖海、饮酒咏诗的逍遥神游之地。

3 经验丰富、技艺精湛的人，后常喻指诗文等方面的高手。

章。有是境而無是構，譬如人而去眉目，卽姣麗如西子，尙得爲人乎哉。況斯臺實有聖祖臨御舊蹟，則其稱重於世，不止爲仙蹤勝觀而已。若一朝蕩然爲荒墟蔓草，則江山蕭索，氣象頓盡，足爲熙朝一缺事。李公此舉，其意遠矣，豈但爲觀遊登眺之具哉。維畤於世者，生平雅有禽向之趣，欲及未老，一攬關東諸勝。身嬰世網[1]，不能自撥，今又貶官炎州，汩沒吏役，爲塵中一俗物。回想仙區景物，邈若隔弱水、葱嶺，乃以固陋之辭，得託名簷楣間，顧非大幸耶。如天之福，異時累釋身閒，得遂素志，則登臺之日，庶幾不作生客，遂強顏爲之記。若其表裏湖山無窮之勝，非目擊不能盡，今故不復道焉。

（录自《谿谷先生集》卷之八記）

仙夢臺記

丁若鏞

醴泉之東十餘里，得一川焉。泓渟[2]而演漾[3]，紆餘而邐迤，深者深青，淺者淨綠。川邊皆明沙白石，風煙妍媚，照映人目。沿流至數里，有峭壁削立。緣厓而上，得一榭焉，牓之曰仙夢之臺。臺左右皆茂林脩竹，溪光石色，隱約蔽虧，洵[4]異境也。蓋自太白山而南，溪山之勝，唯奈城榮川醴泉爲最，而仙夢特以奇瑰名數郡。一日從家大人行，既祇謁于藥圃鄭相國之遺像，轉而至是臺，徘徊瞻眺。既而見壁上諸詩，其一卽吾祖觀察公所嘗題也。板壞宇裂，偏旁或觖，而字句無闕，家君手拂塵煤[5]，

1　唐代顾况《幽居弄》："独去沧洲无四邻，身婴世网此何身。"
2　水深貌。
3　水波荡漾。
4　音xún，"过水中也"。
5　即烛煤，用含硝的纸所卷成的纸卷，可用以引火。

令余讀之。曰公嘗奉使嶺南，登此臺矣。公之距今且二百有餘年，吾與若又登臨爲樂，豈不奇哉。命余移摸，付工翻刻，易其繪采而懸之。既而召余而記之。

（录自《定本與猶堂全書》卷之十三記）

遊仙夢臺記

李義肅[1]

嶺南醴泉，古稱多山水。郡之南十五里，有山逶邐東北來。水截其間數百里，入洛東江。不詳其源之出何山也。邑人稱其勝，予於是悠然有一游之意。謀與諸君，往觀焉然後，知以山水名者非虛也。蓋山勢偉麗，林木翁蕟於其上，濟水南而復東，疊石成磴，曲折而上，得一壁其名爲遇巖。高十餘丈，嶙峋岪峯，蘚苔點成文理。根插水底，鑿其腰爲小蹊，側足而上，凜乎股栗而不可久也。巖之東，縹緲有樓臨之，俯厭大江，平沙圍鋪，與江相爲屈伸。樓下瀦而成潭，水深碧如黛色，梧檟[2]栉[3]立覆之，悽切有奇禽聲而不知爲何鳥也，可謂勝觀已。大抵論山水者，其致有三焉，有窈窕可愛者，有麤[4]壯可畏者，有寬豁可爽者，今此於寬豁可爽者爲近之，而吾其取是哉。是日日朗風清，有絲竹歌舞之盛，逍遙吟嘯之趣，且吾與諸君皆東西南北之人也，今會于嶺陬[5]，共遊而樂之者，尤豈非難也歟。主人曰，此仙夢臺也，昔退翁之所命，而不識何義，或以爲夢仙而名之云。同游者表兄士弼甫，靑松沈文擧，靑松沈鍾祐，童子一人及商肅也，

1　李義肅（生年未详—1807），朝鲜时代学者。
2　楸树。
3　音 zhì，同 "枥"，像梳齿那样密集排列。
4　音 cū，同 "粗"。
5　音 zōu，隅、角落。

商蕭歸爲記。

（录自《頤齋集》卷之四記）

茅山三臺記

閔在南

夢嚴臺

余棲茅山之明年春，景暖風和，倚軒而睡。颭然至一處，有短裘翁垂釣坐磯曰，子來乎，吾之釣於此久矣，無得於魚而惟鶴一隻而已，吾且去矣，子復釣此。余曰鶴何以釣於水，必鷺也。鷺之耽魚餌而釣於翁，亦怪矣。翁笑曰，然。覺之夢也，未知其何兆。遂徊徨出江上，下有一白鷺飲于汀，向我飛坐松上矣。余乃距坐濱江之巖，巖之前面，呀然成口，可揷數竿竹。而其下深瀗，間不過三丈，故可坐而垂綸[1]也。有一巖對峙於南，其間空隙距七八步許。明日與童子數三輩，轉石而塡築空隙，高可一丈有半，長則倍是。又鑿巖[2]上土，鍤[3]而充其中平其上，石墩自出，橫截於東西，不可以人力夷其險也。又有一石如床，橫立於南上岸側，使十壯丁動運移下，僅止三步而平坐之，上可容兩人之對棊槃[4]也。依墩[5]作層[6]，因爲上下臺，內直而外方矣。臺邊南端，列植樻[7]木二株百日紅二株。西端則石多而土少，故

1　垂釣。传说吕尚（姜太公）未出仕时曾隐居渭滨垂钓，后常以"垂綸"指隐居或退隐。
2　凿岩。
3　音 chā，铁锹。
4　即"棋槃"。
5　土堆。
6　重复。
7　音 guì，椐一类的小树，茎多肿节，可以做拐杖。椐，即灵寿木。

但植槓木百日紅各一株。臺下環植橡木垂楊數十株，松兩株葛蘿數叢，杜鵑花數十叢，則臺側自生之舊物也。待其蒙密而陰翳，欲避其越邊官道之往來指點也。有白頭翁年可七八十，荷竿而過曰，江山亦有待人功奪神造也，子作此臺乎，可以釣矣，名之云何。余曰人之名物，各有所志，而吾之築此臺，以短裘翁之現於夢而教以釣此。古今漁子不一，而短裘故疑其爲嚴陵也，名以夢嚴何如。白頭翁笑曰得之，問其姓名，瞪目不對，携竿而向渭水去。遂刻之于石，以示江湖間漁子。

天淵臺

築夢嚴後一年，陟崎嶇迴巀嶭。西行百餘武，得一小邱。蘿葛施于松，榛莽沒其石。遂以斤劀刈荒穢，以鍤削平其土，築其北端而廣之，中鋪細草而衣之。其地之高豁，比夢臺可倍五六層矣。坐而望之則市肆列其北，林藪鬱其西。官道之往來者皆足底也，遠郊之耕耘者皆眼下也。雲烟魚鳥，朝暮異態，冠盖輪蹄[1]，日夜不絶，信快活界也。俯瞰百丈蒼壁，或虛中而如屋，或環外而如屏，其下累石如熊羆牛馬之飲于洲者殆十餘數。又雙石嶄然在累石前，號曰兄弟巖也。鑑湖上流自卧龍亭，東流三里，至蜂巖渟而爲深潭。潭下有船，步自蜂巖，南走一里，湍而爲鳳灘。灘上有長橋，橋下有女潭。潭水直瀉二里許，至兄弟巖。水始縈洄而爲淵，漁子所謂魚窟也。明沙細磧，日暖無風則魚之游者躍者，或揚鬐[2]而前，或搖尾而後，悠然有江湖自得之意。仰而視則石峯負土而削立，芻[3]牧薪樵之所難著跡，故鵂鶹[4]烏鵲之屬棲于樹，俄有一雙雛鳶自松林飛出，翺翔於雲際，

1 亦作“轮蹏（音 tí）”，代指车马。
2 音 qí，原指马鬃。
3 同“刍”。
4 鸟。

超然有無求於世之氣像。余欣然有契于中，宛到上下察之境界，故遂名是臺爲天淵。

自然臺

余築二臺，自以爲遊觀之樂，無如我全，而造物者遇我亦幸矣。每情闌興倦則策杖而蕭然獨往，徊徨忘返，逐日以爲常。或間一日，而固未常過三日也。時與親交喜遊者，偕往而指點，或曰夢嚴勝天淵，或曰天淵勝夢嚴。余笑曰景物之或優或劣，雖繫覽物者各取，然俱是吾有也，無已侈乎。柳學士元庸氏嘗過此，曰探奇選勝，非物慾分數澹泊者不能，而無文章無以闡勝，子於文章雅矣，固有所得乎。且空汀荒壁，棄之幾千百年，人莫之顧，而今始遇子，可謂山水之幸。而天之窮吾友而棲山者，爲其不遇世而遇於山水乎，子之福清矣。余曰學士知夫山水乎，公物故爲吾有而人莫之奪也。青雲珂馬[1]，貴客之所遊。江湖魚鳥，寒士之所樂。此亦天定，豈容人力爲哉。世間萬事，終歸於自然而已矣。相笑而罷。後十年甲子春，又得一小墩於二臺之間，不甚增築而上可坐四五人。端雅蘊奧，有似正人君子之像。收拾二臺之景物而尤爲心目之異觀，奇哉是物也。朝過夕視已至十五年，而一朝若化現出來，豈非茅山之靈，供我瓊觀耶。因名曰自然臺，以明造物者之設是久而盡出於今也。

（录自《晦亭集》卷之六記）

搜勝臺記

李建昌

臺舊名愁送，不知其所自。或云當新羅百濟時，兩國之使

1　佩饰华丽的马。

相送于此，輒不勝其愁，故以稱。或云臺之勝，使人忘愁，愁送猶送愁也。至退溪李先生寄詩于林葛川薰，而易名曰搜勝。自是，臺以搜勝聞。德裕之山，東南爲靈鷲，西南爲金猿，水從兩山出，滙而爲月星，爲葛川。凡數十里，皆清泉廣石。自葛川東數里，爲黃山，山色皆白。水泓淳而石蒼黝，其狀一變，又一里而水屢折旋，爲瀨爲瀑爲潭。而石復白，岡巒巖壑，掩暎虧蔽於松林之中。有一物出於溪上，望之穹然者，臺也。臺爲溪中一大石，高數十丈，上可坐百人。登而望之，則遠近諸山，無不廻巧獻媚拱揖。俯仰於臺之前後左右，而水之流於其上者，如環如璧如練如縠[1]，方圓曲直，飛伏動靜之狀，無不極臻其妙。明秀蘊藉，綿延幽眇，若不可以窮也。臺之上，有松百株，自生於嵌空。累石於其四隅如垣，臺面刻搜勝臺三字及退溪詩。又曰，退溪[2]命名之臺，葛川[3]杖屨之所。臺之北，臨溪爲亭，扁曰樂水。樂水者，處士慎權之號也。繼林葛川而居於此，退溪之命名也。以葛川故林氏子孫書其事，躋葛川以配退溪，慎氏則不敢望也。後慎氏世守其居，多科宦，有力過林氏。乃曰，臺我家物也。爲詩而刻于臺之陰，盛推其祖，以爲臺之主人，又刻其子孫宗族之名於其下，累累如碑碣之系者。凡守宰使客之往來，而求是臺者，皆知有慎氏，而不知林氏。林氏大恚[4]曰，此葛川杖屨之所也，彼慎何與焉。於是林慎交惡，訟之縣之監司之政府，互相勝負，至今百年而不決。其間以訟死者幾人，敗家蕩產者，大畧相當。南方之士，多右林氏。然以余觀之，臺者，水中之一石耳，非如田宅園圃之物，可以有主也，何訟之有。余旣嘉其地之美，而憫夫二氏之陋也，并書之以爲記。

（録自《明美堂集》卷之十記）

1　音 hú，有皺紋的紗。
2　退溪爲朝鮮時代文臣兼哲学名儒李滉（1501—1570）的号。
3　葛川爲朝鮮時代文臣林薰（1500—1584）的号。
4　怒、怨之意。

漱玉臺記

蔡濟恭

漱玉臺，在臥龍潭下，有石負厓而立。其頂土，其高約三四丈，其勢如屏之張焉。下皆白沙，瀑自臥龍來，至是乃伏流，遇雨足始得滙成一曲。其色澄湛，其聲琮琤，甚可愛也。壁面刻漱玉臺三字，朱以塡之，此鄭玉壺夏彥所揮灑也。昔余謫三陟[1]府，玉壺時適爲地主，其性落落不羈，視趨附權貴者若塗豕[2]，善詞翰喜酒，酒後放言不忌，蓋非世俗人也。與余相得歡甚，日携手竹西五十川之間，吟弄海嶽，嘯傲雲月，常有皓首無忘之約焉。後，玉壺棄陟州歸，買是區欲以終老。疏鑿泉石，栽培松栗，簪組[3]不入其心者殆十年。余亦一再訪，信宿以歸。未幾玉壺死，孤子貧不能守，賣之爲他人所有。易三數主，今爲余菟裘[4]。人事之推敚如此，良足悽惋。余時步至臺下，摩挲點畫，依然有如見其人之心。

（录自《樊巖先生集》卷之三十四記）

游晚翠臺記

金昌協

壬午秋夕，省墓楊山，因有晚翠臺之行，過宿李澐湛華軒。古松老柳，磵谷深窈，泉流從窻下過，清駛可聽。至夜月明，

1　音 zhì，登高、上升。
2　置身泥涂之中而满身污秽的猪。
3　音 zān zǔ，冠簪与冠带，借指官宦。
4　在今山东省泗水县。《左传·隐公十一年》："使营菟裘，吾将老焉。"后因此称告老退隐的处所为"菟裘"。

意益泠然。夢中髣髴[1]得句云：流泉復何意，終夜自淙淙。其上蓋道曉月傷神之意，而忘不能記。余自哭子以後，不復作閒行三年矣。此來始一欣然，而詩語之發於夢寐者尚如此，可悲也已。晚翠臺，在嘉平縣西南雲霞川，與楊州接境，其地環四山而不迫。水從北來，抵臺下爲潭，其清可數沙礫。臺凡三成，高下皆有嘉樹被之。舊有盧氏亭其上，今亡矣。臺下，石崖屏立，其色蒼白，其皴如斧劈，根挿潭底幾丈餘，最爲奇觀。然坐臺上，不知有此，須下從潭西對望，乃盡得其狀。有欲置屋者，當於此而不當於臺上也。李生先己再至，爲余道之如是，今見良然。盧氏後人，移家住兩牛鳴地，聞余至，携酒來迓[2]，且許余卜[3]築。自余三洲至此，僅四十里，果能置數間屋，往來留止，以觀蒼屏，豈非一段佳事。顧余老矣，且病，不欲復費心力，殆空言耳。夕歸，再宿湛華軒，李生請有記，書以詒之。

（录自《農巖集》卷之二十四記）

觀漁臺記

洪敬謨

　　牛耳之川，自三角下，懸爲瀑瀉爲溪。水道屈折，巖石錯落，少無渟畜之處，故魚鱉不生。只有細鰷[4]小螯[5]虷[6]蝌之屬，浮沉於巖底水草之間，園丁溪童往往搜石而得之。川至于濯纓巖之西，繞壁而濚洄，旁陷石下，墮于小泓，絶類洲渚，清深多魚，

1　隐约，依稀。
2　音 yà，迎接。
3　音 bǔ，选择。
4　音 tiáo，同"鲦"，白鲦。
5　节肢动物的第一对变形足，此处借指螃蟹类。
6　音 hán，孑孓，蚊子的幼虫。

大石中流，自成層臺。平濶如席，可濯可漁，廼名其臺曰觀漁。每於午睡初足，曳筇溪邊，輒登臺而弄漪，命溪童漁之。童以大鐵槌棟石而撞之，則魚乃驚而浮出，遂攫之，或手探巖隙而拾之。沿溪上下，魚幾盈笱[1]，又命盡放于水，魚乃鼓鬐搖尾，圉圉[2]而逝。於是顧而樂之，樂其自適之趣而志不在魚也。昔竹溪逸民謂其友曰，吾將漁于山樵于水，其友疑其誕。逸民曰樵于水志豈在薪，漁于山志豈在魚，是無所利也，無所利樂矣，樂其無所利者亦自適也。余之在山而觀漁，與逸民之漁于山同，是無所利而只寓其自適之趣而已。自適之趣，貴在適意，意適則天可游矣，況漁釣之屬外物者乎。宋宣和間，有人題詩酒店曰是非不到釣魚客，榮辱相隨騎馬人，斯固警世之語，而棲遯淡泊者然後始可知觀漁之趣也。

（录自《冠巖全書》冊之十五記）

1　音 gǒu，竹制的捕鱼器具。
2　音 yǔ yǔ，困而未舒貌。

【亭】编

晚翠亭記

朴永錫 [1]

　余題偃息之所曰晚翠之亭，盖取諸松柏也。吾所謂松栢，不生於市井，不養於郊關，不大於丘垤 [2]，不老於山林。市井，地陋也。郊關，人伐也。丘垤，所附者小也。山林，所處者淺也。若夫滄溟之厓，蓬萊之巓，禀天地之精，含日月之粹，其養雨露，其堅霜雪，其材可以棟樑，其音足以笙簧。拔乎萃而獨立，峻極于天。閲乎千百世而蒼蒼，斧斤不敢近。此吾取諸晚翠者也。凡物思則著，著則存，存則見，見則聞。余於松栢思之，一年，落落之勢著，二年，亭亭之標存，三年，蒼蒼之色見，四年，泠泠之音聞，五年，晚翠之賞始全矣。今病作數日，向之昭昭心肺者昏昏，洋洋耳目者濛濛，悟夫凡物得艱而失易也。除煩惱而養氣，養氣而致神，致神而祛病，祛病而定心。則晚翠之賞，可庶幾復生，故記之以自省。

（录自《晚翠亭遺稿》之記編）

文山亭記

許　傳

　余嘗於閒居時，靜觀鳥雲飛而魚川泳，有活潑潑氣像，乃

1　朴永錫（1734—1801），朝鲜时代后期委巷诗人。委巷诗人又称间巷诗人，委巷文学是与以朝鲜时代由两班士大夫阶层所主导的诗文创作形式相对的、由社会中下层阶级推进的多元化文学形式。
2　小山丘。

知兩儀[1]間羣動之物，莫不各自以遂其性，況人其靈者也。天所以賦予於我者，率性而修之，則非惟遂其性，亦當盡其性。然士生斯世，不立身於朝則山林而已，此兼吾獨善之分，卽其遂性均也。吾黨之士，有李生洪錫者，居在山南之宜春鄉，世守箕裘之業，好讀書，篤行己志。自適於巖穴石泉之間，乃構茅棟數間於陶峴之下文谷之中，鑿池種魚，卉木成列，葛巾蘿帶，游焉息焉。日與村秀才子講業論文，良朋萃至則殺鷄爲黍，陳魚果以娛之，吟弄風月，消遣世慮，不知林樊之外，更有甚事在，而樂其所自樂者。余嘉其志而書之。

（录自《性齋先生文集》卷之十五記）

逗雲池亭記

姜世晃

出國都南門，折而稍東，不十里有屯地山。未有峯巒巖壑而有山之稱，無屯田之地而有屯地之號，是固無足較詰也。野徑紆回，麥壠高低，有村數百家。逗雲池亭據其西北，瓦屋數十間，粗堪坐臥。有小樓一間俯大小兩池，種蓮養魚，繞以垂柳。前對冠嶽之山銅雀之津，疊巘如障，白沙如練。庭列雜卉，園有栗林。有時摘野艷抽潛腥，眞可以消永日遣餘年。余年已逾七望八，百慮蹈冥，歸臥于此，亦可謂爰得我所。余未知此去餘日能有幾何，而靜坐一日之長，不啻兩日，則暮年所得不其多乎。

（录自《豹菴稿》卷之四記）

1　阴阳或天地。《周易·系辞上》："是故易有太极，是生两仪，两仪生四象，四象生八卦。"

一葉亭記

尹定鉉[1]

相國游觀公，退休於城北之三溪洞。疏溪之壅而泉眼出，其品甲於諸名泉。泉之上下左右皆石也，水因石之勢，懸而瀑，夾而澗，渟而潭，各呈其奇。公甚樂之，作亭於旁，跨巖爲礎而施柱，罨[2]紙爲盍而覆茅，廻欄周栿，鉤連紐結，可復解而移之。中僅容三數人坐，狀如扁舟，倚于厓壁。秋潦[3]泛溢，又似放乎中流，乃名亭曰一葉。公固有取之也，非舟而喻舟，亦豈無寓意者存歟。然古人以不乘天地之資，而載一人之身，謂之一葉之行。此其偏小，何足擬於經世宰物之地也。今蒼生若涉大川，望公而有濟，公雖欲久樂於斯亭，竊恐不能不先天下之憂而憂也。

（录自《梣溪先生遺稿》卷之五記）

買山亭記

趙冕鎬

道南溪而上，可三百武，山益靚水益響，怒而爲瀑。夷[4]而得小邱，左盤陀石[5]，若屛焉又茵焉。靠石而屋，植果樹環之者，買山亭也。自南溪而望，不知有亭。亭而頫，亦不知有南溪在其下。問其主曰李券，二百環樹外，皆黍隴稷畝，可資一年計，是可買也已。凡有亭榭，人費貲如山，花石不能療一日饑。吾

---

1 尹定鉉（1793—1874），朝鲜时代晚期文臣兼书法家。

2 音 yǎn，覆盖。

3 雨水大。

4 平坦。

5 不平若欲坠的石头。

未見其奇，余計拙不能辨一邱。今瀑之勢石之古，與離離之果，芄芄之田，能以一笠一筇，有之山溪之亭，若不惜乎。人與其徒遊，漫漫不知返，亦不知吾罪累編籍而至。雖吾厚售，曷之踰，自人之視余，必不知余有一日亭，亭亦有一日主。豈造物者往往鋪置之，以待乎不貲人而爲之主者歟，是以記。

（录自《玉垂先生集》卷之三十記）

添鶴亭記

趙冕鎬

亭於江西縣之衙者曰添鶴。舊無扁，我先祖孝貞公宰縣，以添鶴命，有詩板小記者也。凡樓榭臺亭，其刱之也記，葺之又記，騷人墨客之過而遊者，有可以記記。冕鎬罪流至是縣，謹讀公詩記。嗚呼。公莅江歲壬午，有二青鶴止于庭，連歲巢卵於亭之池，以是名，是豈無其應而然。嗚呼。公之治江，以清明文化聞，蕭廟下表裏以嘉止。凡公所縮符十三，而推江以成，屢膺璽馬之褒，以至特加階級。茂績著，然則江之鶴，豈偶爾哉。公挹謙歸驗乎地，以縣之鎮曰舞鶴山故也。前後公之如趙縣令根記鳴鶴池，荷棲相公亦有伴鶴亭記，率舉似以擬之之辭，曷若身親見其來而巢。昔趙清獻赴成都，以一鶴隨。時人服其清，不聞其自來，若穎川神雀，中牟馴雉[1]，不啻其過也。冕鎬於是得其可記者，吾祖爲政而有是異。爲子孫者，烏可無述。況念孱孫不肖，不克繩武，以不職流編，亦足以炯[2]惕後人。謹以是記之。

（录自《玉垂先生集》卷之三十記）

1　音 xùn zhì，馴順的雉。称颂地方官吏施行仁政泽及鸟兽之典。
2　炯，明察也。

玉壺亭記

李南珪

　　山水與珪組孰樂，山水之人曰珪組樂，珪組之人曰山水樂。此如飫蔬笋者羨膏粱，厭膏粱者思蔬笋，非好惡不同，其所處異也。然山水之樂內也，珪組之樂外也。稍知有彼此內外之分者，宜亦審所擇矣。余友安君昌烈，嘗從事宦業，年旣晚，自槐安縣解歸，乃於酒泉之赤城山中，起小亭而名曰玉壺。室寮樓軒，茶泉石榻，板橋漁磯皆具焉。衆水之滙而潭于亭下者，淨潔如貯之玉壺，亭因以名焉。君旣樂之而自爲記，又求知其樂者而屬之余。余亦嘗宦乎遊，然以拙故往往以山水爲歸，頗能知山水之人之所好惡也。鶉衣鷇飲[1]，面貌枯瘦，勞于菑畬[2]，疲于疏溉，困苦于荆榛[3]。巖谷虎豹之穴，雖清泉奇峯，日接乎耳目，遑能舍其憂而取彼以爲樂哉。出而見顯達者擁盖策駟，呼唱于路，坐堂皇擁簿書，胥史隸卒，奔走承奉，以爲天下之樂，無可以代此。曾不知其人之憂反有甚而以山水爲樂，然珪組而以山水爲樂者，亦未易多得也。彼外之無可樂而以爲樂者，誠愚矣。內之有可樂而不知其爲樂者，非君子所宜哀矜者乎。故古人先憂其憂而後樂吾樂，然此又身佩安危，以天下爲己任者之事也。若余之爲君平兩棄者[4]固勿論，雖以君之慨然有當世之志，亦不能不倦而休焉。則從前所從事而有志者，正佛家所云根塵妄想也。靜處斯亭，收拾舊聞，益加涵養操存之工。物欲淨而天理著，如水之貯玉壺焉然後，進而憂其憂而使民被其澤，退而樂其樂而

1　音 chún yī kòu yǐn，即鶉衣鷇食。指衣不遮体、食不果腹，形容生活极端贫困。
2　耕耘。
3　泛指丛生灌木，用以形容荒芜情景。
4　唐诗人李白《古风·君平既弃世》："君平既弃世，世亦弃君平"，谓严君平不愿出仕，官方也不授予其官职。

與民安其業，則庶其稱亭名矣。君之意其在此乎否。唐人詩曰："洛陽親友如相問，一片冰心在玉壺"。君坐亭上俯潭水，宜知余心之相照，不待憑人問也。

（录自《修堂遺集》冊之六記）

遊玉壺亭記 癸未

趙冕鎬

三月上旬，天氣暢和，雲物可人。雖老雖病，妄有風乎之志。與冠者一，金兌榮也，童子二，金士淑，李魯善也，携策由孟監洞入，回互盤錯，陟申丁峴。滿城猗旎，來呈于眼。遂憩石門上，石門者三清之東岡也。攀緣蘿藤，蒲伏巖齒。西而抵溪腹，喜得平衍[1]，額背之汗，已沾沾如也。昔也使吾當之，殆挾飛仙而遨遊者，今乃若是乎。遙瞻東岸一家，花樹排置有條理。使兌榮間是誰庄，曰姜姓人與全姓人同室居也。其東蠻週繞而就其塲，有秸席鋪地，有紙局具白黑子。與兌榮圍戲，輸一着撤棋。北而上稍高處，西顧叢叢諸名園，白晝鎖門，飄瓦毀垣，主人不可復識。又足傷心，及到北倉橋，橋上白首一老人，揖而前曰行次何緣到此，審知昔日池重甫也。曰吾偶然尋春，爾家阿那[2]。重甫指蝸殼[3]一小屋曰此也。遂渡北溪，溪上一人家無門，列有十許種盆供。使兌榮揚聲曰主人在乎，一椎鬐人年可五十，自內而出，見吾喜甚，兩手相接而進曰，小人金學鎮也。面則熟而名則生，方締思，學鎮曰小人字曰敬習也，始乃大悟，曰汝其花儈金敬習也。欣然就盆下而坐，問此何卉此何草也。遂起

---

1 指平坦广宽。
2 阿那：景观美丽的意思。
3 音 wō ké，蜗牛的外壳，喻矮小简陋的房屋。

而北，至士圭園，士圭雖去道山已久。其二子曰應錫，應植。應植有事往湖中，應錫持手鍤栽花。花闇[1]亦尚未撤，凡其許多名目，嶽下之最稱花家。相與說前說今，吸蕭移時，應錫以紅白映山花各一小盆歸我，吾乃根觸[2]往事，曰雖無老成人，尚有典型者此也。園之北曰白蓮社，西曰玉壺洞。經壇鼎足相望，上溪下溪，洴澼聲響。山卽所云殿基也，遊覽興感，繼之以涕。噫。白蓮之往昔，吾所未目而但耳食，玉壺一界，卽楓皐金忠文所粧點也。黄山金文貞買蓮社爲別業，當日賓客之盛，晝以繼夜，風流宏遠，而今安在哉。菭[3]壁辨刻字，楹拊[4]讀題聯，怳然如一塲春夢然。自其夢者觀之，千歲亦夢，百世亦夢，固何必在夢說夢，然前輩知其爲夢也。故其排置也，只欲一時娛心，捿息[5]而止，故白蓮玉壺率略處如是。然後人欲把千歲百世皆屬我，非夢之境。故凡所排置，必宏傑必侈麗，費盡人心力，尚恨阿房未央之不若，而席未暇煖[6]，主人已非。此正是前後人不相及，猶天淵也。大發一歎息，復從東麓，緩步南下，乃底于孟監洞。於是焉委蕙[7]，恃策而還，家屬驚且喜，曰腹得無飢乎，氣得無憊乎。八十一歲老人記。

（录自《玉垂先生集》卷之三十記）

1　同"暗"。
2　音 chéng chù，触动。
3　音 tái，同"苔"。
4　同"抚"，抚摸、拍打、捶击。《左传·襄公二十五年》："公拊楹而歌"，拊，搏也。《说文段注》：搏者，摩也。古作"拊搏"。
5　即"讬息"（音 tuō xǐ），意思是栖止、居留。
6　同"席不暇暖"，连席子尚未坐热即要离开。
7　音 wèi xǐ，畏怯、胆怯。

擇勝亭記

韓章錫

曠漠之野無何之鄉，神馬屍輿之所止，有亭焉。不施丹腰，不加礱斲。其高僅出于肩，其爲楹四爲椽十二。仰承赤油以易瓦，旁張靑幄以爲窓。翽乎如高鳥之將舉，翛然如輕舟之將汎。其中容人四五與酒壺一棋局一琴一，詩卷茶床而已。其所在無定處，張之則彌，退藏于密。每遇山水清絕，吾所遊息，則亭未嘗不在。其始作也，無經度之勞，斧斤圬墁築約之費，而其成也倏然如神靈之爲，人望之者疑以爲海上蜃氣。夫野處者不知山林之樂，巖棲者不知江湖之趣，得於此有遺於彼。是亭則不然，朝而山暮而水，或出於巉巖之上，或起於潏汭之際，萬象森羅，無往非適，此亭之所以名也。嗚呼。至人無欲，以身爲非己有，況物之廢興得喪，有不可恃者乎。彼傾千金之費，困生民之力，高其臺廣其室，華其榱[1]而密其構，自以爲無窮之計者，今有尚在者乎。是亭也用則存舍則藏，忽焉而有，忽焉而無，合散靡常，用之不窮，而吾亦處之如桑下之宿焉。雖謂之非吾有可也，謂之吾有亦可也，然非超然遊於物之外而不留一方者，烏知亭之樂也。

（录自《眉山先生文集》卷之八記）

悠然亭記 庚寅

金澤榮

吾友外務主事李君應翼以書來曰，余家沔川，西近渤海，

---

1 音 cuī，椽子。

陂塘岩岫之勝，魚鹽竹木之饒，足可樂也。而余宦于京，旅于四方，且十年，沔之父兄笑我者多矣。余近則稍厭世事，已買書寄家人，庶幾一日歸而讀之，以求古人之心。且治圃藝菊，至歲晚花吐，將徘徊其下，誦陶淵明悠然見南山之句而樂之，故預就吾亭而命之曰悠然。以子之文章，幸何以明吾志也。余讀而太息，因念往年與君同爲保擧生，試于太學，君落筆如風雨，揖余而先出，其氣飄飄如也。然君實少孤化離，未嘗矻矻劬學[1]也，君之才可謂富矣。李故延安巨閥，勳業文章，名卿碩儒[2]，自月沙、白洲以下，史不勝書，君之資可謂厚矣。以此之才與資，顧乃阨於時屈於人，鞅掌東西，不遑寧息，如九尺丈夫俛首居甕牖[3]下，氣結轖[4]而莫之解者。噫。其安得不思拂衣者乎。余觀淵明飲酒詩，蓋所以述退歸後叙攄之事，而採菊見山，卽其一也。然方其在籬下悠然見山也，其所見者，直見其所謂峰拔木秀，雲流鳥歸之景狀耶。意者心目之間，高邈曠古，窅冥冲默[5]。遠而獨見伏羲孔子，近而獨見榮啓期[6]，程嬰[7]魯二生，又或神遊乎河關桃源莽蒼有無之境，若將朝暮見其人，而不知世間有劉寄奴[8]，劉穆之[9]，殷景仁[10]。與夫彭澤五斗之米[11]，皭然[12]超乎泥滓，浩然與造物者爲友者，不言而意已至，而不知彼空際之蒼然者，果實是南山乎，否耶。嗚呼。此陶公之所以爲適，而君之所以形於慕誦者也。然陶公之悠然

1　努力勤奋学习。

2　名卿：有声望的公卿。硕儒：大儒。

3　甕牖：以破瓮为窗，指贫寒之家。

4　轖：用皮革缠绕而成的车旁障蔽物。结轖：将轖连结起来，比喻心中郁结不畅。

5　窅冥，音 yǎo míng，幽暗貌，遥远处、遥空。冲默：淡泊沉静。

6　榮啓期：春秋时隐士，事见《列子·天瑞》。

7　程嬰，春秋时晋国义士，元代杂剧《赵氏孤儿大报仇》中人物。

8　宋武帝刘裕，字德舆，小名寄奴，东晋至南北朝时期的政治家、军事家。

9　刘穆之：东晋末年大臣，深受刘裕倚重，矫正朝廷法律，改变政治风气。

10　殷景仁，南朝宋大臣、文人，经历宋武帝、宋少帝和宋文帝三朝。

11　陶渊明辞去彭泽令时有"不为五斗米折腰"之说。

12　皭，音 jiào，皭然，洁白的样子。《史记·屈原贾生列传》：皭然泥而不滓者也。

云者，適於既歸之後，則未歸之前，未必適也。今君之悠然云者，懷適於未歸之前，而既歸之後，其適當益驗矣。陶何必獨賢於前，而君何必獨慊於後哉。雖然吾因此有所感矣，吾儕[1]俱以齟齬[2]懸闊[3]之蹤，偶然相知於一時之會，言議相契，臭味相近，蓋有不可以言喻者矣。一日使宰相不能止君之行也，君之所以悠然自適者得矣。獨如吾何哉，子亦何爲使我思之而不得見。登高而望，湖海之間，羣山出沒，雲霞飛涌其中，輒悵然舉手語曰，彼或悠然亭之南山也耶。

（录自《韶濩堂文集定本》卷之五記）

悠然亭記

崔益鉉

亭名悠然，取陶靖節悠然見南山之句也。靖節之詠山多矣，有曰我屋南山下，又曰山氣日夕佳。究其自得之玅[4]，未有如悠然二字之善形容者也。蓋悠然者，對景忘情之意。方其採菊之時，反作看山之想，茫然自失，如歧路之亡羊，倏然[5]意到，若雪中之畫蕉，遊神乎太古之靜，開顏乎過雨之後。遂使閑雲倦鳥嘉木流泉，盡爲自家之物。苟非心不形役，安得如此。噫。山之愛，陶後鮮有聞。醉翁亭之蔚然而秀者，惟言環抱之勢。豐樂亭之漠然而見者，只爲昇平之象。其於悠然之意，邈[6]乎不可及矣。今南君廷瓚處滔滔之世，超然獨往，構亭於尼山之下，揭

---

1 吾儕：同輩、同类的人。
2 音 jǔ yǔ，意见不合、相抵触。
3 相隔很远。
4 同“妙”。
5 音 shū rán，忽然。
6 遥远。

扁曰悠然，遂成四韻[1]。其松柏之秀，蘭菊之叢，教子文筆，理田荒穢，隱然作一部陶詩。此外許多雲物，不待疊架而足矣。雖然，抑有一說，苟以悠然之意，不爲物欲所蔽，塵埃所累，做成九仞之功，則所居之山，亦將爲仁者之樂山，豈特爲處士之見山而已哉。

（录自《勉菴先生文集》卷之二十記）

白雲亭記_{甲寅}

金澤榮

　　開城崧山東迤爲獺嶺，嶺之西南有新岩洞，即古高麗神岩寺之址，而神變爲新矣。洞中之水清而見底，擁以奇巖，礙以盤石，明沙其最勝處，謂之九龍潭。其左則蓮花峰，右則獅子山。前有帽子峰，而漢陽諸山，出沒隱映于東南一二百里之外。朝而烟夕而霏，春花秋月，萬千氣象，不可殫記。盖崧山洞壑奇勝之富，猶之蜂房之稠疊[2]。而在高麗時，爲都城宮闕及閭閻之所奪，著名者惟有紫霞一洞而已。及高麗亡，諸奇勝始乃龍騰虎躍，先後以出於頹垣破瓦之中。而其最著者，爲彩霞洞，扶山洞及是洞矣。然彼三洞者，皆據崧[3]之腰腹肩脊[4]，得山氣之方盛者，則其奇固其宜也。若是洞臨於平野，山氣之盛者，宜其已息無餘，而尚猶有不肯息者如此，豈不尤奇哉。甲寅春，開城諸君子就結一社，建白雲亭，以爲寢處之所。然後構一樓于九龍潭上，名以紅葉，以攬景勝。朴石堂子山與於其社，馳書以告。夫余方陟狼山之巔，

1　亦称"四韵詩"，由四韵八句构成的诗，即近体诗中的五言、七言律诗。
2　稠密重叠，密密层层。
3　"嵩"的异体字。
4　肩膀与脊骨，比喻起护卫作用的要害之地。

北顧淮水，南俯長江，蔭楓橘而挹風月，自以酬平生壯遊之夙
志矣。雖然豈若吾之土哉，向風一歎而爲之記。

（录自《韶濩堂文集定本》卷之五記）

自愛亭記

韓章錫

周茂叔[1]以前，愛蓮者未有聞。豈眞無歟，友德者希也。鮑
明遠稱謝靈運五言，如初發芙蓉，自然可愛，此詩家語耳。然
詩有近乎道，天籟不發則雖嘔心擢胃，驅染紙墨，譬如剪綵[2]爲萼，
鎪[3]玉爲葉，藻繢[4]滿眼，而生意索然。終不若澤莖野條，自具天趣，
故率性之謂自然，安事乎雕飾。余自弱冠，從杓庭子遊，有東
野雲龍之好，覷其脫口使筆，飆發泉流，無不妙契天機，獨造眞境。
言近而思遠，氣平而韻高，使人各萌鈍根，洒然脫去，蓋其天
分之高朗，風裁之清遠，矎然不滓，稱其爲蓮花友矣。余在龍城，
杓庭子馳書來曰，吾近營別墅東郭外，疏池種芙藻，亭其上曰
自愛，子爲我記之。噫，公愛其花，我愛其人。人愛其詩，我
愛其德。不辭而應之者，喜玆花之有遭也。若夫溪山雲林扃[5]檻
臨眺之美，待余東歸，每歲花開，從公一醉而賦之，爲未晚也。

（录自《眉山先生文集》卷之八記）

---

1 周敦颐（1017—1073），字茂叔，世称濂溪先生，宋朝理学思想的开山鼻祖，文
学家，哲学家，著有《周元公集》《爱莲说》等。
2 剪裁纸花。
3 音 sōu，镂刻（木头）。
4 音 zǎo huì，错杂华丽的色彩、文辞、文采等。
5 音 jiōng，从外面关闭门户的门闩、门环等，借指门扇。

三檜亭記

韓章錫

有山野之間，落落特起，脩幹蒼葉，四時不凋，沖霄拂雲，萬木斯下，庇焉爲盖，濟可作楫，處則松筠其操，用則棟樑其材者，其名曰檜。盖其性直，故不困於蓬蒿而遂其長。其體堅故不奪於霜雪而盡其壽，植物之類有德者，是故太清紀老君之蹟，汝陰傳坡老之詠，古人所稱有以夫。大冢宰[1]心湖金公退老楊江之上，卽桑梓之里而卜焉。左矚龍門，前臨大灘，幽闃遼夐[2]，兼江山之美。洵所謂開門而出仕，跬步[3]市朝之上，閉門而歸隱，俯仰山林之下者也。公嘗語余曰，吾築室藝園於此有年矣，名卉佳木，蔚然成林，有綠野平泉之趣，而中有老檜三樹，亭亭挺立，吾獨愛是。起數椽，消搖其上，晴雲度壑，繁陰如繡，夕飆拂柯，寒潮答響，綠褥清泠，助我幽致，遂以三檜名吾亭，子其記之。嗟乎。覵公所愛，可以尙公之志也。雖然公功名已隆而利澤未究，年齡已卲而精力尙强，輿人之所繫望，朝夕且廊廟，以待舟楫棟樑之用，顧安得久於江湖哉。公封植之旣勤，食報猶未艾也。今見清陰滿庭，寶樹之茁其芽者，寔蕃且碩，後必有續爲公記三槐堂者。

（录自《眉山先生文集》卷之八記）

---

1 古代官名，明、清吏部尚书别称之一。
2 幽闃，音 yōu qù，静寂。遼夐，音 liáo xiòng，辽阔宽广貌，遥远。宋代王禹偁《黄州新建小竹楼记》"幽闃辽夐，不可具状。"
3 音 kuǐ bù，半步。

一松亭記 己亥

金澤榮

　　京城之東巷，有亭曰一松。其松也在室東隙地，自根而上，四五屈折然後，布枝作側盖狀。晝以障日，宵以迎月，微風之來，泠然出笙竽音，卽大風雨則如三軍赴敵，鐵馬崩騰，其可畏哉。然以其地之湫隘也，枝之可丈袤者止於尺，幹之可拱大者止於把，氣之不能舒者橫出，爲擁腫鬱鬱然，如九尺丈夫匍匐甕牖下。又如懷才抱器[1]之人，不能得高位，而屈首帖耳，趨走人之下者。余謂亭之主人，請子巍其門大其宇拓其庭，無爲松憂，否則捨此而去之于百畝之宮千武之園，奇花異草，靈林嘉木，紛紛郁郁，無之不足，亦何獨取此松爲。主人笑曰，以吾不才，厠[2]跡于朝，旅進旅退[3]，無一建立，得有此居，乃其幸也。夫此居也，吾方且以爲已美，矧敢望其加。余爲之謝曰，善哉言乎。夫志於大者，小物不能累，安於約者，所及必博。姑以子之先祖文忠公言之，出入將相三十年，家無擔石，垣屋不治，清儉貧薄如此。而其澤及生民，功垂社稷，顧何如哉。子能推子之言，則他日建立，其將庶幾乎其先德矣，可不欽諸，遂索酒飲松下，因以記松之美。

（录自《韶濩堂文集定本》卷之五記）

小豐樂亭記

南公轍

　　余留守西京之明年春，出遊池上。池在官門南數十武，久

1　喻怀才待时，不苟求名利。
2　同"侧"，旁边。
3　与大家共进退，形容自己没有主张，随大流。

湮廢不治。顧而嘆曰，此前人遊宴處也，繼至者不修，則將奚[1]恃歟。於是召工雇丁，崇傾疏淤，於府西古城傍，得磚石墜者復築之。又中作一嶼，構小亭於其上，多植芙蓉楊柳。方夜月明，東南諸山，與波溶漾，水碧天青，萬象澄澈。池僅數十畝，而有錢塘湖山之勢。三月癸酉，與經歷及諸將佐，登亭飲酒，鼓鐵琴而落之。西京在高麗爲國都，至五百年之久，紀綱頹隳[2]，土地分裂，豪傑并起而爭，及聖人受命而干戈息，士安於畎畝，而小民以舟車商賈爲業，繁華盛麗，晏然[3]無外事。而今余與諸人，舉一觴相屬，此莫非上之功德也。余以此語客，客曰留守此言與滁州豐樂亭記，意思略同。方余思亭扁而未得，時清明上巳之間，甘雨適至，又卜其歲物之豐成，仍以小豐樂名亭，乞俞生漢芝[4]隸書以揭焉。亭凡六楹，周垣二十圍，用木以丈計者二十，以尺計者七十一，磚甓以片計者一千七十，灰堊[5]以斤計者一百六十，他石綠膠煤[6]爲五斗，匠人圬[7]人五。

（录自《金陵集》卷之十二記）

重修四達亭記

洪爽周

今上十五年乙亥，爽周受命按湖右，行部至洪州城外，見官道傍有吾高祖考睡隱公遺愛碑，下車而拜，既入其治。陟其園北之亭曰四達，讀其壁上記，則睡隱公所建，而公之再從姪

1　何，哪里，哪个。
2　音 tuí huī，败坏。
3　安适，安宁，安定；晴朗貌。
4　之的讹误。
5　石灰的别称。见明李时珍《本草纲目·金石·石灰》。
6　胶泥煤，无结构的腐泥煤。
7　音 wū，圬人即泥瓦匠人。

耳溪大學士所新也，抗高頗平，豁然可樂，顧歲既久，堂壁往往侈圮，欲鳩財修之。居二歲，竟未果而去。其後六年壬午，睡隱公之從玄孫世周，以牧使至，甫數月，貽書告奭周曰，吾已新四達亭矣，其爲我記之。嗟乎。斯堂之興，於今爲三，而皆出於吾家，吾又安得無一言。奭周生既後，不及詳先世事，惟嘗聞睡隱公莅是州前後廑九月，始至值歲大饑，發廩以賑民。車駕臨浴溫泉，去州境不百里，奔走供給者又數月，而顧以其暇，治亭榭修廢墜，沛然有餘力。其成也，民樂之，其去也，民懷之，迄屢歲稱道不衰。及觀乎是亭，雕斲不巧，丹艧不施，其深不足以貯聲伎，其廣不足以張讌遊。四顧夷然，所接于目者，惟閭閻畎畝之情形，而奇卉異石，玩娛之具無列焉。其書以揭于壁者，爲尤庵宋先生愛蓮堂記。嗟乎。公之去是州，今百有二十年矣，由斯亭求之，尚或想見其遺風之一二，吾又何敢無一言于是哉。顧余以一路之力，不能修之于再期之間，而今牧使以區區一邑，舉之于數月之頃，其才之過余亦遠矣。吾且拭目以覩其政之成，而使洪之人世頌吾洪氏，姑書茲以俟。

（录自《淵泉先生文集》卷之十九記）

太守亭記

南公轍

　　嶺南多山水郡，丹丘亦其一也。下舟而馬五里，林巒暎帶，水出其上，與石相激，鏗鏘如環珮之鳴焉。世傳有人入其中，化爲神仙云。盖丹丘居智異[1]之下，最號深僻。其山澤之産無美材，土地之貢無上物，又無四方遊士爲之賓客，而舟車之往來者絕少焉。故是邦之人，徒以安閒少事爲樂，而未嘗飾樓臺亭榭，

1　山名。

爲遊觀之娛，與山水相稱，自古然也。聖上十二年，工曹正郎鄭公來爲太守，其明年政成，遂因其故址而修葺之，作亭於其上。亭成而山水之勝始具，於是太守與其吏民相與共登而落之。蔭喬木而匜坐，酌清泉而飲之曰，樂乎遊哉。每風止雨收，煙消日出，輒幅巾杖屨，往而徜徉焉。舉目而望，四面如一，晦冥陰晴之景，變幻倏忽，不可形狀者，皆效於枕席之下。亭之大略如此，朝而肩輿乎西山，灑清風而挹丹霞，飄然有羽化之想焉。夕而放纜乎中流，兼葭白露，庶幾遇伊人而從之遊焉。太守於此，未嘗不取醉嘯歌，怡然而忘返也。丹丘介於嶺南，地僻而境幽，政清而事簡。其吏民安閒百餘年，不見干戈。又幸歲比登熟，賦斂不繁。邑屋千餘家，晏然無事。然而來是邦者皆凡吏，未嘗與之遊觀以自娛，使其俗徒知食土樂業，而不復知有山水亭觀之勝。今太守之來也，昔之爲廢墟敗址者，有亭兀然矣。昔之爲荒莽茂榛者，佳花美木列焉。昔之爲頹垣破砌者，清池怪石環焉。不日而工訖，民不知役者，是誰之力也。今年四月，因其邑人李榮祚，來丐[1]記于余。余謂作亭而誇美山水，太守之樂也。而其吏民之從太守遊者，不獨爲是亭也，則其賢可知也。

（录自《金陵集》卷之十二記）

換鵝亭記

南公轍

山陰一名會稽，亭曰換鵝，池曰洗硯。亭之左右前後，奇花異草，嘉樹美石，廻看爲峯，延看爲嶺，仰看爲壁，俯看爲谿。以至正者坪側者坡跨者梁夾者碉，未嘗與吳會山川，一有髣髴，而忽得一王羲之來何哉，夸矣其好名也。然是有因而然，

---

1 求。

因山陰而想吳地，因吳地而得羲之，因羲之而黃庭經道士鵝硯筆墨，紛然而至，類牧羊者遂夢曲蓋鼓吹爲王公，亭與吳遠矣。想之所因，豈足怪乎。遊斯亭者，徘徊嘆息，思欲於東南得一地，今古得一人，乃於會稽鑑湖之間，求一蕭散名賢如羲之者而寓其意。然則名之者，必韻人名士也。夫善遊山水者，在乎目想而意得爾，不直至其地而後始探其奇也。亭之一花一草，一樹一石，一峯一嶺，一壁一谿，一坪坡一梁碢，心焉而翶翔，目焉而排蕩。常以待吳會山川之法待之，則地非吳可也，山非會稽可也，人非羲之可也，鵝非古鵝而乃今鵝可也，硯非古硯而乃今硯可也。歲丙午，余來守是邦，於是亭之作爲數百年，久而頹廢，遂捐俸錢，重修加丹艧，經始於翌年三月三日，至四月十日訖工。既成，識此於壁，吏奴董役者例得書。

（录自《金陵集》卷之十二記）

風珮亭記

南公轍

德裕山，東南之最秀者，而以峯名者百數，以洞名者倍蓰[1]，大抵多肉而少骨。有所謂尋真洞，洞之奇以石以瀑布。洞深五里，廣五十畝，緣口至巔皆石也。碁置星羅[2]，稜者砥者，突者平者，駢[3]筍者橫戟者，如書畫軸者，若囊琴而床者，奮如飛奔者，低如墜下者，千態萬狀，各自異形。稍上十餘武，曰龍淵。見一帶瀑布，橫展百丈，雲根雪浪，噴珠碎玉，砰訇[4]轟踏，與石相激，其鳴如風佩聲。蓋洞以石勝，石得瀑布尤奇。其地宜

1　音 xǐ，五倍为蓰。
2　像棋子分布棋盘，像群星罗列天空。
3　音 pián，两物并列、成双的。
4　音 pēng hōng，大水声。

亭閣，有亭閣則當以石及瀑布名也。世稱三洞尋眞，居其一也，而其二則曰猿鶴曰花林。猿鶴洞在搜勝臺之西，搜勝臺一名愁送巖。三韓時，數發兵相攻，使者冠盖相望，而賓客皆餞別於此，故仍以名云。臺上可坐宴，下空廣，人行如屋廡下，石乳下垂，青瑩膩滑，間作紺碧色，水匯爲方塘。樹木掩翳，紅綠蕩漾，如琉璃世界。宋文正公嘗築庵，讀書其中，今其遺址尙存。花林洞少石無瀑布，樹多楓樟櫧桂松柏冬青石楠。遊賞宜春夏，花瓣葉縷間，人負杖嘯吟，最爲奇絶。聖上十一年，知縣金公在淳來遊于此。余自山陰往會，遍觀三洞，徘徊古石流水間，相顧而樂之曰宜亭哉，遂名曰風珮，屬余記之。後三年文成，而亭尙未作云爾。

（录自《金陵集》卷之十二記）

積翠亭記

蔡濟恭

積翠亭與戀明軒對峙，互開牕可辨人顏色，聖門所謂德不孤必有隣者也。亭三面皆妍峯，其勢窈窕，疊翠無時不滴，扁之揭以是也。迆其西爲百香樓，樓孤騫，高柳僅能齊簷。前鑿塘，縱可五六間，橫如之。正中築石爲島，島上有千枝松鬱鬱挺立，水澄綠環之，葢源於臥龍瀑也。自瀑腰割堤疏其道，歷灌水田若干畝，然後引之塘，方水之將及於甃[1]也。刳石腹爲筧[2]，據其衝以受，水不能散漫，從其味墜下如束，淅淅有聲。及其盈科，又以筧斜對，洩其流入于澗，使旱不涸潦不濫也。養魚數十頭，任其游泳自在。柳杉桃楓，蔭暎四畔，中植蓮，五六月之間，

1　音 zhòu，井壁，借指用磚砌的井、池子等。
2　音 jiǎn，引水的长竹管，安在房檐下或田间。

其葉全掩水，花亭亭四出，香聞于亭，余愛之甚，名其池曰光影。每當炎暑節，手一卷倚樓而坐。時有山雨暴過，活水迸至，魚爭跳欲衝上筧，玉鱗騰水尺許，筧滑還墜於塘。蓋魚性惟新水是嗅，知上而不知下也。余欣然笑顧謂人曰，不亦奇乎，此天機所使，自不得不躍，雖魚，亦不知其然也。顧余以其流動自然之趣，攬之爲耳目之娛。有若私有者然，使魚而有知，不亦笑吾之以物之樂，資以爲已之所樂也歟。雀不仁，匿影藻荇間，幸魚之出遊，喙啄之甚巧。余不能禁，歎息以書。

（录自《樊巖先生集》卷之三十四記）

晚漁亭記

蔡濟恭

余之老友權仲範，一日，謝終南第宅，攜妻子出麻浦江上，扁其亭曰晚漁，仍以自號。時入城訪余，盛說晚漁之趣，頗有自得色。余歎曰，亭雖小，亦足以關世道矣。君之才之閎，誰之不如，釋褐雖在晚暮，既策名明時，君之所宜處者，獨非玉署與巖廊乎。今乃使君而自放於江湖之上，漫漫然以漁釣爲事，君所以自得之者，于世道何如也。六年春，余奔迸麻浦，借宅以居。所謂晚漁亭者，舉數十武，便可至矣，余嘗一再訪焉。亭得地勢，不坳而穹，宜眺宜望。前有臥牛山，開顏向內，有若全爲亭抱持。萬瓦簇簇然傅地，自渚而達于野，朝煙暮靄，或近或遠。長江一帶橫其西，漁艇商帆，隱映進退於堤柳汀蓼之間。亭之攬奇勝，固已多矣。轉以入仲範翁寢處之室，四壁皆一代名翰墨，案上有詩草若干卷。直南縈繚以短墻，護奇花異草矮松恠石。庭際築壇一區，被以軟莎。環墻上下，有名梨十餘株，花開如雪，時適霽月東升，香與色令人應接不暇。酒數行，翁甚樂，余亦樂，顧以歎曰，有是哉，翁之晚漁之趣也。天下物性，其類有萬。蜘蛆[1]甘帶鴟雛[2]，不顧腐鼠，非故爲異也，其性然也，奚獨物爲然。杜子曰，鍾鼎山林各天性，人固有以山林之樂，不以換鍾鼎，而若夫遺棄本分，吮舐權貴，以賭一時之利，其甘如帶者，自翁視之，不特不顧而已，必將哇之而後已。人生貴適意，意適天可遊矣。世道，在人者也。吾之樂，在我者也，何可捨吾樂而憂在人者爲也。向余之以世道言者，多見其不知翁之性也。余出沒於灩澦堆[3]者，方見漁於人是懼，雖欲理釣竿以從翁於西巖之側，恐亦後時矣。姑書此，以賀晚漁翁之得其所得。

（录自《樊巖先生集》卷之三十四記）

蛟淵亭記

申景濬

蛟龍山在南原府西七里，有密福二峯，其支東下蜿蜒，如霼蛟幷臥，故名以蛟龍。山不甚高大，而特起大野中，清秀峭絶，望之使人悚然起敬。常有佳氣浮其上，山之四方，巨嶽峻嶺，環而拱衛之，亦不敢褻狎以近。遠或至四五十里，東之般若，方丈之西峯也，名聞中國。杜工部咏之，西之月雞高政，北之靈鷲聖跡，南之寶連屯嶺，皆穹崇崵嶪[4]，參雲霄者，而府特以蛟龍爲鎭山。百濟以古龍名郡，高麗以龍城號府，凡物之貴賤尊卑，不以形之大小也。有如藐少儒生，以一羽扇坐於錙壇之上，

1　蜈蚣、蟋蟀。
2　音 yuān chǔ，与鸾凤同类的鸟，用以比喻贤才或高贵的人。
3　长江瞿塘峡峡口的险滩，在四川省奉节县东。唐代诗人杜甫于大历元年过瞿塘峡滟滪堆时作怀古诗《滟滪堆》。
4　崵，音 tí，同"岹"，山势渐趋平缓，山脚。嶪，音 niè，同嶭（音 dì），高远。崵嶪：高峻的山。

環眼戟鬚猛如熊虎之倫，執大刀長矛，列侍左右，仰聽其軍律也。山之南麓下，有村曰伊彥，文獻鄉也。國子生員尹致鼎，家於是。庭有小池，經二丈餘，扁所居室曰蛟淵，蓋以山而名其淵，以淵而名其亭也。然而邵堯夫盆池[1]吟曰，既有蝌蚪，豈無蛟螭[2]。今子之池雖小，而比詩盆猶大，安知神龍不藏於其中乎。堯夫觀物，小之則以天地爲一丸，大之則以一盆爲湖海，會通萬殊而同歸於一貫也，不可以彼之小而侮之也，不可以我之大而驕之也。適意於一枝之樓，而不必羨人之大也。進步於百尺之竿，而不必自畫以小也。子在池上，所得必多矣。

（录自《旅菴遺稿》卷之四記）

小水雲亭記

蔡濟恭

吳景參挈妻子，一日入丹陽山中，重理水雲亭以居，求余文以記。念笑應之曰：天下之無一息停者，莫水若也。喜四方遊者，莫雲若也。君之不能久於亭，殆兆於此乎。夫以君之才學，值聖王在上，魚水契而風雲會，要之早晚事耳。君雖欲長有水雲，水雲其受諸，亭且不能久，安用記爲。未幾，景參擢[3]嵬科[4]，受知於上，翱翔於臺省[5]玉署[6]之間，余言中矣。竊意景參之忘水雲亭，若筌蹄之無所用也。元年夏，景參出爲德川宰，關西之巖

---

1 宋代邵雍的《盆池》诗。
2 音 jiāo chī，蛟龙。
3 提拔。
4 高第，科举考试名次在前者。
5 汉代的尚书台，后指政府的中央机关。
6 官署的美称；翰林院别称。

邑也。方其踰大嶺，捫[1]星以赴，束峽重關，類官人者之不可跡也。及到郡，劃然開野，長江映帶明沙，民居點點棊布，雲霞當晝而起，官舍簾几，宛是武陵障矣。先是，回祿告灾，廨[2]入灰燼，景參至則一新之。以其餘枡一小亭，日夕琴嘯於其中，扁之曰小水雲亭，於是景參不忘素矣。雖然，以余見之，盈天地之間，皆水與雲耳。人苟能善觀於物，水以潔所操，雲以學無競。彼洋洋者英英者，無往而非吾把翫之物，何必亭而後始可籠而有之，又何必丹與德爲其所歸也哉。且夫天下之水雲，一也，豈有方所大小之可分。而今景參切切然置區別於其間，計較之不已，亦一妄也。吾恐彼水與雲者，未必不以景參之見爲小也，況官居傳舍也。景參之腰下符竹，且不可長有之，而以外物之偶然相值者，把爲己有，亭之不足必名之，名之不足必欲記以文，景參固若是芒乎。余老矣，倦於朝。買小亭於明德山中，以流水爲絲竹，以白雲爲屏障。雖謂之水雲主人，余所不辭。景參如有意，當不惜分華一半，與之終老於其間，夫然後方可爲眞水雲亭也。

（录自《樊巖先生集》卷之三十四記）

明谷晦亭記

閔在南

　　明以姓谷，晦以名亭，其主翁則未知何許人。谷之北百餘武，有峯東折而南起者，盖方丈之子孫而臨江雙峙，一曰石峴，一曰茅山。山勢稍低，盤屈環抱，爲也字形。中間一阜[3]，端拱

1　摸。
2　旧时官吏办公处所，如公廨、郡廨。
3　土山。

儼[1]趜，分爲左右翼。挾翼而墳高數尺者，卽余祖母晉陽姜氏藏也。直墳前橫折而背茅山面箕峀[2]，拓地虛其下而架椽[3]於上，樓茅而亭之，蓋爲余依憑明靈，晚節棲息也。嗚呼。祖母臨終之言，其將有驗於冥隲否。是亭也去村落不遠，且無奇觀異勝之可記。然凡所矚許多物，卷之吾方寸樂地，則無非好箇景致也，何必一一粧點耶。第觀松篁吾藩籬也，山水吾軒屏也，地勢開朗，景物窈明，靜處閒養者可以偃仰[4]於其間，而非所謂隱者之盤旋也。然則吾非仕宦而休退者，又非蘊經綸[5]老丘壑[6]者，而只一與物無心，隨處獨樂者也。怡神於靜居，保眞於閒界，不害爲聖世逸民，而與古之入深林棲碧山者異趣矣。時有溪賓野友說農桑問漁樵，則不甚慭然[7]而酬聽焉。又與卷中名碩，朝暮相遇，則玆亭之樂，可謂不孤矣。每夜坐默念，因歌邵堯夫首尾吟一遍，繼以誦程夫子秋日偶成詩曰，萬物靜觀皆自得，四時佳興與人同，富貴不淫貧賤樂，男兒到此是豪雄。愀然[8]擊節[9]，時軒月方明矣。無人抱琴而至，久乃就枕，已而覺窓日又明矣，遂起自語曰，吾之命名於是谷者，著得日月大明也，而明之者鮮矣，是以晦焉。

　　崇禎紀元後四辛亥清明日，明谷主人記。

（录自《晦亭集》卷之六記）

1　端整。
2　簸箕，扬米去糠的器具。
3　椽，放在檩上架着屋顶的木条。
4　随世俗沉浮或进退。
5　指治理国家的抱负和才能。
6　深远的意境。
7　漠不关心貌，冷淡貌。
8　形容神色严肃或不愉快。
9　形容对别人的诗、文或艺术等的赞叹。節：一种乐器。

伴鷗亭記

許　穆

伴鷗亭者，前古昇平相黃翼成公亭也。相國歿近二百年，亭毀，爲耕犁棄壤。且百年，今黃生，相國之子孫，結廬江上居之，仍名曰伴鷗亭，以不沒其名，亦賢也。相國之事業功烈，至今愚夫愚婦皆誦之。相國進而立於朝廷之上，則能佐先王立治體正百僚，使賢能在職，四方無虞，黎民樂業。退而老於江湖之間，則熙熙與鷗鷺[1]相忘，視軒冕如浮雲。大丈夫事，其卓犖當如此。野史傳名人古事，相國平生寡言笑，人莫知其喜怒，當事務大體，不問細故，此所謂賢相國而名不沒於百代者也。亭在坡州治西十五里臨津下，每潮落浦生，白鷗翔集江上，平蕪廣野，沙渚瀰滿。九月陽鳥來賓，其西距海門二十里。上之六年仲夏既望，眉叟記。

（录自《記言》卷之十三中篇棟宇）

雲根亭記辛卯

金昌翕

關東勝槩[2]，蓋有所謂八景者，皆濱海也。隨地闊狹，各一面勢，而其必以一長擅奇則同，惟杆城之清澗亭不競，以其處地之卑而集勝者寡也。自昔遊人之沿海者，載輿而來，興盡乎此。以爲不足留眼，其爲亭之羞久矣。亭之南側，有樓幾間，頗宏麗，肇于鄭使君澉時，歲久將頹矣。權侯益隆大叔莅邑三年之庚寅，謀欲重創，以書來詢于余。余答以事固有仍舊貫爲可，而一有

不可者，斯役¹也盍盍²所以突兀與蜃樓爭奇，以解遊人之嘲哉。大叔爲政，固不安於仍陋就苟，而所不足者非智調方略，故每隨事出奇，吏民驚以爲神，於是有激於余一言。遂走而彷徉搜抉，得一高阜於亭南百餘步，勢出雲雨之上，大叔撫掌而喜曰吾得亭基矣，顧安所備木石乎。西望有銀峰山，自近聳出，礧礧³萬石叢委⁴，若玄圃積玉⁵，大抵六面或四五稜⁶，不假人工，自中繩尺，大叔又指顧而笑曰吾得亭材矣。號令所到，若有鬼叱，娥移而轉致乎阜上者凡數十餘具，皆質勁而色蒼，尺度有餘。竪之仍礎爲柱，加以上棟旁翼，作芝蓋形，即其八楹之內，可容十餘客樽俎，而橫爲蘭砌，皆叢石合成。於是大叔問名於余，余命以雲根，蓋取唐人詩移石動雲根之意。試往覽焉，則東面而粘天無壁，在所不論。以西則橫亘百里之勢，自金剛來騖⁷者，蜿蟺扶輿⁸，峙爲雪嶽⁹，天吼隱軫¹⁰，烟霞之窟宅。中貫以彌嶺圓巖之驛路，降而邐迤爲大野平蕪。夫蒲葦之港，荷蓴¹¹之陂，樵橋釣灣，與鳧渚鶴汀，繚繞森羅，呈妍獻奇者，奄爲亭之所有，可謂該矣。大叔舉觴而謂余曰，斯亭也，基則發地慳，材則仍天造，局面則乾端坤倪，襟帶則岳崇野闊，豈不爲八景冠乎。余曰子言則夸矣，然余所徧履，可無揚攉者乎。三日竹西蕭灑而背乎海，鏡浦月松闊遠而隔於山，望洋臨岸而無他奇，洛山觀日而有未敞，若夫叢石則是亦叢石已，如是論之則居一於八，包綜衆美者，

1　干杂事的劳役。
2　盍，音 hé，整个儿，覆盖、盖。盍：同“图”。
3　同“礧”，堆砌大石貌。
4　繁多、堆积。
5　传说玄圃多美玉。
6　棱角。
7　奔驰。
8　盘旋升腾貌。扶舆：扶摇。(唐)韩愈《送廖道士序》：“必蜿蟺扶舆，磅礴而郁积”。
9　雪岳山，韩国东部山峰，位于江原道。
10　隐藏、隐匿。軫，音 zhěn，车箱底部四周的横木。
11　音 chún，同“莼”。

殆其在兹，雖謂之無雙可也。亭既斷手，樓亦完創，而增侈高下，聯比以及萬景臺，而燈燭笙歌之交互，尤爲映發。自此杖鞋之賓輶軒之使，必將淹留忘返，而無復如前之寂寥矣。亭雖欲無名得乎，或疑亭太突兀，不堪待風雨而支悠久以爲憂，此則有不然者，屹然八柱，自可撐雲霄而歷浩刧，繼大叔而隨葺其簷瓦者固當有之。不然而脫去幨幪，露身而立，人將不憑倚乎。於是不謂之亭而呼曰雲根臺，亦無不可。然則大叔神明之稱，配石而難朽者，夫豈有極哉。以是爲雲根亭記。

（录自《三淵集》拾遺卷之二十三記）

四美亭記

申維翰

亭以四美名，喜之也。漣之邑小如斗，土瘠而窶[1]，泉瀆[2]而瘴[3]，戶寡而役倍則其政剝，官煩而俸微則其道貌，是其以四難有名都下。拜命而人人畏懼，至又力辭去，數易而弊益痼。昨年春，余以濫恩待罪兹邑，始至見數三廨宇。僻在窮山之畏佳[4]，殆不禦風雨，窄甚亡以覿牖外雲烟，既尸祿逾年，欝欝不適意。迺於邑治之巽隅距衙門百餘武而得棄地，鑿塘灌泉，方廣五畝，水之積坻[5]堤，築土其中，高出水丈餘，作亭於其上。亭有四楹，楹外有欄。坐堂伏檻，覆以瓦輝以丹碧。西有橋架虛，通路池中。種荷十數本，畜金魚百千頭。亭傍設土階，植梧桐卉草，環堤植柳。池南一小山，其趾浸水，蒔百種花樹以蔭。池亭之高不

1　贫瘠。
2　音 dù，沟渠。
3　瘴厉、瘴气。
4　高峻。
5　同"坻"，山坡。

數仞，而地勢超然頗爽曠通。眺四山嵐翠，合抱如屏帳。與夫百家墻壁千畦禾黍，歷歷如帳中物。吏民聚觀踴躍，咸謂斯亭若隕自天，於是酌酒亭上，樂而告曰亭之美有四。樹成而得山花洞雲，倒影在水，可以翫象。蓮長而得碧藕紅蕖，清香撲鼻，可以浣心。魚肥而隱几垂竿，得金鱗佐酒，可以取適。農月聽田歌，課婦子饁[1]餉，歲旱則決池水漑稻秧，可以勸農。是吾一小築而四美具矣，邑之有四難何病，衆大驩[2]曰美哉亭乎。曩見公齰齚未紓[3]，今而灑然日瘳[4]矣。絀[5]四難而爲四美，繄[6]自公始，邑之幸也。請書公言以麗眉。

（录自《青泉集》卷之四記上）

靑巖亭記

權斗寅[7]

宅西十許步，得大巖，其上有亭歸然，是爲靑巖亭。裨沼環之，湛湛然如碧玉，橫石梁以入其中，爲絕嶼，四面皆一大盤石，亭據巖之上，得三之一焉。亭北傍有巖屹立，高丈餘，石色益蒼古，故以靑巖名。先祖忠定公實創之，凡堂六間，房二間。厥初不房而堂，高祖草溪公憑虛築石而增之。爲亭不甚宏侈，以其占勢高，故頗爽塏。瞰東岳，面南山，北通文殊，眺望稍寬。中注一小溪南流，至亭下，奔射激石而去，其聲潀潀然。南軒外植三松，長與屋齊。楹北巖隙，有黃楊自生，屈曲不長，

1　音 yè，同"饁"，给在田里耕作的人送饭，如饁田。诗经《豳歌》："妇饁亩以勤劳"。
2　音 huān，同"欢"，高兴、快乐。
3　音 shū，解除、宽舒。
4　音 chōu，病愈。
5　音 chù，同"黜"，罢免、革除。
6　音 yī，同"是"。
7　權斗寅（1643—1719），朝鲜时代后期学者。

間蒔菊數叢。池岸立松檜柏古木各一，槎牙半枯。度石梁臨池，得三楹，爲燕居之室，卽沖齋齋，與亭相對而低。稍東又得三楹，我先考所建，皆煖室也。階庭整理，繚以小牆，雜植蘼蕪，牡丹芍藥之屬，輔以薔薇躑躅。南北各啓一小門，賓客往來者縣之。又東啓一小門，成三逕，引東澗水，穿南牆以通沼，潾潾循除鳴。獨夜臥亭上，則潺湲聲終夕在耳，可愛也。庭中有大枏[1]樹，翠色拂雲，童童蔭庭，夾以楓林。雖盛夏亭午，無暑氣。池中種魚數千頭，綠荷亭亭，芙蓉千柄出水，紅翠雲湧。每清風徐來，香郁郁襲人鼻眼間。前則水田禾稼滿野，農唱聲相聞，亦一吾亭之勝也。最宜月夜，萬籟闃寂，澄塘鏡空，波光溶漾，倒射梁棟間，搖蕩如鎔金四注。纖鱗[2]或躍，水鳥時鳴，松影滿樓，一塵不到，令人爽然無夢寐。蓋亭之四時之景不同，而吾所以樂之者，在春夏秋三時。冬則過寒難處，獨大雪埋巖，惟蒼松翠柏，獨也偃蹇不屈，爲可敬可翫耳。楣間有退陶[3]先生寄題四韻詩，詞畫端嚴。澗谷舍輝，繼而和之者，朴公啓賢，權公擘，亦一時文章韻士。亭額三大字，甚勁健奇古，惜筆之者沒，其名不傳也。噫。人與地遇，地由人勝，斯亭遇我先祖而名益顯，得李先生賞詠而光益著，豈獨溪山之勝，景致之奇絶而已哉。

（录自《荷塘先生文集》卷之四記）

一架亭記

魚有鳳

漢師安國坊永安都尉第後園深處,有所謂一架亭。瀟洒茅棟,

1　同"楠"
2　意指鱼，出自晋左思《招隐》诗之一。
3　李滉（1501—1570），朝鲜李朝唯心主义哲学家，号退陶、退溪，官司拜大司成、大提学。

暎帶蓮沼。前對終南，後瞻白岳。公愛之甚，杖屨偃仰，無日不在乎是焉。角巾便服，蕭然清坐，如山林中人。客至，輒命酌哦詩，悠然竟夕而不知倦。於是仙源文忠金公篆其額，一代諸名公，多題咏以賁餙之。華陽老先生，又追揭大字，附以小說。蓋公之第，名軒勝樹，無所不備。而一架之名，特著焉。詩云，誠不以富，亦祇以異，其信矣乎。自公之沒後三十八年，而舊第易主。公之曾孫參判某，始買會賢坊西里故海嵩尉遺宅而居焉，遂即其東南隅，創一高亭。廣袤丈餘，輒寓以一架之號焉。其可謂深知無何公之志，而不忘其本者矣。抑窃思之，所貴乎一架者，豈非其占幽勝於城市埃壒之內，敦撲素於芬華巧麗之表也乎。若兹亭也，偪側¹乎闤闠之叢車馬之衝，而搴²簷若飛，緝瓦如鱗，楯³檻房櫳⁴，稍侈⁵於前規。則吾恐今之一架，非昔之一架也。雖然，試登臨其上，則半畒活水，千朶芙蕖，清香馥馥襲人，所謂終南白岳又遠，而太華道峯，煙嵐蒼翠，爭入於左右指顧之中。且其華扁彩板，列置楣間，鉤銀綴玉，錯落炫燿，而當日之風流雅韵，宛然在目。則又孰不曰今之一架，眞昔之一架也哉。是固無何公之所樂，而參判公之善於繼述者歟。嗟夫。余生晚，恨不及無何公之世而登其亭，瞻望樽几之餘光。今也記斯亭本末而發其同異之趣，以詔公之後人，又烏可已也，於是乎書。

（录自《杞園集》卷之二十記）

---

1 音 bī cè，逼仄。偪同“逼”。
2 音 qiān，举。
3 栏杆的横木。
4 窗户。
5 夸大，过分。

閱勝亭記

崔　岦

　　余自乙卯取婦于李氏，往來溫之村舍。每愛其環舍無十里之間，而具山林磎澗郊野之勝。在舍西南地，竝山而迤，臨溪而突，俯野而迴。可以約三勝於跬步之內者，尤所屬目，而足亦屢到焉者也。往年間，余在憂居，似聞丈人作亭于舍外，以爲將老逍遙之所，不遑[1]詢厥攸卜，而已意其必于西南矣。今年服闋，卽省丈人，蓋未始爲亭而來，而亭亦趣余之鞭也。至則疇昔之地，儼然棟宇，翼然簷楹，而其勝益奇，殆所謂山若增而高，水若闢而廣者矣。丈人以余於此，興復不淺。觴於其涼榭，宿于其曲房，凡旬有餘日，娛乎目而快乎心，未必遽盡亭之勝，而不自覺其非余之有也。既又竊歎，以爲爲官無大小而利名在焉，自非有以自樂無慕於外者，不能脫略也。丈人因喪一去，不復萌仕進意，則余雖親，而不審其何樂能此也，乃今於亭而得之矣。一日，丈人授簡於余而語之曰，子既賞吾亭之勝矣，獨無意於名吾亭而記之乎。余起而請名曰閱勝，曰，閱之爲言，何義也。曰，閱者，觀也考也歷也。故有閱書閱兵閱世之文，亭於山容水色，天光雲影，無非勝也。而吾日觀之，非閱乎。其於濃淡渟澈，陰晴舒卷，無非勝也。而吾若考之，非閱乎。至於風煙雪月，魚鳥華實，朝暮四時之殊象，與夫佳賓勝友聚散，去馬來牛南北，無非亭勝而閱歷萬變者也。噫。何獨勝哉。人之健衰相代，憂樂相因。雖高倚軒窓之上，而終非遺世之徒，則安得不與之閱乎。畢竟亭閱人耶，人閱亭耶，抑亭與人俱爲天地之所閱耶。言未既，丈人曰，子名吾亭，得矣。且風雨多而無全屋，愁病積而少遐齡，固未必亭之能閱夫人，而亦安保其人不見閱於亭也，是不足論

1　同“惶”，恐懼。

也。況夫自大變者而論之，則人不能與一元而俱終，天地閱我也。自小變者而論之，則天地之化歲一成，我閱天地也。自變之又變者而論之，則雖其所謂大變，而復有閱之無窮者焉。庸詎知閱我者之於閱閱我者，不若我之於閱我者之視也。惟當白首岸巾，青藜隨手，亭東亭西，檻可凭而階可步。如子所數勝者，觀之考之閱歷之，不覺有餘，亦不覺不足，則子之名亭，爲惠多矣。余起而請書，以爲亭記。

（录自《簡易文集》卷之二記）

退雲亭記戊戌

申箕善[1]

嶺以南往往多佳山水，其靈淑之氣，既鍾生賢達，而其泉石之勝洞天之幽，又必爲賢人達士之所棲息。亭臺齋閣，磊落相望。若星州石丈山退雲亭者，即其一也。亭爲張侍讀錫蓋所築，而其名則侍讀之先大夫雲皐公之所命也。亭北有石臺特立，臺上有千歲松。亭前有大磐石，一鋪數里。水流清駛，至石盡而成瀑，刻云水簾瀑。雙溪之寺，玉流之洞，種種清麗，曲曲幽奇。世稱武屹九曲者，兹山之勝也。距亭十里，有武屹齋，寔爲寒岡鄭文穆公藏修之所。而龍蛇之變，旅軒張文康公嘗避亂於雙溪寺。後學遊人至今指點而想慕者，兹山之故蹟也。人鍾生於山水，而山水待人而擅勝，不其然乎。張大夫諱時杓，旅軒先生之肖孫也。策名立朝，歷颺[2]內外，及老而倦遊。每往來九曲之際，俯仰臺磐之間，顧而樂之，爲息焉之計。峽裏士友修契醵[3]金，歲一會講，將爲大夫築屋焉。蓋大夫先命其名而未及經始，

1　申箕善（1851—1909），朝鲜时代晚期文臣兼学者。

2　飞扬、飘扬。

3　音 jù，凑、聚集（钱）。

大夫已厭世矣。侍讀承武克家，慨先志之未就，乃於丁酉之秋，與社中人拮据結搆，不遂月而亭成，遂扁以退雲，而南楣曰自怡齋，北楣曰望雲樓。覆以茅，昭大夫儉德也。於乎侍讀其可謂肯堂肯搆也夫，乃入洛求記於余。余識侍讀久，所不敢辭。而第念大夫之以雲自號，因以名亭者，其意不亦深乎。夫雲亦山之氣之聚而升者也，蕭散淡泊，舒卷無迹。若閒人之無與於世故，然獨不見夫油然而合，沛然而雨澤遍下地，功施民物者乎。惟其至淡之故，能施至渥[1]之澤，斯乃雲之爲雲，而張大夫之所寓意也。大夫嘗進而施矣，及其老而退也，亦未嘗絕意於進也。至其未及復進而歿，則畢竟進施其將在於侍讀乎。余患俗士識滯於雲，則但見其閒淡無用，於寒旅諸先生則但知其退步高尚，而不知進退之相須，實爲賢人達士之大道也。故推明張大夫之意，爲記而歸之。

（录自《陽園遺集》卷之九文）

羽化亭記

丁若鏞

余嘗讀許眉叟之書，其記羽化亭溪山水石之勝。若登縣圃入閬苑，而與仙人羽客[2]，消搖乎御泠風也，夢寐思一至而不得焉。甲寅首冬，余奉命爲暗行御史，自漳縣徒步北行，踰[3]險涉川。日過午僅四十里，足爲之繭[4]，脅[5]爲之喘，疲困至極，兼之飢甚。忽見石壁削立，當壁之頂，有亭翼然。攀而上，瞻其額，乃羽

---

1 沾湿、沾润。
2 一般指道士。
3 同"逾"。
4 同"茧"。
5 音 xié，同"胁"。

化亭也。嗟乎。此羽化亭也。於是憑檻四望，山巒邐迤，雲光石色，照映軒楣，兩水合流，襟帶皎然，漁人沙鳥，往來洲渚，心目豁[1]然，勞疲卽蘇[2]。客之從行者，買酒與魚而至，欣然一醉，不知日之將暮也。既夕，客趣余前就途曰，公將虎變，安能羽化，相視大笑，悵然而起。

（录自《定本與猶堂全書》卷之十四記）

淵淵亭記

尹鍾燮

子思曰，淵淵其淵，浩浩其天。喻人性之渾然在中，而萬理之咸備者，實出乎天也。鶴之西未十里，有坪曰四塔。塔之東，長川橫帶，其西積水淵淵，謂之長在淵。淵之上，蒼壁儼立，窮淵之長而止。淵長幾數里，深亦不可測，盈而後達于海。儘一州之名勝，然數千載無傳於世。自古山水之勝，得其人然後名焉。如晦庵之九曲，康節之百源是已。己酉冬，自東岡移卜于兹。古老之言曰萬人可居，今拓之幾百年，僅僅爲四十戶。翌年春，爲藏書延賓之室，名之曰淵淵亭，盖取諸淵之渾浩而述思聖之訓也。余自少日一誦中庸，每到三十二章淵淵浩浩，不覺聳然起而舞。兹邱也以淵可爲勝，汪洋渟滀[3]，萬象必露，魚蟹[4]之卵育，鳧鴈之翔集。其變幻焉有雲烟，蔥蒨焉有菰蒲，及其爲澤於民，釣網者往，灌溉者往焉。倚蒼壁而平鋪，界綠疇而映帶，其盛矣哉。淵之爲德也，萬恜之事悉附托，則余富有之爲活計。得月而皓皓乎鏡明，有風而漪漪然縠生。非直景光

---

1 空虛。
2 复活、恢复活力。
3 音 tíng chù，汇聚。
4 同"蟹"。

之爲多，益得進學潛脩[1]之方。把其澄清而操存之機著[2]，感其幽深而涵養之體立。靜而不揚，有獨善之趣。盈則必放，有日新之效。觀乎淵也，必有其術，遂以名吾亭。淵之上，有天浩浩，俯仰上下，吾之性命察焉。人有問名之者誰，曰問諸水。

（録自《溫裕齋集》卷之六記）

越松亭記

李山海

　　越松亭，在郡治之東六七里，其名也或以爲取飛仙越松之義。或以爲以月爲越，乃同聲之誤。二說未知孰是，而余之捨月取越，從浦樓之扁額也。翠蓋白甲，亭亭高聳。環擁海岸者，不知其幾萬株也。其密如櫛，其直如繩，仰之不見天日，而但見銀沙玉屑，平鋪於樹根之下。烏鳶不得棲，螻蟻不得行。衆草凡卉，不得托根於其間。而往往杜鵑躑躅[3]，叢生沙際，枝葉短疏，出地便老。時或夜深人絕，萬籟俱寂，則依依如笙鶴[4]之聲，自空而下，其必有鬼神異物，陰來守之者矣。松之東，沙之積而成阜者有二，上曰上水亭，下曰下水亭，以其壓水也。亭之下，一水橫流，與海口通。隔水而東，沙岸縈廻，如岡巒之狀，岸皆海棠冬青，而其外則海也。松之西爲花塢村，民居幾數十戶。松之南乃萬戶浦之城樓，樓與粉鵠[5]相對。松之北有巖突起爲峯，其名曰堀山。鄉人信其靈，凡有求必禱焉。每海風之來，松聲與濤聲相雜，如匀天廣樂，交奏半空，令人髮豎而神爽也。余嘗僑寓花

1　专心修养，指深造。
2　显现。
3　杜鹃花别名。
4　指仙人乘骑之仙鹤。
5　音 hù，天鹅。

塢，飽占奇勝。春日暄暖，禽鳥交鳴，則岸巾曳杖，徘徊於花紅松碧之間。火日當空，流汗如瀉，則倚松閑睡，神遊於蔚陵之外。霜露淒淒，松子亂落，疏影在地，微韻可聽。積雪模糊，萬龍齊白，瓊柯玉葉，隱映交偃。至於鱗甲半濕於朝雨，煙嵐橫帶於月夕，則雖使龍眠[1]模寫，亦豈能髣髴於萬一乎。嗚呼。自有是亭以來，賓客之往來者幾人，騷人之遊賞者幾人，而或有載妓女攜歌舞，沈酣於杯酒者，或有操觚[2]弄墨，對景悲吟而不去者，或有自得於湖山之樂者，或有惓惓於江湖之憂者，樂之者非一，而憂之者亦不一。若余者何居，非賓客騷人之往來遊賞者也，乃管一亭之雲煙風月而為主人者也。命之為主人者誰，天也造物也。抑天地之間，物無大小，各有其數。而消息盈虛，日月鬼神之所不得免者，則況於山川乎，況於植物乎，況於人乎。是亭也，未知其始也為淵為谷，為海為陸，而其終也又為何地歟。抑未知種松者誰，長松者誰，而他日之斧斤松者誰歟，抑不待斧斤而與一區沙岸同歸於漸[3]盡歟。吾身之眇然[4]，如天地之蜉蝣，滄海之一粟，則樂之愛之，為客為主人者，未知其幾時。而松亭之盛衰終始，當與造物者而詰之也。

（录自《鵝溪遺稿》卷之三雜著）

月先亭記

李廷龜

　　人謂石陽仲燮三絕，蓋仲燮詩學杜，筆得晉人法，畫尤名天下故云。夫夫雅有高致，嘗築室於公山，顏其亭曰月先。屬

1　李公麟（1049—1106），号龙眠居士，北宋著名画家。
2　谓写作。
3　音 sǐ，表示水的声音。
4　遥远貌。

余爲記曰，吾廬遠不足以辱吾子，吾且言吾亭之勝，子爲我文之。其言曰，錦江南流，鷄岳西支，迤爲一大村，曰萬舍陰。亭在村之高處，臨野之迥得百里，山遠近環之。若脩眉若飛鳳若列屏障几案者曰彌勒山、德裕山、朱華山、天登山、龍溪山、漢芚山、金山也。水橫流遶村，走入花津[1]者曰曲火川也。隆[2]而爲丘，窪[3]而爲池，呀然[4]而壑，蔚然而園，坦然而臺。庭無雜樹奇花，只二松千竹，儼立如環衛。又有十樹大梅近軒，軒名十梅以別之。風動月浮，香與影滿室，此皆吾廬之勝也。每良辰勝日，負杖登皐，童子後先。臨流觀魚，魚小大可數。呼鷹逐獸，耳後生風。濯足於溪，石可坐沙可步。暝色自遠，村煙夕起，人語砧聲，斷續於霏靄之間。余倦而歸，山光滿簣，夜深靜臥，松聲竹籟，泠泠入耳者，此吾亭勝之所獨享也。鶴報客至，呼兒點茶，有酒酒釅，有飯飯香。果取園木，筍折竹林，蕈採松根，蔬摘春畦。客留則棲於軒，客去則送於臺，此則吾亭勝之與人共者也，吾亭不旣勝乎。余應之曰，亭若是其勝，而必以月先名者，何取焉。噫。余知之矣。夫月，一無價物也。而山必得月而高，水必得月而清，野必得月而迥。月先於亭，則地之高可想，地旣高而又先得月，則亭之勝，蔑以加矣。漁與獵，子固樂之，然必氣動而興隨，興盡而神疲。夫豈若月之不邀自至，無心可猜者乎。梅與竹，子固愛矣，然必榮悴[5]有時，不能長存，則夫豈若月之窮天地貫寒暑而卒莫消長也哉。亭之名，得矣。想其山日初沈，暮景蒼然，子未開戶，月先在軒，白髮綸巾，弄影婆娑，山河寂寥天地晃朗，斯時也，月沙老仙，馭風而至，把杯相屬，笑傲於其間，則子復以爲如何。嗟，余病矣，只空言耳，遂書此

---

1 源自明代安紹芳的五言绝句《花津》。
2 高起、突起。
3 同"洼"，低凹
4 深广貌。
5 荣枯，喻人世的盛衰。

以寄之。

（录自《月沙先生集》卷之三十七記上）

月先亭記

柳夢寅

灘隱，翩翩當世之佳公子也，以詞章畫格妙天下。余評其詩曰有聲之畫，評其畫曰無聲之詩。是非余之言，天下之言也。嘗著三淸帖，簡易序之，石峯書之，爲一世之寶玩。顧於斯亭之作，無一言以賁之，余其可易而記之哉。夫以有聲之畫，無聲之詩，卜居於無何有之鄉，是必天作而地藏之，以遺其人乎。余觀夫月先之亭，乃在公山之萬舍陰。其東則鷄龍鎭之，其南則尼山環之，其北則鷄龍一枝遠遠而來，昂然而立，若有造物陰來相之。其藩籬，則松栢仍之。其庭實，則雜卉羅之。若乃春花爛熳，紅白相映。夏日舒遲，雲霞變態。風霜高潔，萬林如錦。冰雪刻鏤，千峯玉立。是固斯亭四時之景，有以助乎有聲之畫無聲之詩，而獨取夫月先以爲扁者，其有說乎。主人河間禮樂子牟江湖，卽其人也，生長綺紈，祿之終身，受國厚恩，得無戀主之誠乎。居閒處獨，自肆於山水間。若將遯世無悶，而獨其一片之丹心未灰，千里之魏闕常懸，其於亭上逍遙之際，快覿明月之先照，如見美人之顏色，則其情庸有旣耶。拜月庭前，彈琴一曲，以寓其感君恩之思。於是把酒對月而爲之歌曰，如月升兮，我東方先萬國兮，見月之淸兮，獨孤臣同休戚兮，明月兮明月兮，雖有盈虛[1]消息兮，亘萬古如今日兮。光山金子聞其歌而韙之，和其意而應之曰，王孫兮王孫兮，胡爲乎不歸，江草兮萋萋，山月兮輝輝，歌詠兮聖德，圖畫兮太平，脂吾車兮

---

1 指月之圓缺。

秣吾馬[1]，與子共載兮休明。歌闋，明月在天，肝膽相照，相與醉
月乎斯亭之上。噫。微斯亭，無以發吾之狂，是爲記。

（录自《於于集》卷之四記）

望雲亭記

李種杞[2]

亭榭之設，或出於富貴風流，或取於隱遯蕭散，要之皆自
適己事而已。若夫人子終身之慕，最切於體魄之藏，而爲亭於
墓下者，甄氏之外罕見焉。盖以墟墓之占，多在於山麓崎荒之
地，而向所謂風流蕭散者，皆無取於斯焉爾。盧君柄運甫教子
以義方，哀然成雅士矣。踵門而謁余曰，吾親一生用力於爲先，
墳墓之散在各處者，旣皆石衛而崇之，蘋藻[3]以奉之。崇奉之節，
必先遠而後昵，故祖母墓儀之修，在最後。昨歲始搆亭其下而
扁以望雲，取狄梁公語也，吾丈盍爲一言焉。余惟柄運有園林
之勝，可以爲風流矣。無珪組之縻，可以爲蕭散矣。乃不出此
二塗，而獨惓惓於慕先，可謂知所本矣。余聞亭在洛江之上鶴
山之東，風帆沙鳥烟雲竹樹，又足以供幽玩而寓晚計。賓客往來，
盃酒雅謔，又不失爲北海之標致。是則柄運孝親之思，終老之計，
爲兩得之矣。柄運不自言而其子言之，是又能善繼志者，於是
乎書。

（录自《晚求先生文集》卷之十記）

---

1 脂车秣马：给车轴涂好油脂、喂饱马，指准备作战或准备好交通工具。
2 李種杞（1837—1902），朝鲜时代后期学者。
3 蘋与藻皆水草也，古人常采作祭祀之用。

喜雨亭記

卞季良

　　龍山立石之里，世稱有湖山之樂，去都城才數里許，孝寧君故置別業焉。後有一邱穹隆蜿蜒，狀如龍蟠，遂作亭其上，蓋爲休息之所也。君侯謂季良曰，主上殿下夙駕省農，迺幸此亭，賜臣酒食若鞍馬。時方播種，而雨澤未洽。酒半雨作，霈然[1]彌日，賜亭名曰喜雨。臣不勝感激，思有以侈吾聖上之賜，旣俾申副提學楷，作喜雨亭三大字，揭之屋壁間矣，子其作文以記之。一日陪君侯往而登焉，亭之制不侈不陋，華嶽俯其背，漢江盪其胸。而西南諸山，蒼茫杳靄，隱見出沒於雲空煙水之外矣。俯見魚蝦，歷歷可數。風帆沙鳥，往來几案之下。有松千餘株，靑蔥蓊鬱。掩映乎杯盤，而高管嗷噪。清風颯來，恍然如揷翼而登靑冥。浩乎如御風而遊蓬壺[2]，使人目駭毛豎，冥心忘言者，久之乃還。嘗思之，人與天地本一體也，故曰致中和。天地位焉，萬物育焉，以至一言一念之微，而天人相感之機，有昭乎其不可誣者矣。雖然，德有大小也，位有高下也，感通之效之廣狹，遲速隨之矣。所以能盡感通之妙者，帝王之責也，聖人之事也。恭惟主上殿下以天縱不世之資，緝熙[3]聖人之學，以致中和之德，以極位育之效焉者，固蕩蕩乎無得而名矣。今日之事，特其見於一端者耳，蓋我殿下憂民之心，積於中者深矣。一朝出郊，省視耕農，則惻然有悶雨之念，不可遏者焉。上天之感應，曾不移晷，其以是夫，殿下深恩厚澤，直與此雨，流衍洋溢，充塞兩間。憂者喜而病者愈，至於一草一木，安敢有不遂其生

1　《孟子·梁惠王上》刘注："霈然，注雨貌"。
2　蓬莱，古代传说中的海中仙山。
3　音 xī，同"熙"，郑玄笺："光明也"，引申为光辉。

生之性也哉。喜雨而名之斯亭，所以感天貺[1]而不忘也。噫。彼秦漢以降，病乎中和者多矣。民物憔悴，天地索然，其可哀已生乎。今之世，沐浴膏澤[2]者，雖禽獸草木之微，豈非榮幸也哉，況於紆靑拖紫[3]，致身廊廟，特蒙眷顧者乎，誠千載一時不可逢之佳會也。君侯以王室懿親[4]，崇高富貴，無與爲比，而深荷殿下之友愛乎。況殿下居千乘之尊，觴君侯于茲亭，從容酬酢，一如潛邸[5]之時，其爲君侯之榮耀，有難乎形諸筆翰者矣。此我殿下友愛之德所性，而有出於至誠，蓋不自知其身爲億兆臣民之主矣。嗚呼至哉。而君侯謙恭溫厚，善處富貴，略無驕泰之氣，宜其儀範宗室，藩屛[6]王家，得殿下之友愛若是其至也。抑斯境之勝，自大塊剖判而始有，何曠世伏匿之久，而發朗於今日歟。豈君侯身雖處乎聲名富貴之中，而其翛然出塵之想，未嘗不往來於邱壑江湖之間也。故天公地媼，以此餉之，而有以慰之也。若其山川風景之美，朝夕四時之變態，雖病矣，他日更陪君侯，優遊於茲亭，尙爲君侯賦之，姑以蕪拙[7]之辭，仰答君侯之不鄙，第於聖上名亭之旨，無所發明，其不類於蠡測[8]河海，毫摹天地也者幾希，雖然，獲憑文字，託姓名於其間，豈非臣之榮遇也耶。竊自幸於螢燐之末，依日月以久存，草木之微，附乾坤而不朽云爾。遂欣然書之，又從而歌曰。

翼彼新亭，如鳳斯騫。誰其作之，君侯之賢。王出西郊，匪游匪畋。民方播種，憂旱于田。王在于亭，時雨霈然。王宴君侯，

1　音 kuàng，贈送。
2　滋润作物的及时雨，比喻给予恩惠。
3　比喻显贵。
4　至亲。
5　潜龙邸，指太子尚未即位。
6　捍卫，比喻卫国的重臣。
7　粗糙拙劣。
8　用瓢度量海水，比喻见识浅薄。

其鼓淵淵[1]。錫之亭名，榮耀無前。君侯稽首，聖德如天。君侯稽首，我后萬年。思託文人，以永厥傳。臣拜撰辭，爲多士先。瞻彼華峯，維石可鐫。刊此頌章，千古昭宣。

（录自《東文選》卷之八十記）

舞雩亭記

李　植

　　蔡別提詠而新卜居洛江之雩潭，求薦紳先生之文，以志其勝，自作歌詞，以敍其幽致，且屬余狗續亭記。按雩潭載國輿志，距商山治二十里。山之自嶺來者，得江而止，窪而爲谷，卽君所宅。蠹而爲峯，上下皆石曰玉柱峯。峙而爲臺，上平可坐曰自天臺。皆從土人舊呼也。江之經流，遇山巖不能直瀉，環洄而爲潭，深靜不可測。自古相傳下有伏龍，故其地雖奇勝清絶，人無敢俾而居之。以其舊嘗水旱有禱，故得名爲雩，不知何代事也。江中有巨石，狀如龜曝，故呼爲龜巖。峯下有石窟，可藏書鼓琴，未有名。此其大概，而他遠近點綴朝晡景象，見於諸記者可略也。蔡君綜博奇士，探青囊祕訣，以卜此居。直與神物爲隣，平分風月，共討魚蝦而無所懼，此俗人之所不敢爭也。其名亭以舞雩，因乎潭也。然而蔡君學通九流，泛濫而無所歸宿，故殆欲反而求之，上遡孔門風詠之樂，而尋其本源乎，余意君之先大夫，取沂字命君名，此豈非先啓之兆耶。夫山水之勝，君自有之，舞雩之趣，君自得之，不暇余一二談也。抑余復有所感焉者，君之高王父懶齋公，用博學壯節，遭遇明聖。至勒銘鍾鼎[2]，而決意掛冠，退居咸寧，作快哉亭，亭卽雩潭上游也。世傳公坐化蟬蛻，然識

1　宋代苏洵《张益州画像记》："公宴其僚，伐鼓渊渊。"
2　指高官重任。

者以爲公之急流勇退，亦神仙者流也。今君始得一命，不以進取爲念，將欲棲巖飲水黿龍之與友，豈非繼志之大者乎。嗟乎。蔡君得其所矣，先祖之遺則也，先君之肇錫[1]也，可不勉乎。余於蔡君先世有通家之契，少讀懶齋公快哉亭詩，竊有欣慕焉。今老矣，屬時艱稍定，方思引年納祿[2]，歸骸故山，雖晚可遂也。因君是請，勉爲之書。君其自勉，而亦以勉余哉。是爲記。

（录自《澤堂先生別集》卷之五記）

黃正明農亭記

成　倪

謹按輿地志，長白山之胍，迤邐南蟠，過東界數百里，至江原道，崢嶸盤據爲大嶺，嶠[3]肢分股，別作東西佳麗之區者無數。而春州之野，爲關西最，其鎮山曰鳳嶽。州之北郊，又有穹窿延袤者曰牛頭。有二大河，其一曰昭陽江，出自麟蹄，抱牛頭，觸鳳嶽北趾而下。其一曰毋津，出自狼川，背牛頭之西，流入昭陽焉。雨水之間，峭然獨聳而奇怪者曰玉山。余嘗攬轡[4]過其下，而望林谷，多大屋，有亭翼然在其傍。問諸郵吏則曰，此黃氏之墅，而作宰南方矣。余樂其山谿之勝，意欲一登縱目，而不可得，實于懷者至于今不已。歲丙午，余爲關西巡問使，駐節箕子之墟[5]。黃氏亦遞[6]南任，擢拜濟用監正，受敬差之命而來涖

1　音 zhào cì，肇：开始；錫，同"赐"。
2　归还俸禄，谓辞官。
3　音 qiáo，即"峤"，山尖而高。
4　音 lǎn pèi，挽住马缰。
5　箕子（生年未详—前 1082 年），子姓，名胥余，殷人，朝鲜第一任君主。西周灭商后，商朝遗臣箕子一行从今胶州湾渡海，奔向与商有一定族缘关系的朝鲜，创立了箕氏侯国。《尚书》收录了箕子的《洪范》。
6　同"递"，顺次。

田事，團欒[1] 邂逅於杯酒間者非一日。一日，黃氏就前附耳語曰，春州明農亭，君所目覩[2]，願得文以侈後日之觀者。余曰，子之言謬矣，明農豈子之意乎。昔者，周公有歸老之志，告成王曰，茲予其明農哉。王曰，公功棐迪篤，公無困哉。夫周公作柱周室，以求賢任能爲己任，吐哺握髮[3]，猶恐不及，何暇舍國事而務穡事哉。其所言者，蓋明其忠赤，而不以去位爲嫌也。今子又承睿眷[4]，超躋[5] 膴[6] 秩，謇謇匪躬，將有棐迪之功，子雖欲退休而明農，朝廷豈舍子哉。子之所言，亦托以喻志耳。思欲陟降臺榭，以保先人之家業。思欲循行墟墓，以想先人之音容。思會宗族以敦友愛，思聚鄉里以敍契闊，此子之本志，而於忠孝兩全而無廢者也。彼世人之貪榮竊祿，患得患失者，誠子之罪人也。黃氏謝曰，君之言是也，君之文富也，感恩則有之矣。請更受詩，於是系書二首而歸之，詩曰：

小亭孤絕枕平湖，夾岸青山似覆盂。泉土肥甘盤谷路，煙林暗澹輞川圖[7]。芊綿翠霧秧針秀，穩稏黃雲稻穗敷。欲遂明農歸隱計，鵷庭朱紫苦相紆。

貊國山川地最靈，英豪才子有寧馨。蒲鞭愷悌宣治化，繡斧輝煌作使星。窈窕雙娥歌且舞，留連百榼[8] 醉還醒。他年若憶今時事，點檢吾詩挂此亭。

（录自《虛白堂文集》卷之三記）

1　团聚。
2　美丽。
3　比喻为了招揽人才而操心忙碌。
4　皇帝的眷顾。
5　登，上升。
6　音 hū，肥沃。
7　辋川图，唐代王维所作单幅壁画，原作已无存，只有历代摹本，对韩国古代文人山水画和山水田园诗的创作产生了深远影响。
8　喻善饮。

浮江亭記

李敏求

　　浮江亭在京山，太丘兩邑之間，去江甚近。累石爲基，若泗濱之浮磬[1]然，其得名以是云。沿江上下，臨水而爲亭者以十數，而獨是亭最勝且舊。吾友李君而實繪畫其形勢景致，請記於余。蓋嶺南有琴湖、洛東江，俱流潔而渚清，苟亭于涯者，得一水已擅其奇。況是亭處二江交流之會，凌一氣沆瀣之表。汎汎乎猶乘浮槎[2]出宇宙而浮銀潢[3]，則登覽之美，固不待繪畫之勤，而可以得其全矣。嗟乎。自亭而觀之，則謂浮於江可矣。自天地而觀之，則大而爲嶽瀆[4]原野，小而爲肖翹[5]動植。擾擾如江漢之浮萍者，何莫非托物而浮也。卽其所見而言之，亭浮於江，江浮於地。卽其所不見而言之，天浮於氣，地浮於水，天地猶不免爲浮物，而況山川之眇眇者乎，而況人物之區區者乎。其生也浮，其世也浮，存亡倏忽，如浮漚之起滅，又況於浮名之在外者乎，又況於斯亭之強名者乎。右余者浮休寓内，等浮雲之無定，而浮海之願亦時有之。當浮于江以登斯亭，詠乾坤日夜浮之詩，浮以太白拍浮酒舡中，儻[6]遇浮丘伯，接以上昇，浮遊乎汗漫[7]之鄉，而實其從我乎否。

（录自《東州集》卷之三記）

1　泗水边上可以做磬的石头，编磬用的石料。以古徐州的泗滨浮磬质地最好。
2　木筏。
3　天河、银河。
4　五岳与四渎的并称。
5　细小能飞的生物。
6　音 tǎng，同"倘"。
7　漫无边际，漫游之远。

歸來亭記丁亥

金允植

默吾子浮沉宦途，棲止城闉[1]者數十年。旣倦于仕，寄情邱園，常有歸歟之志。嘗爲余說湖西可樂，欲與惠好携歸。一日謂余曰，吾已買屋于禮山校洞矣，構一小亭，名以歸來，葢將爲異日偃息之所而成吾志也，子盍識之。余聞之欣然會心，每擬起稿而輒爲俗事所牽，不能下筆。丁亥夏，余以罪謫居沔川，時默吾官德山，其弟藕舫官禮山，皆距沔川半日程。兄弟迭來見訪曰，子不記前言乎，吾今可以遂初志矣。亭尙無記，將待子以揭扁。余應之曰諾。昔人有曰，但見汝送人作官，不見人送汝作官。夫送人作官，尙不免鬼笑，況送人歸田而身尙乾沒於塵囂之中，得不爲北山猿鶴之所笑乎。今方思愆[2]補過，幸得乞骸[3]於明時，買一區湖上田，教妻子課耕織。築室亭傍，望衡對宇。日夕逍遙於亭上，抵掌談心，以終餘年，庶不負此亭之名。係之以詩，詩見詩集。

（录自《雲養集》卷之十記）

歸來亭記

徐居正[4]

申侯子楫，故相國高靈文忠公之季也。侯早擢第，揚歷淸顯，聲名籍甚。方文忠當國，侯抱奇才，朝廷物論多歸之，然侯雅性冲澹，不樂仕宦。侯有別墅在淳昌郡。淳，湖南之勝地，

1 　指瓮城的门，指代城。
2 　音qiān，罪过、过失。
3 　请求骸骨归葬故乡，意为自请退职。
4 　徐居正（1420—1488），朝鲜时代前期文臣。

有山水之樂，土田之饒，禽魚之富。侯日思歸，而文忠友于款至。晨夕相從，未能決然者有年。侯之思歸甚切，則一日謝病告去。因而不起者七八年，宗族勸之起，不從。雖文忠，亦不能強也。嘗聞淳之南有山，磅礴扶輿，勢甚奇偉。蜿蜒低回，若龍躍，若虎擲，若屈若起，若下而爲東峯，峯之頂，地甚坦夷。侯構亭三四楹，亭之左右，萬竹檀欒[1]，蒼然蓊然。四時一節，宜風宜雨，宜月宜雪，其爲勝不一。列植花卉於其中，紅白朱紫，相續開謝，貫炎凉而無窮矣。登而望之，則南原之寶蓮山，谷城之動地岳，攢青繚碧，拱揖相朝。其他層巒疊嶂，長林茂籭，賈奇眩異於烟雲杳靄之間。而畢呈於几席之下，有水發源於磧城北，折而南，逶迤演漾，出於兩峽之間，又匯而東。廣德山水，龍盤蛇屈，環繞於峯下，與磧[2]水合，泓澄綠淨，可掬可鑑。至如村墟野壠，一望百里，黃畦綠塍，隱映遠近。耕者，牧者，樵者，漁者，獵者，謳謌互答。遊人行旅，來牛去馬，絡繹於前後者，亦可坐而見也。侯日巾屨嘯咏於其中，自適其適，而其樂囂囂然矣。或時牽黃臂蒼，以伐狐兔。釣水而擊鮮，採山而茹芳。燒笋討蓴，送菊迎梅。江村四時之景無窮，而侯之樂，亦與之無窮矣。頃者，文忠病劇，侯來相見。縉紳士大夫交口薦侯之賢，聖上亦器其才，授全州府尹遣之。全距淳，又一日程。侯於剗治之暇，籃輿往復者屢，侯之得於亭者，猶舊也。今年春，秩滿，召還爲僉樞。侯之身，雖在輦轂[3]之下，而侯之心，日往來乎亭。一日，侯與居正語亭之勝槩，而求名與記，居正請扁以歸來。仍演其說曰，歸去來者，晉徵士陶潛之辭也。前輩釋之曰，歸其官，去其職，來其家，蓋古人得出處進退之正者，莫如潛。後之有志之士，孰不欲幼而學，壯而行，老而退，以全終始者哉。一

1　诗文中多用以表示竹。
2　音 qì，浅水里的沙石。
3　代指皇帝。

有功名玷其心，妻子累其欲，當歸去。而不歸去者，滔滔皆是，遂有以來林下無人之誚。予又聞古之君子，仕有常祿，居有常業，故其進退綽綽。今之仕者，大抵以官為家，居無常業，一失其俸，無所於歸。俳佪顧望，以招貪位之譏，竊祿之謗。惜哉，嗚呼。雖曰無所於歸，可歸而不歸，則固未可謂之得。況有所於歸，可歸而不歸者，復何論哉。今侯別業，足田園，足使令。凡祭祀賓客，養老慈幼，冠婚慶吊之具，無不外求而足。侯曩在功名急流之中，歸來自得者有年。今雖復立於朝，紆青曳紫[1]，他日功成名遂勇退者，非斯亭而何耶。名曰歸來，不亦可乎。居正因循貪冒[2]，尚不知止，頭髮已種種矣。其視侯得歸來之趣於古人，遂歸來之志於他日，以全終始者，豈不深可愧耶。居正倘得乞骸求閑，從侯於斯亭，則必當詠歸來之辭，誦止足之篇，以畢吾說云。己亥中秋節。

（录自《四佳文集》卷之三記）

蓬萊亭記乙卯

曺兢燮

　　昭明山在宜之洛西鄉，其下曰來濟村。村之右有齋曰昭岡，左有亭曰晚松，皆李氏所占有。而一曠一奧，各得其宜。卽晚松之西數百步，谷益深而山益峻曰島嶝者，有新亭作焉，李君明厚元在之所倡而建也。旣成，其族長觀厚氏名之曰蓬萊亭，而二君者又請余記之。予未曉其島嶝之云出於何謂，或曰洛西一區，東南帶江，西北有浦川遶之，宛然成一島，然非是谷之所得專也。且其為地極幽隘，雖在大江之近，而不知有水，其名也盖亦沿於

1　比喻显贵。
2　往上升。

一時之謬也已。世之言島者，莫尚於三神，而蓬萊居其最。相傳爲列仙之所居，然從未有見之者，其有無固不可知。使其有之，吾知其必在於雲海杳茫之間，日月出沒之際，人跡之所不能到，豈區區一澗谷所得而擬者哉。嗚乎。此未覩至理之論也，天下之物，其可以有無大小言者形象也。自其理而觀之則有未嘗無無，無未嘗無有，小不必小而大不必大也。鷦鷯[1]摉於一枝，騰擲不過尋丈，然視大鵬之搏九萬里之風，朝北溟[2]而夕南海者，其自得一也。君子處於陋巷，曲肱[3]而臥，曳履而行，據槁梧[4]擊朽枝而歌。然其能中天下而定四海，佩玉垂紳[5]，坐廟堂之上而歌賡載詠卷阿者，亦未嘗不存乎其中也。夫以秦皇之威，窮天下之好，遣方士求仙藥而自至海上，爲蓬萊之閣以望之，其雄心壯觀豈不足以稱其名哉，而不知其胸中之慾日戕其神，去仙益遠，其所爲閣者不日而爲蜃樓之滅矣。今是亭也，誠徒名而非其實，然使居之者，能清其心寡其欲，納滄海於方寸，窮扶桑於庭戶。飄然獨遊於塵埃之外，視世之得喪榮悴聲名勢利之變，如桑海之自移而無所動於中，則是亭之爲蓬萊，夫孰無而孰小之耶，而豈必丹霞之洞紫琳之宮然後爲仙眞之所宅哉。此固吾友命名之意，而予之所以樂告於諸君者。

（录自《巖棲集》卷之二十二記）

樂樂亭移建記

曹兢燮

聽齋趙公之始爲樂樂亭於防山之陰也，盖成其先王父小窩

1　音 jiāo liáo，鸟名。
2　北方的大海。
3　胳膊作枕头，喻清贫而闲适的生活。
4　枯老的梧桐树。
5　大带下垂，后借指在朝为臣。

公之遺志也，而李處士尙斗記之矣。公沒十餘年，嗣孫匡濟爲其不修且壞。徙[1]築于所居樂洞之里，而又請余記其所以徙者。余曰子亦成子之王父公之志歟。曰未敢也。是鄉人士之所釀而成之也，徙之何義歟。曰爲其遠於所居，難於守也，且以便村學之居業也。徙焉而其山水之可樂，猶夫昔歟。曰夫是獨不足也，請待記而解之。余曰是無傷也，而何事於待。夫仁知者之於山水，固兼所樂也。然謂無山水，而仁知者之心，遂無所樂焉，不可也。有山水而不知樂，乃竊據仁知者之名而强托以自侈焉，尤大不可也。且夫仁知者，何必以其名哉，有其實則可也。聽齋公平日，人固知其厚重通達，有近於仁知，是有其實矣。仁知而不必待其名，則山水亦何必待其形哉，有其意則可也。爲公之後人者，果能體其厚重而不遷於異物，師其通達而不滯於小慧[2]，是得山水之意矣。無樂之之形而得其樂之之意，其視有其形而無其意，徒據其名而自侈者，得失何如也。若夫並其形與意而無之者，是謂絶仁而棄知，是可以憂下愚，而非所以爲君道也。

（录自《巖棲集》卷之二十記）

溯眞亭記

曺兢燮

　　嘉樹之北紺岳[3]之下，有鋪淵焉，以泉石名，俗呼曰加每淵。加每者，東語釜[4]之譯也。故或以爲鋪淵者，釡淵之誤也。昔南

1　音 xǐ，迁移。
2　小聪明。
3　位于首尔和开城之间。"绀岳"即黑色石山之意，"京畿五岳"之一。
4　音 fǔ，同"釜"。

冥曺先生甞[1]風浴於是淵，有詩一絶，而故弘文著作養性軒都公次其韻，今在遺集中可考也。公之後孫居淵之旁，爲之作亭以存其思，取公詩中之語以溯眞名之而請余記。余惟子孫之於父祖，苟其甞所玩好者，必思護傳之愛也。後生之於先賢，苟其甞所經過者，必思表章之敬也。況此泉石之奇，非特玩好之比，而祖先之賢，不止於他人之可敬歟。是亭之作也固宜，抑是淵之著聞也。蓋以有冥翁之蹟，而公則特爲之附庸，乃今亭之作，專主於公而不屬於冥翁，是雖以子孫之居近易爲力，而於事理則有未洽者。然公旣及登冥翁之門，而又有是詩以追其風韻，則謂以此得傳於冥翁而公爲之主，亦無不可，況山水之爲世間公物乎。夫以山水之爲世間公物，則雖冥翁亦不得而專有之，況公乎。公猶不得而專有之，況公之子孫乎。公之子孫，猶不得而專有之，況他人乎。故是亭之成也，吾以爲不必以公爲主也，不必以公之子孫爲主也。但以是地之有是搆，表名區之勝賞，供遊人之徙倚爲喜快，而姑以公與公之子孫爲權管之主，可乎，寧獨是也。世之以公物而欲專有之，且欲爭奪而有之者，得此說而省之，亦可以知悟也夫。

（录自《巖棲集》卷之二十記）

無盡亭記

徐居正

廣陵之西有夢村，距京城僅二十里。花山權公，卜地開別業，作亭其後。面圜圚俯關津，左右湖山，控挹千里，盡一方之形勝而有之。朝謁之暇，往復登臨，以寫夷猶之惊，扁曰無盡，索予記。居正曰，天地覆燾，包括無盡也。日月照臨，明燭無盡也。

---

1 音 cháng，同"尝"，曾经。

雨露風霆，有無盡之氣象。山川草木，有無盡之形狀。四時相代，變化無盡也。百年相禪，古今無盡也。觀乎陰陽屈伸消息盈虛之理，物與我亦皆無盡也，兄之所取者何在。予竊思之，江湖遠於廟堂，朝市邈於林泉，兄遭遇聖明，佐翼興運，功烈記乎太常，聲名昭于一時。踐歷[1]華要[2]，嚴笏朝廷，若飫[3]膏粱[4]棄淡薄，無所事於寬閑寂寞之中。今則退食委蛇，一丘一壑，寓興於無盡，何其盛哉。想夫終南蒼蒼，漢江滔滔，瞻魏闕而思君，望白雲而思親，思無不盡也。見稼穡之艱難，則思所以啓沃乎吾君，聞田里之愁嘆，則思所以施澤乎吾民，慮無不盡也。至若耕者蠶者，舂者織者，樵漁者，畋牧者，優游自適於畝畝[5]之間者無盡，則吾心之所樂，亦隨而無盡矣。自形自色，自飛自走，或潛或躍，或榮或樵[6]於大化[7]之中者無盡，則吾心之所感，亦隨而無盡矣。豈嘲風弄月，可一言而盡乎。不知江湖耶，廟堂耶，膏粱耶，淡薄耶，思無不周，慮無不及，然後可與言無盡之妙矣。嗚呼，蘇子瞻，人傑也，赤壁一賦，萬古風流。無盡一語，盡天地物我之情。然忠君孝親，憂國愛民，蘇子之所不及，而兄獨得之，此無盡之所以為無盡也。居正有薄田數頃，比隣相從，兄之所得於無盡者，亦居正之所同樂也。他日詠歸來之辭，謌窈窕之章，與兄憑高眺遠，一觴一詠，當畢無盡之說。

（录自《四佳文集》卷之三記）

---

1 经历，经过。
2 显贵清要的职位。
3 饱食。
4 肥肉和细粮。
5 音 mǔ，同"亩"。
6 焚烧。
7 指宇宙，大自然。

首比谿亭記

李玄逸

　　寧之地環海嶽，而州多高山邃壑通望之郊，然或曠而失之虧洩，或奧而不足於清爽。能廓[1]而秀，在險而無薉[2]，入有藏機祕跡之幽，出有凌霞御氣之爽，時觀而不厭者，獨首比之谿亭爲近之。首比之山，從太白而東南，迤四圍而郊其中。水自近東而注，觸石行數十里。北被于仙槎，半其郊，壓水而谿亭處焉。其地外實中虛，體[3]夷用剛，或離象或坎德。奇巖蔥蒨，清流鏗鏘，有山趣有川觀，取之爲進德之方則不偏，以況乎仁智之道則備矣。歲癸巳，余從家君避地于茲。茅索而屋，翻[4]灌而菑[5]，於是陪杖屨往來東阡，既晚而後獲之。蓋其朴於外而美於中，無衒[6]誇之義也。自是問學之暇，游焉以適情，息焉以宣鬱，使心吝潛消[7]，脈理自暢，良心油茁而生，憤怨融淡而平。信乎斯亭之設，不能無助於學也，其殆與樂之意同歟。吾聞君子見幾必明，行義必決，其體坎離[8]之德乎。又聞仁者敦而智者周，其取山水而則乎。物有始蔽而後顯者，安知其居是者，不懷寶[9]以沒而終有譽於後也。於是書石以識之。

（录自《葛庵先生文集》卷之二十記）

1　广大，空阔。
2　音 huì，同"秽"。無，通"芜"，田中杂草。無薉：荒芜。
3　表現、体现。《周易·系辞》："阴阳合德，而刚柔有体。"
4　同"翻"，反覆也。
5　音 zāi，同"灾"，灾害。
6　同"炫"。
7　吝：恨惜也。潛消：暗中消除。
8　《周易·说卦》："坎为水，离为火。"
9　怀才。

夜明亭記

張　維

　　漢水之陽,直濟川亭之西,有小屋數楹。臨江而峙,規制朴略,覆以白茅，垣以黃土。無榱題欄楯之飾，丹艧刻畫之麗，然而處地爽塏，面勢開豁，澄江碧岫，映帶近遠，雲煙開斂，晨夕異態，頗有觀眺之勝。乃友人鄭紫元之別墅也。紫元清眞奉道，雅有勝情，嘗匹馬籯[1]糧，三入楓嶽。爲太夫人在堂，僶勉風塵。雖決科登朝，而素想不渝。既卜築于茲，種木灌園，以爲棲眞養恬之所。延城李天章署其扁曰夜明，蓋取杜少陵殘夜水明樓之語也。今年夏，余爲過焉。幅巾道服，相對前楹，譚玄至夜闌。清宵寥闃，萬象希夷[2]，惟見長江一帶，練光翻動，虛明灝晶。上接太空，與星河相涵映，流光漾影，泛灩堂宇之間。洞然開朗，若在水晶界中。顧眄駭異，魂骨俱爽。紫元笑謂余曰，此非所謂夜明者乎，天章既名吾亭，子可記之。余始默然。徐謂紫元曰，夜明誠不妄，然此特外境耳，濱江而亭者，誰則無此，子亦知有眞夜明者乎。靈明之體，周遍六合，無方所無來去，誠不可以夜晝限。然於朝晝膠擾之際，未易識此，及至群動既息，萬籟俱泯，紫元試於此時，扃戶靜坐，反觀此心。則外塵不接，內景自顯，天光煥發，洞徹無垠，八極萬象，森羅[3]昭著。雖日月所未照，離朱所未睹，莫不呈露畢見於默照之中。若然者，土室蔀屋，亦自不惡，況此江山之殊勝，空水之輝映，表裏相發，心境俱妙者乎。蓋囿於境者，局而不遍，融於心者，通而無礙，然則夜明之義，將屬之此乎，屬之彼乎。紫元曰唯唯，以此記

1　音 yíng，出行时身带口粮。
2　指虚寂玄妙，或虚寂玄妙的境界。《老子》："视之不见名曰夷，听之不闻名曰希，搏之不得名曰微。"
3　万象森罗：纷然罗列。

吾亭足矣。

（录自《谿谷先生集》卷之八記）

俛仰亭記（一）

奇大升[1]

　　俛仰亭，在潭陽府之西錡谷之里，今四宰宋公之所營也。余嘗從公遊於亭之上，公爲余道亭之故，徵余文爲記。余觀亭之勝，最宜於曠，而又宜於奧。柳子所謂遊之適，大率有二者，亭可兼而有也。亭東山曰霽月峯，峯支向乾方，稍迤而遽隆，勢如龍首之矯，亭正直其上。爲屋三間，四虛。其西北隅，極陟絶，屛以密竹，蕭椮悄蒨。東階下廓之，構溫室數楹植花卉，繚以短垣。循峯眷延于左右谷，長松茂樹，惹瓏以交加，與人煙不相接，迥然若異境焉。憑虛以望，則曠然數百里間，有山焉，可以對而挹也，有水焉，可以臨而玩也。山自東北而馳，迤遷於西南者，曰瓮巖，曰金城，曰龍泉，曰秋月，曰龍龜，曰夢仙，曰白巖，曰佛臺，曰修緣，曰湧珍，曰魚登，曰錦城，其巖崖之詭麗，煙雲之縹緲，可愕而可嘉。水之出於龍泉者，過府治爲白灘，屈折橫流，汨灠淳洄。發於王川者名曰餘溪，漣漪澄瀅，廻帶亭籬下，合於白灘。蒼茫大野，首起於秋月山下，尾撒於魚登之外，間以丘陵林藪，錯如圖畫，聚落之雜襲，丘求之刻鏤，而四時之景，與之無窮焉。亭之合幽窅[2]，足以專靜謐之觀，其寥廓悠長，可以開浩蕩之襟，向所謂宜於曠宜於奧者，其不信矣乎。始公之先祖，解官而居于錡，子孫因家焉。亭之舊址，則郭姓者居之，得異夢見衣纓之七，頻來盍簪[3]，謂其家之將有慶。托子

1　奇大升（1527—1572），朝鮮時代前期文臣兼學者。
2　幽窈，幽深。
3　士人聚會，文中指朋友。

於山僧以學書，及其無成而且窮，乃伐其樹而遷其居，公以財貿而獲之。里之人，皆來賀，以郭之夢爲有驗云。斯無乃造物者，蓄靈閟祉[1]，以遺於公耶。公又築新居于霽月之陽，取其與亭近也。亭之地，得於甲申。亭之起，始於癸巳。後仍類廢，至壬子重營而後，曠如奧如之適，無不盡也。公嘗揭其名亭之意以示客，其意若曰，俛焉而有地也，仰焉而有天也，亭于茲之丘，其興之浩然也，招風月而挹山川，亦足以終吾之餘年也。味斯語也，公之所以自得於俛仰者，蓋可想也。噫。自甲申迄于今四十有餘年，其間悲歡得喪，固有不勝言者。而公之俛仰逍遙者，終不失正，豈不尚哉。余之以托名爲幸，而不敢辭者，意亦有以也，於是乎書。

（录自《高峯先生文集》卷之第二編）

俛仰亭記（二）

奇大升

地之凝形於太虛空者，特一塊之物耳。其播之而爲水，其隆之而爲山者，又自流且峙於一塊之中也。人也，命于天質于地，而游處於山水之間，其目之而可愛，耳之而可悅者，又似造物者獻助而供奉之也。然而求其游之適，而不詘於吾之耳目，則必凌峻阻出眇莽，然後有以得其全焉。若曠然數百里，山也水也，爭效奇呈異。而吾乃坐乎一丘之上，撫而有之，則其爲游之適也，而樂之全也，果如何哉。今完山府尹宋公，作亭於其居之後，斷麓之巔，名之以俛仰，向所謂遊之適樂之全者，固無以他求爲也。始公之先祖有諱某者，年老退仕，居于錡谷之里，子孫因而爲家，有老松堂舊基，自錡谷北行不能二三里，得小洞，

1　閟：閉門；祉：幸福。

負山而抱陽，土肥而泉甘。有一區之宅，公之所新築也，名企村。企村之山，盤紆¹蓊鬱，其峯之秀麗者曰霽月。自企村穿霽月之腰，轉以北出，則山支稍迆，向乾維²而蹙，勢如龍垂龜昂，蜿蜿然跂跂³然看，即亭之所在也。亭凡爲屋三間，駕長樑，樑倍於楣，故視其中。端豁平正，而其廡隅翼如也。虛其四面而欄檻之，檻外形皆微隤。而西北隅尤陡絕，屛以密竹，蕭槮蔄蔚。其下有村曰巖界，以其麓多石而巉削，故名之。東階下，因稍迆之勢廓之，構溫室四間，繚以周垣，植以佳卉，而充之以書史。循山眷以延于左右谷，長松茂樹，蔥瓏以交加。亭之處地既亢爽，而竹木又回擁之，與人煙不相接，迥然若異境。憑虛以望，則見其清泠之狀，突兀之勢，纚纚乎其宛轉踊躍而出。若有鬼神異物，陰來以相之也。山之自東而來者，至霽月而峙，其偏支按衍蜷屈，西臨大野，窮於三數里間者凡六曲。而亭之麓，左控右挹，最夭矯而軼出。自東北而馳，迤邐於西南數百里者，巍峨騰踔⁴，巉崒⁵週遭，谽呀崛崎，攢蹙奔迸。而巖危石醜，偃蹇雄踞者，龍龜山也。趾蟠頂尖，端重疏立者，夢仙山也，若瓮巖也，若金城也。龍泉也，秋月也，白巖也，佛臺也，修綠也，湧珍也，魚登也，錦城也，象山也，或如囷倉⁶，或如城郭，如屛如防，如臥牛如馬耳。排靑掃黛，浮眉露髻，參差隱見，縹緲明滅。煙雲之開闔，草木之榮落，朝昏異態，冬夏殊候。而畸人之所騁術，烈婦之所成節，尤使人遐思而求想也。水之源於玉泉者，爲餘溪，正帶亭麓之前，漣漪澄澄，不渴不溢，洋洋悠悠，去而若留。跳魚撥刺於夕陽，宿鷺聯奉於秋月。而

1　回绕曲折或盘结回旋。
2　指西北方。《周易·说卦》："乾，西北之卦也。"
3　虫爬行貌。
4　音 chuō，跳跃。
5　音 jié xuē，高峻貌。
6　音 qūn cāng，粮仓。

源於龍泉者，至府治為白灘，屈折橫流，汩㶁渟洄，與餘溪竝行，過牛鳴地，合流西去。其發於瑞石者，則從亭左第三曲之外，始效其色，而下灌於前二川，直抵龍山，以趨于穴浦，而蒼茫大野。首起於秋月山下，尾撇乎魚登之外。壇曼[1]阤靡[2]，洼然煥然。丘陵林藪之相蔽虧者，錯如圖畫，溝塍之刻鏤，聚落之雜襲。而人之趨事於其間者，春而耕，夏而耘，秋而獲，無一時之息也。而四時之景，亦與之無窮焉。幅巾短褐，徙倚乎欄檻之上，則山之高，水之遠，雲之浮，鳥獸魚之遨遊，舉熙熙然來供吾興。而扶藜躡屐，從容於階除之下，則翠煙自留，清風時至，松檜蔌蔌有聲，而紛紅駭綠，香氣檢苒，施施乎與形骸相忘，于于乎與造物者遊，而未始有極。美哉，亭乎。據其內，環合幽宦，足以專靚謐之觀。達其外，寥廓悠長，可以開浩蕩之襟。柳子曰，游之適，大率有二者，其不在茲歟。余嘗拜公於亭上，公為余言曰，昔亭之未有也，有郭姓者居之，嘗得異夢，見金魚玉帶學士，聯翩盍簪於其上，意其家之將有興。而謂其子之膚是夢也，託之僧以學書，及其無成而且窮也，乃伐其樹而遷其居。僕於甲申年間，以財貨之。里人競來相賀曰，以茲地之奇勝，而公乃得之，豈郭之夢，有所兆朕者歟。僕亦愛其溪山之勝，而繫官在朝，不敢引身。癸巳歲，遞職還鄉，始縛草亭，以蔽風日。優遊五載，旋復棄去，則亭不免為風雨所揭，獨樹陰婆娑，而草萊蕪沒矣。庚戌，謫關西。揣慄[3]窘束[4]，百念不掛，猶以未克葺亭以終老為恨也。辛亥，蒙恩放歸，宿昔之抱，可以少償，而財力短乏，又無以為計。一日，府使吳公謙，適來同登，勸僕成之，且許相助。遂於壬子春，起其役，不幾月而功訖，棟

1　平坦而宽广。

2　音 yǐ mǐ，山势连绵不断。

3　恐惧而战栗。

4　拘谨。

宇粗完。而林薄益茂，逍遙俛仰，以遣餘生，僕之素願，於是乎畢矣。嗚呼，僕之占此，于今三十餘年，人事之得喪，固有難言。而亭之廢而起者，亦若有數存焉者，撫事興懷，不可不托于斯文，子其爲我記之。余以文拙辭不獲[1]，則又以言于公曰，蒼蒼者，孰不仰而戴之，茫茫者，孰不俛而履[2]之。然而知其所以然，而能反之於身者，蓋寡矣。今公既以得之於心，而寓之於名，其浩然之興，固有人所不敢知者。然物變無窮，而人生有涯，以有涯之生，御無窮之變，則於其俛仰之間，而天地之盈虛，人物之榮悴者，亦不可不經于心，而以之自勵也，夫豈專於山水之樂而已哉。噫，微吾公，孰能稱是名也哉。

（录自《高峯先生文集》卷之第二编）

藏春亭記

奇大升

天地之化，一息不留，而來者無窮，其磅礴萬物，流行今古者，必有所以然乎。若以一歲而言之，則自春而夏，夏而秋，秋而冬，冬而又春也。氣序之流易，而寒暑之相推，其生物之榮悴消息。勢若有所迫，而不能自已者，亦必有所以然乎。斯理也，君子玩之，以盡其心，小人昧之，以役其生[3]焉。其有不安於昧之，而蘄至乎玩之，不慊於役生，而求聞乎盡心者，亦足尚乎。前訓鍊院僉[4]正柳君仲翰，起亭於竹浦之曲。枕巒而俯漪，挹以危巖，映以茂林，列植嘉卉其中，揭其牓曰藏春。而又拓亭之

1　可以。
2　俛履：福禄。
3　生为"身"的讹误。役身：身执劳事；劳身。
4　音 qiān，僉正：韩国朝鲜王朝时期的官职。

西隙，構小堂，扁以梅橘，皆延以欄檻，賁[1]以冊簏[2]，玲瓏宛轉，窅窱蕭爽，若異區焉。乃刻諸名勝之什，懸之楣間，併欲揭余文以張之。余謂君曰，一歲之春，止放三月而已矣，今曰藏春，庸有說乎。君曰然，四時八節二十四氣七十二候，周於一歲之中，而朕於六合之外者，人不得而測也。第以耳目之所覩記，則自東風解凍，蟄蟲始振，而小陽之氣畢達於地上。以至於桃始華，倉庚鳴，則絪縕奮盈，百卉含葩，粧林蓋地，倚嬌吐秀。山若緅而麗，水若澹而遠，白日增輝，而青天彌廣，此正一時之盛際。古之人所以忘懷晤賞者，良有以也。然而螻蟈一鳴，而祝融御辰，則向之所以春者，轉而爲夏矣，春固不得而藏也。獨吾亭爲不然，聚奇花異木無慮數十種，種各數十本，盤根而接葉，竝萼而交柯，催紅駐白，嚲縹酣黃[3]。雖時移節去，而花事不衰。亦有冬青之樹，排簷闔碧。傲雪胚英，而往往點綴，以孤芳冷萼，媚日漏春。由是入吾亭者，常若有春意存乎其間，此所以名吾亭也。昔刀景純作藏春塢，東坡蘇子賦以實之曰，年拋造物陶甄[4]外，春在先生杖屨中，其言之無乃近於是者乎。此吾所以徵諸古人也，子以爲如何。余曰，君之言，可謂善哉，抑猶未也。大化推移，有形者所不得遁。春自建已而後，則固索然而盡矣，何獨於君之亭而能藏之乎。譬如人，年齒[5]既暮，雖復顏韶髮鬒[6]，筋力無乏，而其菁華，久已遷矣，乃欲强以爲留少年，豈不謬哉。莊生有言曰，夫藏舟於壑，藏山於澤，謂之固，然矣而夜半，有力者負之而走，昧者不知也。君之所謂藏者，得無類於是乎。夫春，造化迹也。造化無心，付與萬物而不爲私焉，然猶不可得而藏也，況乎功

1 音 bì，《说文》：贲者，饰也。
2 赤石脂之类的颜料。
3 嚲，音 duǒ，垂下貌；縹，淡青；酣黃：浓重的黃色。
4 烧制陶器，喻陶冶、教化。
5 年纪。
6 头发稠黑美丽。

名富貴之隆，珠金穀¹帛之饒，物之所易壞，而人之所可爭者乎。
其焜燿²堆積，曾幾何日，而化爲浮塵，蕩爲泠風者，乃悠焉忽焉，
不足以控且搏也。向來所爲勞心苦骨，急營而務攫³者，一朝而
至於此，不亦可悲也哉，而又奚以藏爲。君曰，然則奈何。余對曰，
聞之，晦庵先生嘗論人性之四德，而引天之四時以證之。其說曰，
春則春之生也，夏則春之長也，秋則春之成也，冬則春之藏也，
蓋天之性情。雖有元亨利貞⁴，生長收藏之異名，而春生之氣，無
所不通。人之性情，雖有仁義禮智，惻隱羞惡，辭讓是非之殊
稱，而惻隱之心，無所不貫。人苟能知天之所以與我者而反求之，
則春之不可藏者，固未始不在於我矣。於此，玩之以盡其心焉，
則亦庶乎，其可也否乎。君曰唯唯，因次之爲藏春記。

（录自《高峯先生文集》卷之第二编）

君子亭記

鄭道傳

　　吾黨有達官者，其風儀挺然而秀發，志操卓爾而不群，君
子人也。一日，開新亭於松樹之下，邀諸公而觴之，請予亭名。
予指松而語之曰，彼其蒼然其鬐，偃然其形，則君子之德容也。
窮冬沍⁵寒，風饕雪虐，衆卉摧折，而亭亭後凋。盛夏炎熱，石
鑠⁶金流，生物憔悴，而鬱鬱不變。是則君子固守其節，不爲貧
賤之所能移，威武之所能屈也，請名是亭曰君子可乎。大抵古

1　俸禄。
2　辉煌。
3　抓取，攫取。
4　引申为四季。语出《易经》乾卦的卦辞："乾，元亨利贞。"
5　音 hù，冻结。
6　音 shuò，熔化（金属），销金。

人之於草木，愛之各以其性之所近。靈均慷慨之士，故取蘭之香潔。靖節恬退[1]之士，故取菊之隱逸。以是觀公之所愛，則其中之所存，蓋可知矣。抑登是亭者，果有磊磊落落，不苟合於時世者乎，確然自持，不受變於流俗者乎。則此亭之樂，豈公之所獨有，當與諸公共之矣。諸公曰諾，於是乎書。

（录自《三峯集》卷之四記）

昭曠亭記

權尚夏

　　道峯是舊寧國寺遺址也，峯巒秀拔，水石朗潔，素稱畿內第一名區。祠屋之刱，在萬曆癸酉。遂作國東郊大儒院，其事面亞於泮宮，洛中章甫常輻輳於斯。講堂之西不百步，臨溪築小臺，名舞雩。臺之東有門名詠歸，蓋取曾點風詠之意也。臺南越溪，蒼崖屹立，刻同春先生筆八大字。其下大石橫亙溪面，刻尤齋先生所書集晦翁詩二句，筆勢雄健，與萬丈峯相埒。癸巳夏雨，大水懷山，崖坼石奔，臺與門拔其基，兩先生筆蹟顛倒漂移，誠古今所無之變也。居數年，大往小來，蝕弩幾及於廟享，豈天憫念斯文之變作，先示妖孼也耶。吾友坡平尹鳳九瑞膺，方執耳院事，乃就枕流堂南畔隙地，立詠歸之門。少下有壁陡起溪岸，展其頂築舞雩臺，蓋緣舊基已成齹[2]齯，不得不移占，斯區之得全於劫水，不亦奇哉。臺下有數仞懸瀑，瀑底石坳開函，水滙爲潭。潭之南，白石盤陀，可坐五六十人，清致勝似前築。潭北壁刻沂水二字，以其舞雩詠歸之意，本出於浴沂也。遂搨出兩先生舊筆眞本刻于石，又刻舞雩臺三字於其

1　淡于名利，安于退让。
2　音 cī，牙齿参差不齐。

傍。於是乎門臺筆蹟，一復其舊。人不知其重新，然新築之左右，無松檜蔭其上，登臨者病焉。瑞膺披藤蘿草樹之中，得一小臺於南崖層巖上。除其穢刬[1]其蕪，廣袤可容四礎[2]。彼水之滙者石之盤者，卽其眼底，而舞雩之築二石之刻，墻屋之持持，峯巒之矗矗，并排列望中。孰謂幽隱之中，有此爽塏之丘也。抑化翁故祕之，以待好事者而發耶。遂構一間茅亭，以代松檜之蔭，其制精而不侈，足備山中之一奇玩。非瑞膺之意之勤，其孰能辦此。瑞膺一日來問名，余以爲學者窮探力索，至於豁然貫通，則古人謂得觀昭曠[3]之原。今入此洞者，經丘尋壑，既登乎此則襟懷爽豁矣，其氣像與之相侔，遂題昭曠亭三字，并書其前後事實，俾揭于楣間。後之遊斯院而陟斯亭者，庶幾[4]顧[5]是名而勉之。

（录自《寒水齋先生文集》卷之二十二記）

居然亭記

徐有榘[6]

　　陟自怡悅齋西階，出思仙門，則林樾翁蘙。溯溪而不見溪，但聞泉聲潨潨[7]生屐底。行數十百步，樾盡而巨石二巑岏[8]對峙，中通線路，如門闥然出兩石之間。西折而見高阜，上有巖削立如屏。右距溪而斂，左張翼而環拱，形若劈甕。當巖之斂，有亭突兀臨溪流，遙挹野外螺髻曰居然亭。昔余僑寓維楊之角心

1　音 chàn，同"铲"。
2　垫在柱下的石墩。
3　开朗豁达。
4　差不多，近似。
5　回首，回头看。
6　徐有榘（1764—1845），朝鲜时代后期文臣。
7　音 cōng cōng，水声。
8　山高锐貌。

村，距此直牛鳴地耳。每過之見短籬週遭，肩圻石湍，心甚樂之。而民居簇擁，籬落楚楚，不可圖矣。後十三閏，聞居者斥其地，亟以厚直售之。披剗蠲疏，樹以松竹梅杏桃梧之屬。據後麓之中作亭，以攬洞壑之勝。蓋經營四十年而始酬其志，故取朱子詩居然我泉石之句以名之。嗟乎。溪山雲霞之勝，造物所以供幽人逸士，而非圭組羈絆者之所能襲而取之也久矣。若余者，其少也有所絆而不能有，中年坎壈，又困於無貲，及夫遲暮，始幸而有之，而猶未脫去塵鞅[1]，時來時去，爲山中之客三年于茲。今年秋始蒙恩歸田，而茲邱之爲我有者，於是乎全矣。是果有待邪，抑莫之致而致邪，爲之記，志余求之之早而得之之晚也。

（录自《楓石全集》卷之五記）

居然亭記 甲戌

任憲晦[2]

　　花林齋者，桃源全公蓮軸之所而自爲記者也。間嘗爲其先祖採薇先生西山祠講堂，曁祠輟，堂亦不免。後孫在澤，在學，在甲等，作亭數間於舊址西一喚地水石奇絕處。中爲室，外爲堂，室揭舊額，堂則取原記中居然泉石之語，名以居然。將落也，書來三百里請記。盖嶺之勝，三洞爲最。三洞之勝，花林爲最。花林之勝，此亭爲最。最勝者最難久傳，亦理也。彼平泉別墅，不過採天下珍木怪石以備園池之翫者，亦有鬻[3]平泉者，非吾子孫。以一樹一石與人，非佳子弟之語，而猶爲有力者所取去。惟斯洞，

1　音 chén yāng，世俗事物的束缚。
2　任憲晦（1811—1876），朝鲜时代后期文臣兼学者。
3　音 yù，卖。

固天作也。是何等靈區而爲全氏物，傳之十數世無廢，至於此亭而尤擅其勝，寔[1]垂於後昆[2]，諒無隕[3]於前構者也，較諸李文饒，其難易得失何如哉。是不可以無記。記於何辭，惜乎，吾老矣，無以作山中客。

（録自《鼓山先生續集》卷之一上記）

居然亭記

宋秉璿[4]

亭以居然名，志其實也。黃鶴之山，雄鎭於金陵西北，南支環抱而成一奧區。内寬外密，隱屏小瀑，懸其背。覓源幽臺，臨其趾。泉石奇絶，松竹圍匝，殆[5]若遺世之士，藏踪晦跡焉。先爲緇流所占，溪山澗谷，漠然而不遇其主矣。歲丙戌夏，烏川鄭雲采景九甫，買得此址而起亭五架，取朱夫子詩居然我泉石之意。扁其顔，又取撤僧舍，建學宮，一擧而兩得之訓。名其軒曰一兩，以書藏之。築池種蓮，繞庭蒔花，蕭灑有靈源之趣。琴歌詩酒，起居飲食，於斯也不離。昔之不遇者，亦果增其輝矣。遣其胤[6]煥琦，請余記其事。余曰，古之聖人設爲棟宇之制，而未嘗立名，後世始侈輪奐之飾，又從而名之，多不以實。別取其新奇之說，是豈不可惜哉。斯亭也，既據實而命名，則溪山形勝，吾未之見也，雖欲記實，其可得乎。然璀璨於目，琮琤於耳者，無非實理之所在。則若默然神會，得喪遺乎外，義善

1　音 shí，同"实"。
2　后嗣，子孙。
3　音 yǔn，毁坏。
4　宋秉璿（1836—1905），大韩帝国时期著名学者兼殉国义士。
5　几乎，差不多。
6　后代，后嗣。

足於中，以之養浩然之氣，可也。實事實理，俱全而無所欠闕，儘有得於武夷卜築底意矣。斯亭之名，可以無愧於實，奚待吾虛飾之文乎。辭不獲已，遂爲之記。

沁湖亭記戊辰，代伯從氏作

金允植

　　濕水之流迤楊根治之西五十里而終郡界，與汕水會焉。其間多園林第宅窈窕[1]臨流，以名勝稱者殆相望焉，沁湖亭即其一也。亭屢易主，爲名士大夫倦遊休息之所，今屬余友金尚書元一家。距吾石帆亭僅二堠地，而舟行順流，一息可達吾亭前，甚快事也。記昔吾與元一，嘗夜直禁中，相與抵足而臥，共論東湖之勝。因曰安得水東置一屋，水西置一屋，吾與子扁舟往來，亦人生一樂也。吾輩未老而作此事業，豈易易乎。未幾元一出膺居留，入典本兵，向庸方隆，意以爲無暇及是。余買石潭之明年，元一亦買沁湖之庄，因其舊而重新之。與賓客故舊，飲酒樂成，馳書於余曰，子不記疇昔之言乎，吾欲成吾志，此其始也，子盍爲我記之。余聞而歎曰，古人有處廊廟而憂江湖者，如吾元一其庶幾乎。方其總三衙飭[2]戎政[3]，銓選[4]人物，劇務[5]鞅掌[6]之時，乃能超想清曠，留神邱壑，其不沉酣於富貴，而綽有憂民之地，可以見矣。如使退處江湖，又豈能忘廊廟之憂者耶。而余樗散無補，早晚欲擧家東歸，就食於田舍。元一亦以休沐之暇，

1　深远貌、秘奥貌；形容（宫室、山水）幽深。
2　整顿，使之条理。
3　军政、军旅之事。
4　选才授官。古代举士与选官一致，士获选，即为官。
5　繁剧的事务。
6　事务繁忙。

歲時歸里。共坐瓜皮，手釣具溯洄於芝灘月溪之間，銜盃抵掌，道前日所言，以爲歡笑之資，不亦可乎。若其流峙結搆之勝，余未獲憑欄一眺，未可詳道。昔曾南豐作歐公醒心亭記，以爲公之樂不在一山一水，君安於上，民足於下，學者材良，萬物得宜，卽公之樂也。余於此亦云爾。

（录自《雲養集》卷之十記）

三有亭記

李健命 [1]

漢水自鷺梁分而爲二，至楊花渡，復合爲一，而石峰峙其中，名曰仙遊。皇朝萬曆，天使李宗誠題砥柱二字於北崖。蓋倣於黃河之砥柱，而山之石皆可以礪，未知河之柱，亦皆以砥而名歟。今其字畫，經百歲不滅。砥柱之南，漁戶數十，鑿崖而居。余先人舊亭處其中，當山之半，前有小沱 [2]，東入爲匯，西會于鐵津，又西北入于江。大野微茫幾數十里，冠嶽蘇來諸山羅列拱揖，登眺足以快心目也。余於前秋，困于多口，數月出棲於舊亭。亭凡六楹，無餘地，乃買亭東隙地于隣人。今秋辭憲職 [3] 復來，新營五楹。噫。余堂搆之宿志 [4]，江湖之晚計，今可以並諧矣。亭旣成，名之以三有。或有問其義者，余曰人之有亭，或於山或於水或於野，有其一，足以爲名。今吾亭，於斯三者兼有之矣。況斯亭也，先人之所築，斯地也，先王考文貞公之所卜，今傳于余，爲三世有，則亦可謂之三有也。山雖小，屹立乎中流，凝然有不拔之勢。大江北流，雖背而不見，其南流之屈曲而來者，迎

1　李健命（1663—1722），朝鲜时代后期文臣。
2　可以停船的水湾。
3　负责弹劾纠察的都御史、御史一类官职。
4　同"夙志"，一向怀有的志愿。

數里而謁焉，前之匯，可濯可泳。野雖斥墳[1]，地勢曠迤，青黃錯布如繡，又可以觀稼穡也。以此三者之美，爲吾三世之有，寢處嘯詠，豈不足以忘世慮而送吾生也。抑又聞之，鄒孟氏[2]論天下之達尊有三。夫齒與爵[3]，有幸以致之者，至於德，苟非己之所自得，不可力求也。今余爵已踰分，齒亦免夭，所自媿[4]者魯莽失學，至老倥侗[5]，無德可言耳。苟使從今以往，斂避名塗，優游晚境，悼前日之狂圖，紬[6]舊業於遺經，或有萬一之得，終免爲小人之歸，則所謂三達之有。雖不可企擬，其於靜養自修之方，亦豈少補也哉。然則景物之勝，青氈之舊[7]，余旣有之，聖賢之言，尤宜終身自勉，姑并記之，以爲朝夕觀省之資云爾。

（录自《寒圃齋集》卷之九記）

淨友亭記

裵龍吉[8]

　　凡物之可與爲友者，己獨知之，人莫之知也，天獨許之，人莫之許也。斯友也，其諸異乎人之友之歟。古之人，不偶於時則尙友於千古，不諧於人則託意於外物，斯皆己知而人不知，天許而人不許者之所爲也。李侯剌永嘉之明年，於衙墉[9]內得沮洳[10]地。石而增之，茅而宇之，種荷其中，名曰淨友。托其素知

1　斥：废弃，离开。墳，同“坟”，引申为高地，封土成丘。
2　即孟子，战国时期哲学家，山东鄒国（今山东邹城）人。
3　齿爵：年龄和官职。
4　同“愧”。
5　蒙昧无知。
6　音 chōu，缀集。
7　“青氈故物”指仕宦人家的传世之物或旧业。
8　裵龍吉（1556—1609），朝鲜时代文臣。
9　高墙。
10　植物埋在地下腐烂而形成的泥沼。

邑人裵龍吉，錄其立亭月日與夫名亭本末。夫蓮之爲物，濂溪先生一說盡之。此外惟李謫仙詩曰清水出芙蓉，天然去雕飾者，妙入三昧。後之人，雖欲巧加形容，奈陽春白雪何。若夫刺史立亭之意，則可以敷演而次第之也。刺史，君子人也，其取友也端。其所寄興，不於妖花艷卉紛紅駭白[1]之物，而獨眷眷於君子之叢。世之於蓮也，能知而賞之者有幾人耶。或有取於松菊梅竹者，非不美也，皆取夫一節而好之，豈若斯蓮之爲君子全德耶。中虛似道，外直似志，香遠似德，溫然可愛似仁，不爲物染似義，不與春葩爭輝似節，子延人壽似才，翠藕襜[2]如似威儀。是故，惟君子爲能友蓮，非君子，雖有蓮，不友之也。故善友蓮者，因以反諸身而進吾德，若仁者之於山，智者之於水也。刺史力行古道，爲政以慈祥爲務，非道乎，立心以的確爲主，非志乎。風化感人，非德乎，民得盡情，非仁乎，不犯秋毫，非義乎。智足以免世氛，節也，有臨民之具，才也，可畏而可象，威儀也。此乃深得蓮之情性，不友之以目而友之以心，心融神會。不知淨友之爲蓮，蓮之爲淨友，眞所謂忘形之友也，輔仁之友也。其視世之酒食遊戲相徵逐，仕宦得志相慕悅，一朝臨利害，反眼若不相識者，亦逕廷矣。余亦盆於蓮而玩之無斁，其知之也亦可謂不淺矣。異日不告于侯而直造斯亭，諷詠撫玩而還，侯其不加誚否，抑亦倒屣[3]而迎之。閉門投轄，不許其出，而使之留連，同於看竹主人否。若侯之才之德，可謂全矣。苟效世人炎冷之交則翺翔臺閣，直與金馬玉堂人相伴久矣。性本恬靜，不喜附會，適與君子花氣味暗合，故只得優游於簿牒[4]敲扑之間矣。然鶴鳴子和，宮鐘外聞，府民豫憂其不得信宿於斯亭而留渚鴻

1　紛：多，杂乱。駭：惊吓。
2　音 chān，围裙，文中指衣服整齐、飘动有致的样子。
3　音 xǐ，倒屣：急于出迎，把鞋倒穿。
4　簿籍文书。

之思也。侯名某字某，侯曾奏減本府無名稅布七百餘疋，又知學校典籍燬於兵火，用周官[1]勾金束矢[2]之法，不私於己而將貿聖經賢傳，以開來學。斯其爲君子之實心，而外此小惠，今不暇及。後之登斯亭者，友斯友而心侯心，則境中孑遺，其亦庶乎永賴矣。

（录自《琴易堂先生文集》卷之五記）

淨友亭記

宋時烈[3]

　　自古公子王孫，惟輿馬聲色是耽，至於花卉之翫，亦喜繁華而濃艷者惟親，王子靖孝公淨友亭可異焉。靖孝公平生無所嗜好，惟墻内穿開小石塘，如一鑑焉。種蓮數百朵，築亭其上，淡然相對，有就如蘭之趣，無甘以壞之憂。世上翻雲覆雨之徒，何足與數哉。古昔淸眞之士所友者，松竹梅菊也。惟無極翁獨以蓮爲君子，而歎其同愛之無人。倘使公生乎其時，必且從遊於蓮花峯下石塘橋上，以對淨植聞遠香，而請問太極通書之旨，則周家麟趾騶虞[4]之化，都在其中矣。惜乎，幾乎五百年之後也。噫。靖孝公不徒友淨友，而可以上友無極翁也。今朗原君與其伯氏朗善君同居亭畔，每花朝月夕，同挹清香，以相湛樂，其友于之心，益與亭名相宜。將見塘内連枝着葉，共蔕[5]生花，以傳芳名於百世，以警枯荊之薄俗也。崇禎紀元後甲子，恩津宋時烈記。

（录自《宋子大全》卷之一百四十四記）

1　战国时期书名，即《周礼》，记载周代官制，相传为周公所作。
2　勾同"勾"。束矢勾金：指古代民间诉讼规定缴纳的财物。
3　宋时烈（1607—1689），朝鲜时代后期文臣兼学者。
4　麟趾：麟之趾，比喻有仁德。騶虞：义兽也，有至信之德则应之。麟趾騶虞，喻仁厚信德。
5　同"蒂"。

淨友亭記

俞　棨[1]

君子之友，友其德也。同志友，同道友，直則友之，諒則友之，多聞則友之，勝己則友之。友一鄉而不足則之一國，之一國而不足則之天下，之天下而不足則乃至尚友千古。君子之取友，其道可謂博矣，然猶以爲未也。苟在品卉之中而容有一德之可取，則古之騷人韻士者，亦未嘗不襲薰香同臭味而托之襟契。若靈均之蘭，子猷之竹，淵明之菊，君復之梅，皆是物也，方其會於心而適於志也。不啻晤言之相接，膠漆之相投，意契神融，精通氣合，不自知人爲物也，物爲人也，彼之非我，我之非彼，而不復區以別之矣。蓮於植物之中，最備君子之德。自濂溪夫子深愛而表稱之，世之愛蓮者蓋益盛，而至於比德而眞知者，則亦鮮矣。石縣舊有蓮池，蕪沒者蓋久。永嘉金侯壽增甫，清嘯琴軒，眷顧而得之，浚淤而深之，芟穢而崇之。亭其上而瞰其下，則亭亭者田田者艶艶者鮮鮮者，露珠霞粉，千朵萬本，列立而傾向，呈態而送香，皆若懽欣而慶其遭者。侯於是登亭而樂之，扁以淨友。走書於市南傖叟，俾爲之籍，市南子與使坐而問其說。從而難之曰，僕之友而侯，雖晚也，亦嘗知而侯之友友矣。侯以華冑清流，交友滿一世，侯之友道，亦廣矣。百里製錦，民社鞅掌，又非有騷人韻士托興而適趣者，侯之於物也，似不當汲汲焉。而顧侯所以眷賞而珍愛之，如挹芝眉而入蘭室者，其必有說矣。夫蓮之爲物也，華色可翫，馨香可愛，中通似聖，外直似義，不蔓附似介，其德之可名而稱者甚夥[2]。今侯之扁亭也，必獨於淨乎取之者，其亦深有味乎出

1　俞棨（1607—1664），朝鮮时代后期文臣兼学者。
2　多。

淤泥擢污溝而不染不滓者矣。由此觀之，則侯之志可知已。夫爲縣邑之仕者，其職下，其務宂，米鹽汨之，獄市干之，流俗之徒，出沒其間，罕有完其素履，終以污巇而去者滔滔也，由清士視之，眞不啻糞壤塗炭也。故古之人有伴侶琴鶴，追逐雲月，以自娛適者，其亦有見乎此而善托物以礪操矣。今侯以地則玉井華池也，以品則金莖珠蕊也，暫屈下土，固非塵泥之所能浼[1]也。方且扇揚清風，以警[2]濁俗，而托契淨友，以見其志。侯之淨，蓋未始必資於友，而亦未嘗不同於友也。友乎友乎，斯其爲淨友也，斯其爲益友也，君子哉。使侯而非君子者，斯焉取斯。異日者，僕病少間，當侯菡萏滿池，稱觴侯亭而以之言也，爲侯發焉，亦有以當侯意否。使者對曰然，吾侯之言亦嘗云，遂書其說以歸之。

（録自《市南先生文集》卷之十九記）

伴鶴亭記

丁若鏞

　　子弟之從父兄之官者，不沈酣於酒肉聲色之場，必干預於簿書約束之間，甚者以鞭笞桁楊爲耳目之玩，而消遣日月。故世稱作宰有三棄，棄屋盧棄僮僕，而子弟居其一焉，可勝歎哉。余至醴泉之日，則巡視館廨亭樓之制，於政閣之東，得一廢亭。亭下有小池，方數十步，皆石砌。池邊多植花卉羣芳，環以曲墙。唯有小門一，以抵政閣。亭後多脩竹高林，房櫳牕牖，皆施丹碧。顧廢棄有年，詢其故。曰亭有鬼，處之或得疾，不然驚怖失寐，所以廢也。余曰，鬼者唯人所召，苟吾心無鬼，鬼安得自來哉。

1　音 wò，污。
2　戒備，防備。

厥明日，謁家君而告之曰，伴鶴亭幽深靜僻，可以讀書，可以賦詩，距政閣有間，障以繚垣，不聞訟獄之聲，眞可以處子弟也，今日將修掃而移牀褥矣。家君曰唯汝之所欲。余旣處是亭，筆墨多暇，佔畢唯意，而所謂嘯於梁步於階者，寂然不復有聲跡。每明月照水，幽光入戶，樹影婆娑，花香觸鼻，定省之餘，得消搖自適，劬心[1]經籍。凡抰蒱[2]象棋歌兒舞女，有可以迷人心目者，令不得入小門一步，此可以不貽親以憂也。遂書余心之所樂，以爲伴鶴亭記。

（录自《定本與猶堂全書》卷之十三記）

秋水亭記

丁若鏞

龍山之西麻浦之上，有亭曰秋水，鄭氏之居也。亭在水上，四時皆水也，而獨號爲秋水亭者何意。問之鄭，鄭之言曰前人名之，因而呼之，吾不知也。雖然亭之所宜者秋水也，方春魚鹽柴草之市，潮泥泡沫之污，雜然而堆于岸，洲渚不清，帆檣湊集。于斯時也，不知水之可樂也。至夏秋之交，潦水大至，流邑里之穢惡而盪滌之。然後涼風入樹，碧天澄廓，斷岸崩沙，漲痕初落，雲日明沙，晶光照耀，沙鳥翔于汀，漁歌動于港。于斯時也，馮欄而望之，玻璨萬頃，一望無際，瀟然乎其可樂也。斯其所以名亭也歟。余曰然，子之所言者善。雖然物之有可好與其有可厭也，皆吾心也。使艷子冶客而與子之亭，方渚柳汀花之演漾妍媚也，提粉黛携歌笙，未必秋水之爲悅也。貪夫佔人之射利賭贏者，將鮑魚之臭以爲香，奚暇登斯亭而憶秋水哉，

---

1 劳心。
2 音 chū pú，古代的一种博戏，如后人掷色子。

夫唯淸士而後有秋水也。子其勉之，遂書其所與語，以爲秋水亭記。

（录自《定本與猶堂全書》卷之十三記）

品石亭記

丁若鏞

余旣歸苕川之墅，日歈昆弟親戚，會于酉山之亭，飮酒啖瓜，謹呼爲樂。酒旣酣，有擊壺拍案而起者曰，某人嗜利無恥，兜攬勢榮，可痛也；某人恬澹遠跡，湮晦不達，可惜。余酌一琖[1]，跽而請曰，昔班固[2]品往古之人，而終連竇憲之累，許劭品當時之人，而卒被曹操之刧，人不可品也。敬用罰之。旣而有唧唧嘖嘖而起者曰，彼馬乎，不能販米之載而費芻豆[3]；彼狗乎，不能穿踰[4]之守而望骨鯁[5]。余又酌一琖，跽[6]而請曰，昔孟相國不答二牛之優劣，獸不可品也。敬用罰之。諸公蹙然弗悅曰，難乎游於子之亭矣，吾將緘口而結舌乎。余曰是何言也，有終日叫呶而莫之禁者，請爲諸公先之。虓巖之石，崒然森竦，北排皐狼之怒[7]濤，南鋪筆灘之明沙，是石之有功於斯亭者也。藍洲之石，磊砢歷落，分二水之襟帶，納五江之帆檣，是石之有情於斯亭者也。石湖之石，紫綠萬狀，曉挹明霞，夕擁餘靄，照映軒楣，爽氣自生，是石之有趣於斯亭者也。夫物之無知者石

1　音 zhǎn，同"盞"，小杯子。
2　班固（32—92 年），东汉大臣，史学家、文学家、儒学大家，与司马迁并称"班马"，修撰《汉书》，编《白虎通义》，集经学之大成，使谶纬神学理论化、法典化。
3　牛马的饲料。
4　《论语·阳货》："色厉而内荏，譬诸小人，其犹穿窬之盗也欤。"
5　鱼骨头。
6　长跪。
7　怒。

也，終日評品而莫之怒焉，孰謂子緘口而結舌哉。有難于余者曰，昔留侯葆石而祠之，元章蕭石而拜之，子之品石，獨奈何哉。余曰善，夫如是也，故吾固譽之矣，何嘗慢侮不恭乎哉。亭故無名，自茲名之曰品石亭，錄其所與答難者以爲記。

（录自《定本與猶堂全書》卷之十三記）

雲夕亭記

黃景源[1]

　　丹陽山水之會也，郡南巖嶂繚以高，蒼翠隱隱如屏者曰紫雲洞。洞之水，激之爲湍，懸之爲瀑。白石離列，若几若尊若盤盂，凝滑瑩澈者曰中仙巖。巖上寬平，構亭四楹，覆以茅茨者曰雲夕亭。始處士趙君翊臣，旣建精舍於巖之側，置琴一張碁一局，以爲燕居之所，又作此亭，取安東金文簡公昌協詩以名之云。夫岡巒濛濛，其光也曖，水泉冥冥，其聲也駚，瀟瀟乎山木皆鳴，此雨夕之所以爲奇也。月出而始凝，霧收而漸繁，輕清者溷於香藤而不見其零，微白者散於盤石而不見其晞，此露夕之所以爲奇也。崖之丹者爲之冰，蔓之翠者爲之縞[2]，千巖皓然而不辨高下，此霰[3]雪之夕之所以爲奇也。然雨而無雲，不足以施雨之澤。露而無雲，不足以施露之澤。霰雪而無雲，不足以施霰雪之澤。則雨露霰雪之中，無夕不雲也。凡天下之物，朝則動，夕則止，止者逸，故動而不止者，未之有也。今處士之於雲也，不愛其朝之上升，而愛其夕之下降者，爲其能止而就於逸也。然處士居於山中，獨不知雲之上升，無所不止，周流於八極之外，潤澤萬物而未始不逸也。余從丹陽入仙巖，宿于精舍，琴碁猶在

1　黃景源（1709—1787），朝鮮时代后期文臣兼礼学学者。
2　没染色的素白丝织物。
3　白色无光泽的圆团形小冰粒。

而處士不可見矣，豈孔子所謂隱者邪。亭僧某，爲處士，請爲之記，乃書于亭壁之間，以警處士。

（录自《江漢集》卷之九記）

環翠亭記

金宗直[1]

昌慶宮之後苑，有新亭曰環翠。直通明殿之北奧，岡巒體勢，旁橫側展，長松萬株，環擁而立。又植密竹數千挺，以補其隙。前臨大內，結構參差，鴛鱗碧鏤，莎階苔甃，相助爲翠微之氣，自邇而遠。則崇墉[2]之外有闤闠，闤闠之外有郛郭[3]，郛郭之外有巖岫。終南之烟雲，東郊之草樹，攢青林綠，爭效奇於欄楯[4]之下者，千萬其狀，此亭之所以得名也。然其所以爲人主燕息[5]之所，則實在彼而不在是焉。是亭也，歷九閱[6]之阻，聯六寢[7]之邃，幽艷寥闃，高明爽塏。蓋其地自祖宗置離宮以來，儲祥畜祉，秘而不發。幾至九十餘年，適遇我殿下堂構之秋，而倏然有成，豈非有所待而然耶。退朝清讌[8]之餘，往往布玉趾[9]以登，法宮之仗，一切屏去。服夏后之衣，岸光武之幘，怡神澄慮，與道爲謀。至若青陽和暢，草木敷榮，則感乾坤生物之仁。而疲癃鰥寡，何以無飢。薰風南來，畏景爍空，則咏帝舜解慍之操。而

1　金宗直（1431—1492），朝鲜时代前期文臣兼性理学者。
2　高墙。
3　音 fú，郛郭：外城。
4　音 lán shǔn，栏杆。纵为栏，横曰楯。
5　安息。
6　天庭的大门。
7　天子的宫寝。
8　清闲、安逸。
9　对人脚步的敬称。

滿壑淸陰，何以均施。黃落在侯，萬寶告成，則曰，吾民什一
之斂，不可過制也。滕六[1]屑瓊，沍氣襲裘，則曰，吾民鞁癏之
肌，不可更勞也。凡四時之景，一經于宸[2]眼者，皆取以爲發政
施仁之資，不惟是也。記曰，張而不弛，文武不能也。弛而不
張，文武不爲也。然則一弛一張之具，亦所不廢。如欲抽經而
質疑，鴻碩之儒，可以並名。如欲選射而觀德，決拾之士，可
以耦進。于以從容顧問，于以講習武備，何莫非君國子民之嘉
猷偉範耶。此我殿下作亭之深意，而中和位育之極功，是可以
馴致也。昔宋孝宗，營翠寒堂於禁中，嘗召趙雄，王維等奏事。
堂下古松數十，淸風徐來。帝曰，松聲甚淸，遠勝絲竹。夫孝
宗，宋之賢主也。平時無燕遊聲色之奉，宮室苑囿之娛，而乃
建斯堂，顧不圖安佚，而拳拳於延訪宰輔，以防壅蔽之害。其
英風雅度，至今燁然於簡策之中。今我殿下，聰明仁聖，遠過
孝宗。而斯亭之設，偶與之同，前後聖賢，規模制作，異世而
同符。吁。可想已，彼芙蓉雙曜之峙，壯觀於上陽，凝思韶芳
之葺，重煥於未央，皆爲遊敗巡幸之備耳，烏足爲今日導也。
誠願殿下，毋怠毋荒，永肩一心。每登眺之際，深懼玩愒[3]之易流，
而必以懷保小民，爲祈天永命之實。如上所云，則我朝鮮億萬
世無疆之休，寧不在茲乎。臣敢以是爲獻。成化二十年七月日，
通政大夫，承政院左副承旨兼經筵參贊官春秋館修撰官臣金宗
直，拜手稽首，謹記。

（录自《佔畢齋文集》卷之二）

1　传说中雪神名，用以指雪。

2　音 chén，帝王。

3　音 kài，玩愒：旷废时日，如"玩岁愒日"。

環翠亭記

徐居正

　　上之十六年春，昌慶宮新成。殿堂門閤，皆賜扁額。直宮之北，又構一亭，名曰環翠。不侈不陋，制度得宜，命臣居正記之。觀夫亭，據坤靈[1]形勝之地，鍾天地扶輿之氣，巋然出於禁苑之中。三峯聳北，終山峙南，右華嶽而左華盖，前池沼而後杉檜，攢青繚碧，浮藍飛黛，環其亭皆翠也。烟雲雪月，朝嵐夕霏，氣象千萬，不可以一二形容者矣。然亭之設，非直爲觀美。所以時觀遊而節勞佚[2]，宣其欝而洩其滯，乃一人游焉息焉之地也。聖上以聰明睿智之資，篤實輝光之德，宵旰[3]礪精，順紀迓衡。然聖不自聖，尤勤兢惕，省遊畋之娛，屏聲色之翫，開冕旒之明，達紸纊[4]之聰。時於聽政之暇，清讌之餘，翠華戾止，從容陟降，怡乎其聖體也，豁乎其宸情也。攬天機之流動，撫時物之變遷，法乾健自然之象，探造化自然之妙。一俯仰，無非順天道也，一登眺，無非爲民事也。不出軒楹几筵之間，而千彙萬象，森列左右，亦莫非觀物養性之一助也。且亭之勝在四時，而四時之氣不同。聖人備元亨利貞之德[5]，全仁義禮智之性，順四時而布四德。當春陽和煦之時，念稼穡之艱難，則思所以足民食也。及南薰解愠[6]之日，見萬物之長養，則思所以阜民財也。當秋斂而念民之不給，則思所以助之。當祈寒而念民之凍餒，則思所以衣之。四時之氣，流行於一亭，而四德之用，覃及於

1　大地的灵秀之气。
2　同"劳逸"。
3　天不亮就起床，指人勤奋。
4　紸同"注"，附着；纊，絮也。古人以新棉放在临终者的口鼻前，伺察是否继续呼吸。《荀子·礼论》："紸纊听息之时"。
5　《易经》乾卦的卦辞，原文"乾，元亨利贞"，此处引申为四德：仁、礼、义、正。
6　温和的风消除心中的烦恼，使人心情舒畅。

萬姓，況民吾同胞，物吾與也，則思所以親親而仁民，仁民而愛物。凡窮壤之間，萬物職職，自形自色，或潛或躍，曰榮曰悴者，皆囿於聖神功化之中，各遂其性。一亭之內，自然天地位，萬物育，聖人之能事畢矣。嗚呼。人君壯九重於內，居有深宮，朝有正殿，如臺亭池樹者，不過侈苑囿之壯觀，張皇遊衍之一事耳，存之何補於政治，袪之何損於國家乎。然古之明君，以之而占時候察氛祲[1]，爲民不爲已也。故靈臺作而文王興，後之庸君暗主以之而窮奢極侈，瑤其宇而瓊其棟，迷心於禽鳥花卉之玩，縱情於觴詠絲竹之樂，流連光景，般樂怠傲，爲己不爲民也。故隋以凝碧闔風[2]而敗，唐以沈香太液[3]而衰。以一亭之小，而其興衰得失如此，可不畏哉。聖上之一遊一豫，無非所以順天時，念民事，卽周文與民同樂之盛心也。然臣拳拳以古今得矢告戒者，誠以亭者，易以侈君心，遊觀者，能以蕩君意。苟或不謹聖狂之所以分，治忽之所以判，敢以是幷陳之，亦伯益戒舜怠荒之意也。臣於亭之勝槩，不暇贊揚焉。甲辰。

（录自《四佳文集》卷之三記）

游洗劍亭記

丁若鏞

　　洗劍亭之勝，唯急雨觀瀑布是已。然方雨也，人莫肯沾濕輜馬而出郊關之外。旣霽也，山水亦已衰少。是故亭在莽蒼之間，而城中士大夫之能盡亭之勝者鮮矣。辛亥之夏，余與韓傒甫諸人，小集于明禮坊。酒旣行，酷熱蒸鬱，墨雲突然四起，空雷隱隱作聲。

1　指战乱、叛乱。
2　二亭亭名。
3　指太液池。

余蹶然[1]擊壺而起曰，此暴雨之象也，諸君豈欲往洗劍亭乎，有不肯者罰酒十壺，以供具一番也。僉曰可勝言哉，遂趣騎從以出。出彰義門，雨數三點已落，落如拳大。疾馳到亭下，水門左右山谷之間，已如鯨鯢噴矣，而衣袖亦斑斑然。登亭列席而坐，檻前樹木，已拂拂如顛狂，而洒淅[2]徹骨，於是風雨大作，山水暴至，呼吸之頃，填谿咽谷，澎湃砰訇，淘沙轉石，渤潏[3]奔放，水掠亭礎，勢雄聲猛，榱檻震動，凜乎其不能安也。余曰何如，僉曰可勝言哉。命酒進饌，諧謔迭作。少焉雨歇雲收，山水漸平，夕陽在樹，紫綠萬狀，相與枕藉吟弄而臥。有頃沈華五得聞此事，追至亭，水已平矣。始華五邀而不至，諸人共嘲罵之，與之飲一巡而還，時洪約汝，李輝祖，尹无咎亦偕焉。

（录自《定本與猶堂全書》卷之十三記）

永保亭宴游記

丁若鏞

世之論湖石亭樓之勝者，必以永保亭爲冠冕。昔余謫海美，嘗有意而未至焉。乙卯秋，始從金井獲登斯亭，豈於亭有分哉。余方以好奇遭貶，然凡天下之物，不奇不能顯。觀乎永保之亭，知其然也。山之在平陸者，非尖削峻截，不能爲名。唯突然入水如島，則雖培塿之隆，亦奇也。水之由江河而達于海勢也，雖泓渟演漾不足稱，唯自海突然入山爲湖，則不待波瀾之興而知其奇。姑麻之山，西馳數十里，蜿蜒赴海中，如鶴之引頸而飲水，此所謂山之突然入水而如島者也。姑麻之湖，東匯數十里，環以諸山，若龍之矯首而戲珠，此所謂水突然入山

---

1 忽然，突然。
2 即"洒淅"，指寒慄。
3 音 bó yù，水沸涌貌。

而爲湖者也。永保之亭，據是山而臨是水，以之爲一路之冠冕，則曩所謂物不奇不能顯者非邪。時節度使柳公心源爲余具酒醴，而太學生申公宗洙詩人也。値中秋月夜，汎舟姑麻之湖，轉泊寒山寺下。復有歌者簫者，與登寺樓，令作流商刻羽之音。余遷客也，愀然有望美人天一方之思，迺書此以爲永保亭記。

（录自《定本與猶堂全書》卷之十三記）

遊勿染亭記

丁若鏞

亭在同福縣。丁酉秋，家大人知和順縣，縣距赤壁四十里，厥明年余得往遊焉。勿染亭者，南方之勝也。期之再三而不遂，又期之，有欲俟十五之夜，以取月波之賞者。余曰不然，凡有游覽之志者，意到遂當勇往，苟期之以日，必有憂患疾病敗吾事者，況可以保天之不雲雨以障月哉。僉曰斯言是也，是日遂至勿染亭。亭蓋以赤壁爲眉目，赤壁奇崛森秀，石高約數十丈，闊數百步，其色澹紅，削立若斧劈。其下爲澄潭可以汎舟，潭上下皆白石。由潭而之亭，行數十武，得曼衍之皋[1]，皋上皆莎艸。且行且歇，相顧甚樂也。至亭復豁然通敞，溪灣而繞之，諸峯降而朝之。亭前皆高林脩竹，而所謂赤壁者，滅沒隱映於牕櫺竹樹之間。其幽光靈韻，尤非逼視之比也。於是命酒賦詩，消搖詠謔，不知日之將夕也。既歸，伯氏命余爲記。

（录自《定本與猶堂全書》卷之十三記）

1　曼衍：连绵不绝；皋：水边的高地。

月波亭夜游記

丁若鏞

丁未夏，余于李休吉共治儷文，權永錫鄭弼東諸君，亦來會焉。一日小雨新霽，碧落澄廓。李君曰，人生幾何，誰能戚戚然以筆硯勞苦哉。家釀火酒適出，瓜善者又至，盍載酒浮瓜，爲月波之游乎。僉曰善哉，之言也。於是乘小舟，泝流自龍山，中流容與，東瞻銅雀之渡，西望巴陵之口，煙波浩渺，一碧萬頃。至月波亭而日沒，相與憑欄命酒，以候月出，少焉水煙橫抹，微波漸明。李君曰，月今至矣，遂復登舟以候之。但見萬丈金標，倏射水面，轉眄[1]之頃，千態百狀，盪漾流灘。其動者破碎如珠璣之迸地，其靜者平滑如玻璨之布光。捉月戲水，相顧樂甚，有言賦詩者。余曰今日之事，逃文墨也，復有肯皺眉稜[2]撚髭毛，戞戞乎競病[3]推敲之中，而空負此月波亭乎。諸君不飲，無以名斯亭，遂各痛飲，取醉而還。

（录自《定本與猶堂全書》卷之十三記）

遊羽化亭序

許　穆

羽化亭者，安朔邑治之東江上亭也。自臨湍上流數郡之界，安朔獨稱江山之勝，此也。絶岸巖壁上，江上人指言臺，且百年稱絶景。今太守李侯以無事，訪山水古事，得斯丘樂之，作

1　转动目光。
2　同"棱"，条状的突起部分。这里指眉棱。
3　指作诗押险韵。

臺上亭。以臨寥廓，高明遊息¹之具，蓋亦有時而成者也。前後有茂林岡巒，江岸皆白礫，其上平蕪，江流灣洄，上下渺茫，東有大川，南流過峭壁，合於亭下。有古渡，有長橋，峽俗人事絶稀。道無人，沙上有被蓑持網者數人，相呼語。余老於漣上，與湍朔二郡太守湄江李君遊，相樂於此。正月大寒雪，古木多枯死，三月無花，然時已孟夏，江上多樹林深陰。適雨新晴，佳趣自多，於是李君作羽化亭記，屬余爲序。上之八年四月甲戌，孔巖許穆眉叟序。

侯爲郡之明年，改作鄉校²，五架兩楹一門，既成禮事畢修，赢其餘力，作臨江閑館，其勝槩泠然倍之。吾聞高明之感，治道之所出。故古人有不謀於邑而謀於野者，信矣，亦豈徒爲遊樂之觀而已，不可以不識之也。侯諱山賓，字重而，延陵人穆，識。

（录自《記言》卷之十三中篇棟宇）

---

1 游玩与休憩。
2 乡人聚会议政处。原指西周春秋时设在乡的学校。

【花木】编

古梅樓子大年說

許　穆

　　有青蕚梅，樛幹[1]老查，謂之大年古梅。樓子，黃粟紅花，謂之大年樓子。樓子龍洲公庭植佳品，古梅出於寒山翁。龍洲公八十四，寒山翁八十七，今二老皆亡，其植物留傳石鹿巖居。巖居老人，且八十，可謂植物古事。大年者，識壽也。台嶺老人，書于不如默社。

（录自《記言》卷之十四中篇田園居）

大明紅說辛亥

許　穆

　　前年，大旱大水大風，又節前霜隕[2]，七月晦霜隕，百穀不成，又今年無麥。民大飢大疫，國中四方，死者不可計數。五月六月七月積雨三月，戒同社人連瘞餓莩[3]，聞海老亡，嘆息不樂。見林園荒草中，有大明紅數莖花發，可憐，感古事書之。

　　大明紅者，東方無此花。紅花紫蕊，黑莖葉小，高數尺。七月花開，花葉五出如裁，香洌爲異花。花出自中國，東方傳植之，謂之大明紅云。燕京旣破，黑漢令天下已三十年，而人心不忘古如此。昔者壬丁大亂，天子前後徵發南北官兵十八萬人，出

1　向下弯曲的枝干。樛：古书上说的一种树。
2　陨霜杀菽，指未到霜时而严霜下，使大豆等植物枯死无收获。
3　瘞，音yì，埋葬；餓莩：饿死的人。

內府三萬金，山東粟十萬，征倭師旅之後。國大飢，又發江浙十二萬粟，以賑之。東民至今，愚夫愚婦皆知帝力，不敢忘者此也。嗟乎。自古亡國非一，或以諸侯，或以強臣，或以夷狄，其本，皆出於壬人婦寺，亂政敗國，寇乘之，彼既竊國之柄，專威福制命，脅權[1]相仇，至國破家亡，身逢誅滅，而不戒，何哉。大明自天啓以降，權移宦寺[2]，卒亡於盜，夷狄[3]亂華，蓋已天下大亂。今見秋雨一草花，亦足以感天理，識之以自寓。十二年孟秋下弦一日癸酉，台嶺老人書。

（录自《記言》卷之十四中篇田園居）

大明紅說

成海應[4]

余嘗訪一士人於洌水上，其人掇庭花而語曰此大明紅也。且遺其子，余峀時種于香山之下。失其方不得榮，然葉狹而長，花如鷄冠，盖華陽之產云。大明紅多爲學士大夫所歌詠，然未詳其狀。凌壺李公詩曰，明花宋子淚，檀木肅王封，似指皇壇所樹，然皇壇無大明紅者。許氏記言曰大明紅，紅花紫蘂黑莖，葉小高數尺，七月花開，花葉五出如裁，香洌爲異花，此又與其人所蒔不同何歟。西京雜記載上林令虞淵花木簿，排列異品，後之觀者輒有盧橘[5]蒲桃[6]之感，況我之於皇朝哉。榛苓[7]之微物也，衛之君子興之以西方之思，花以大明名，感人固宜，其狀之同

---

1 同"脅權""挾權"，谓假用君上权命胁迫别人。
2 即宦官。宦官古称寺人，故云宦寺。
3 古称东方部落为夷，北方部族为狄。夷狄用以泛称除华夏族以外的各族。
4 成海應（1760—1839），朝鲜时代后期文臣兼学者。
5 枇杷。
6 东南亚原产果树。
7 榛木与苓草。

不同，又不足論也。

（录自《研經齋全集》卷之三十二風泉錄二）

大明花記

許 傳

歲丙寅之五月，余往晉陽之德川，謁南冥先生廟，登矗石樓，文生顯純、郁純，國鉉來候於此，因與之到嘉坊。嘉坊文氏世居，有書室名曰慕明齋，問慕明之義，主人指庭邊一樹曰此大明花也。花則已落，枝幹不茂盛，長不過一尋，其葉未敷。花自正月蓓蕾，三月乃發，其色紅其葩重疊，其蕚似躑躅[1]而稍大，其心虛而無蘂，其臭香，蓋異花也。其始安平大君傳之沈尙書湝，沈公傳之柳尙書冀，柳公傳之南平文公斗徵，文公於國鉉七世，其所由來者遠矣，而皆以外裔得之，事亦奇矣。今距文公之世數百年，而依舊一株，或傍生一兩櫱[2]，他人取以移種則不活云，其亦異哉。余嘗觀眉叟記言，有大明紅說云，大明紅者，東方無此花，紅花紫蘂黑莖葉小，高數尺，七月間花開，花葉五出如裁，香冽爲異。花出自中國，東方傳植之，謂之大明紅。今以慕明齋前之樹，較諸記言則大相不同，竊意此二種花，其自中國來則一也，而大明本非花名也，東人特以尊周之義，寓名於花者也。

（录自《性齋先生文集》卷之十五記）

---

1 杜鵑花別名山躑躅。
2 音 niè，同"蘗"。

東園花樹記

南公轍

余性且懶，嘗不治園圃疏花卉。東園只有桃花一本雜樹一本，皆不種而萌，不漑而長，不鋤而茂者也。方春三月，桃始華，瓣嫩而英脆而鬏香，金團玉削，粉淡脂濃。雜樹則立于旁，枝葉無可觀，花亦不發。特樹之不知名者，故仍號以雜樹。一日僮僕往于園，熟視之，就桃花摩挲徘徊，既又水灌之土封之而去，雜樹不與焉。余問其故，對曰，今桃葉方萌芽，花又蓓蕾，以待其果之實而食之，是於人誠可愛，而又將有利焉。彼雜樹無花葉之觀，無果實之食，而又其根壯而枝大，根壯則梗地脈，桃不得滋，枝大則掩翳蒙礙，耗陽氣而桃不得暢且茂，是不見伐之爲幸，尚何護之有哉。余曰，唯唯否否，汝不聞大道乎哉。天道博施於物，而雨露不擇焉。君子汎愛而同仁，故太山之阿，松桂與樗櫟均養焉。達人之門，賢不肖并容焉。桃與雜樹其醜妍異凡，誠有間矣，蓋同受天地之氣而生，生而又適植於吾園。人則一護之一棄之，爲雜樹者，尚何望乎哉。余不欲使園之一草一木於其間有幸不幸也，汝其亟治之。僮僕默默垂頭而不肯。余曰，汝不然者，吾將手斧鎌，先斬刈桃花而去之，以警夫世之以奢華媚悅人，而且以戒工於利害者。僮僕曰，敬聞命。遂往治之，雜樹亦與桃俱茂。

（录自《金陵集》卷之十二記）

石鹿草木誌

許 穆

松狼苔茯苓，柏，檜，海松，紫檀，藤香，杜沖，榧，竹，卷柏，麥門冬，見園中十青。

雲銀杏，一曰白果，又曰鴨脚，葉類之也。魯夫子壇，有此樹，謂之杏壇，壽木。

枏[1]，本作枏。《述異志》：枏木一年東榮西枯，一年西榮東枯，名曰交讓木。成都寧觀，有四古枏，皆千年，庇車百兩，刻云，由人蓬君所植。

楓香，一曰白膠香。《本草》：主風痒，隱疹，齒痛。楓一名蟲化。漢武愛楓，宮殿多植之，故曰楓宸。南中有老楓，類人形，曰楓靈。

桐，禹貢曰，嶧陽孤桐。莊周曰，鳳凰，非梧桐不止。三月，桐始華，秋氣至則桐葉先零。蔡邕傳，有吳人燒桐以爨[2]，邕聞火烈聲爆，請削爲琴，號曰焦尾琴。有䅫桐，夏花如火。有胡桐，出西域。

梅，天下尤物。楊州人呼白楊梅，爲聖僧，紅勝於白，紫勝於紅。有重葉梅，有綠萼梅，有百葉緗梅，有鴛鴦梅，多葉紅梅也。有江梅，遺核野生者。有古梅，其枝輵曲蒼蘚鱗皺。一蒂雙實曰杏梅，淡紅花謂之臘梅，非梅類，本草。梅收肺氣調胃。

丁香。

牡丹，《本草》曰，天地之精，百花之首。易老云，治神志不足。神屬心，志屬腎，心腎之藥，白者補，紅者利。牡丹五十種，姚黃爲花王，魏紫爲王后。山中花開，葉單者入藥。天下名花，稱洛陽牡丹花。

芍藥，芍灼也。灼灼其花，根能治病。《本草》曰，潤肺燥，滋腎陰。出杭越茅山者佳。劉貢父曰，天下名花，洛陽牡丹，廣陵芍藥。芍藥三十種，生山中者入藥。

1　同"枏"。
2　音 cuàn，燒火煮飯。

射干,《本草》曰,開胃下食,散熱破疢癖。司馬相如《上林賦》曰,藁本,射干,香草也。

芭蕉,生嶺南者,有花有實,極甘美,清熱止渴。生北地者,有花無實。

石菖蒲,生石澗,一寸九節者,通僊靈。《本草》曰,通九竅,開心孔,聰耳目,久服延年。菖蒲,一名菖歜。又曰,堯韭,根大節疏者,菖陽。

菊花,《本草》曰,滋陰去火,久服黑髮延年,菊爲養性上藥。史正志《菊譜》曰,花有落者,有不落者,花扶疏者多落。《爾雅》,菊一名落蘠,或曰日清,或曰周盈。《本草》曰,節花,又曰更生,又曰陰成。

（录自《記言》卷之十四中篇田園居）

梧岡記

奇宇萬

吾友鄭居士聖河氏扁其室曰梧岡。余嘗過其居,求見其所謂梧,則無有矣。遂難之曰,子有松竹蘭菊,不一而足,奚舍所有而取無有。居士嫣然曰,有梧而不見,吾方難子而以難余乎。人之梧有形,而吾之梧無形,以眼見則見有形,以心見則見無形。子以見形之眼,欲見無形之梧,宜子之眼無吾梧也。余乃沈吟良久,幡然而覺曰,居士其養心者歟。孟子以舍梧取樲[1]爲賤場師,樲譬則口腹,梧譬則心也。果所梧也以心,則求梧於居士之庭,宜吾之幾幾乎失梧也。請以一轉語貢愚,養心如養梧,養心去其害心,養梧去其害梧。吾願居士及今,栽一小梧於庭畔,以養心者養梧,則所得於養梧者,亦或反助於養心,非小益也。

---

1 音 èr, 酸枣树。

且以眼見者多，以心見者寡，吾恐居士之悟止於居士，而無攸及於餘人矣。居士曰諾，請序次而爲之記。

（录自《松沙先生文集》卷之二十記）

花塢記

洪敬謨

歐陽公示謝道人詩云，深紅淺白宜相間[1]，先後仍須次第栽，我欲四時攜酒賞，莫教一日不花開。移花接木，自是山人家韻事，而山人家得地不廣，開徑怡間，則四時花品，不可不培植也。廼於堂前後築塢治堤，以山花野蕊周布左右。又蒔於盆而種於池，隨品而分栽，因地而位置，牡丹，芍藥，海棠，月桂等幾種，上乘高品也，色態幽閒，丰標淡艷，可堪盆架高齋，日共琴書清賞者也。金鳳仙，白雞冠，五色戎葵，金絲桃等幾種，中乘妙品也，香色間繁，丰采各半，要皆欄檻春風，共逞四時粧點者也。杏，桃，李，柰[2]，辛夷，荼蘼等幾種，下乘具品也，鉛華粗具，姿度未閒，置之籬落池頭，可堪花林疎缺者也，及乎春暮，花無不着，紅紫黃白，不勝其爛然爭開。團作錦障，池臺通紅。每於麗暉中天，花氣馥馥蒸人，爭妍鬭姣，娉婷葳蕤，絢眼不可注視，而詫爲異觀。一春花事，至此政闌。好鳥時鳴，黃蝶上下。微風拂處，隨落隨開，瓦礧苔堦，鋪積數寸，不令園丁掃除。身在樊籠外，偃仰乎衆香之國，雖樂不期歡而欣已永日也。夫花爲天地之精英，其色蕩人目，其香觸人鼻，其尊或以王稱，其正或以君子視，其傲霜或喩節槩，其出塵或譬處士，要之皆天地之所甚惜。而於一春之間，亦有遭遇榮辱者。其爲

---

1 原诗作为“浅深红白宜相间”，流传中出现讹误。

2 音 nài，苹果的一种，通称“柰子”，亦称“花红”“沙果”，也是中国苹果的古称。

榮凡二十有二，其一輕陰蔽日，二淡日蒸香，三薄寒護蕊，四細雨逞嬌，五淡烟籠罩，六皎月篩陰，七夕陽弄影，八開值清明，九傍水弄妍，十朱欄遮護，十一名園閒靜，十二高齋清供，十三挿以古瓶，十四嬌歌艷賞，十五把酒傾歡，十六晚霞映彩，十七翠竹爲隣，十八佳客品題，十九主人賞愛，二十奴僕衛護，二十一美人助粧，二十二門無剝啄。此皆花之得意春風，及第逞艷，不惟花得主榮，主亦對花無愧，可謂人與花同春矣。其爲辱亦二十有二，一狂風摧慘，二淫雨無度，三列日銷爍，四嚴寒閉塞，五種落俗家，六惡鳥翻噙，七驀助春雪，八惡詩題咏，九内厭賞客，十兒童扳拔，十一主人多事，十二奴僕懶澆，十三籐草纏攪，十四本瘦不榮，十五槎捻憔悴，十六臺榭荒凉，十七醉客嘔穢，十八築瓦作瓶，十九分枝剖根，二十虫食不治，二十一蛛網聯絡，二十二麝臍薰觸。此皆花之空度青陽，芳華憔悴，不惟花之零落主庭，主亦對花增愧。花之遭遇一春，殆與人之所生一世相類也。古人云種花一載，看花不過十日，謂香艷不久也。隨其花之時候，配其色之淺深，悉心勤護，多方巧搭，俾不至於疾憎爲辱。而雖藥苗草蕊，亦可點綴姿容，使四時有不謝之花，方不愧歐公之詩教也。

（录自《冠巖全書》冊之十五記）

果原記

洪敬謨

禮曰古者未有火化，食草木之實。草實曰蓏，木實曰果也。及夫燧人氏作，始教人火食，則草木之實，但助穀而已。然果蓏之於人，亞於五穀。豐儉可以濟時，疾病可以備藥，輔助粒食，以養民生。隨宜膳需，以享祭祀，故素問云五果爲助。五果者以五味五色應五臟，李杏桃棗栗是也。占書云欲知五穀之收否，但看五果之盛衰。盖謂李主小豆，杏主大麥，桃主小麥，棗主禾，栗主稻也。《禮記》內則列果品陵梫榛瓜之屬，周官職方氏[1]辨五地之物。山林宜皁[2]物，柞栗之屬也。川澤宜膏物，菱芡之屬也。邱陵宜核物，梅李之屬也。甸師掌野果蓏，場人樹果蓏珍異之物，以時藏之，觀此則果蓏之土產常異，性味不齊。而人之於果蓏，宜以爲五穀之亞也。吾園之果，無珍異之物，只是山家所種植者，而臙脂之桃，紫黃之李，暨夫杏柰[3]含桃等諸種，種各有數名。春而花夏而實，栗又寔宜於土，蕭森繁茂，歲收幾包。杜陵之未全貧，視此果何如也。夫果蓏先五穀而生，宜於人雖亞於五穀，然饋食之籩[4]，河東之飯，俱爲人艷稱。而燕秦之千樹，與千戶侯等，則史所云棗栗之利，此謂天府，民雖不佃作而足者，誠非夸語也。園在洞之深處，而洞是萬山絕峽之中，地皆踈離臞瘠[5]，無水旱之田，所宜者木，故居人業於果以自食。此殆近於不佃作而足者，而亦可謂有巢民之食木實者也。

（录自《冠巖全書》冊之十五記）

菜畦記

洪敬謨

昔東坡居士云吾借王參軍地種菜，不及半畂，而吾與子過終年飽菜。夜半飲醉，無以解酒，輒擷菜煮之，味含土膏，氣飽霜露，雖粱肉不能及也。人生須底物，而乃更貪耶。遂作四

1　职方氏：官名。《周礼》谓夏官司马所属有职方氏。
2　音 zào，同"皂"，黑色。
3　类似花红的果子。
4　音 biān，同"籩"，古代祭祀和宴会时盛果品的器具。
5　音 qú jí，瘦弱疲病。

句曰，秋來霜露滿東園，蘆菔[1]生兒芥有孫，我與何曾同一飽，不知何苦食雞豚。此非園翁野叟日食藜藿[2]者之言，而能知無味之味，窮知天下之至味也。余自棲山，樂志在於蔬，水墾治數畝於籬園之傍，播之以百種菜品。風暖凌開，蘗牙競抽，雨潤土融，剛甲以解。時與園丁共鉬[3]而培土，灌泉而澆根。翠髮之韭，青衣之葱，魯山之薤，西域之蒜，諸葛之菁，元脩之巢，大宛之苜蓿，婆羅之波稜[4]，鬖髿[5]虬鬐之菭，婆娑熊蟠之菘，輪囷鷖鴨之匏，菀屈龍蛇之芝，與夫蜀之雞蘇[6]，栮脯[7]，加皮[8]，薑薑翼翼，沃沃油油。露葉雪苗，葴葀萍布，豚耳鴨掌，參差藜散。已多乎燧人庖犧氏之初，而隨時採擷，盈筐堆鼎。廼羹廼瀹，雜陳更進，香色蔚饛，甘旨調和，氣壓大官之羊，味踰廟堂之肉，縱笑樊遲[9]之陋，猶勝何胤之侈也。凡草木之可茹者謂之菜，韭薤葵葱藿五品也。古者三農生九穀，場圃蓺草木，以備饑饉，菜固不止于五而已。菜之種有山蔬之屬，有田蔬之屬。菜之性有葷辛之類，有柔滑之類。俱能輔佐穀氣，疏通壅滯，侈媚盤飧，勝掩腥臊。故內則有訓，食醫有方，菜之于人，補豈小也哉。雖然潢汙行潦[10]之水，澗溪沼沚之毛[11]，蓋亦天下之至薄而無味者也，村童里婦皆厭而不欲顧，則況朱門富貴之人乎。是以黃山谷題畫菜曰不可使士大夫不知此味，汪信民嘗言咬得菜根則百事可做。人誠能味斯言，而不以至薄之味棄之，可以甘淡泊而

1　音 lú fú，萝卜。
2　藜和藿，指粗劣的饭菜。
3　同“锄”。
4　即菠菜。
5　原指长发，此外形容长得细长的样子。
6　草名，即水苏，其叶辛香，可以烹鸡。
7　干木耳。
8　中药名。
9　即樊须，孔子七十二贤弟子内的重要人物，曾向孔子求教稼圃之事而受到冷遇。
10　低处的积水和沟中的流水，泛指污浊之水。
11　涧溪池塘的草。沼沚：池塘。

不爲外物動心。惟道得於身而後其口之乃甘，理熟於心而後其腸之乃飽，不得於道不熟於理而強欲味之，則其何異於園翁野叟之日食藜藿，終不得其味之眞者乎。此東坡所以窮知其天下之至味，於世人所謂無味者也。

（録自《冠巖全書》冊之十五記）

麥田記

洪敬謨

　　牛耳之洞，全居山內，地狹而土埆，沙礫之所種積，川溪之所齧蝕，多骨少肉，無隙地可鉏，史所稱不毛之地而地員所云五㰀[1]之土也。是以牛耳之人不佃而業於果，登高而析其薪以自食。余於水哉亭之西得地數頃，曰是可以田。樵者笑曰，土瘠[2]以黃唐，不宜於穀，雖佃之三墾七荒也。余曰山田固無妨逜耕遞休，而亦惟在於人之爲與不爲耳。廼拾石滌沙，柞木燒薙，行水利以殺草，然後犂以治町疇，糞以美土疆。至季秋之月播之以麥，冬乃大雪而覆其根，春又益之以霢霂。宿苗芃芃，勃然以興。薰風纔過，輕花細落。翠浪欲流，黃雲已遍。於是麥秋至，將登亭而觀刈。歌范石湖刈麥詩曰，菊花開時我種麥，桃李花飛麥叢碧，多病經旬不出門，東陂已作黃雲色。命園丁齊力而刈之。凡數斛及輸入于庭，山家居然爲富有。而園翁溪叟爭來賀之，遂精鑿而炊之，烹露葵泛慈湯，與園翁野老，羣啜而共飽。熙熙如也，于于如也，不知帝力之何有也。相與散步於溪上，又歌石湖觀麥詩曰，去歲秋霖麥下遲，臘殘一雪潤

1　土质较硬的下等土壤。
2　瘦。

無泥，相將飽喫潯沱[1]飯，來聽林間快活啼。歌罷顧謂諸人曰，天下事患不爲耳，爲之寧有不可爲之事乎。今夫牛耳之人謂地之磽确，不宜於穀，曾莫佃之，惟以業果析薪爲事，此孟子所云非不能也不爲也。余之治田也，地在川溪之傍沙礫之中，則不惟樵者之笑之。我亦未料其必成，及夫服勤而懋力，然後始乃爲田，亦復種麥而食實，得與子鼓腹而一飽。爲之也故如是，不爲之則不如是，此是爲與不爲之效也。山中之可以爲田者雖小，誠能擇墳衍而墾之，斲屛顏而畬之，播麥種黍，以勸作勞如我之爲，何患乎歲取十千，而寧有不可爲之事哉。書曰惰農自安，不昏作勞，不服田畝，越其罔有黍稷。不爲故不勞也，不勞則何事可爲也。咸曰斯可爲惰農者之戒，遂文以記之。

（录自《冠巖全書》冊之十五記）

松壇記

洪敬謨

　　張薦明隱山林，有松十餘株，嘗謂人曰，余人中之仙，松木中之仙。盖松者星之精而木之長也，其樹礧砢脩聳，其枝蒙翳紛敷，其皮厚而有鱗，其花黃而生香，其葉超百卉而後凋，其節貫四時而不改。稟堅凝之質而獨也靑靑，挺森竦之標而欝乎亭亭。磊落殊狀，偃亞淸影。軼衆木而特殊，壽至于百歲千歲。譬之於人，其猶仙乎。松於吾園宬富，有百尋之直，凌霄漢而出林藪者，有盈尺之矮，蚴樛而蕭散者，而其中奇崛老蒼有古意而合於畫者五六株。環之以壇，被之以莎，爲其拱護於松而且作游憩之所也。東西二松挺立相對，西者托根岸壁，老幹迤而橫若偃倒者然，以木拄其偃，得支吾不傅於地，然偃勢不可

1　源自"馎饦麦饭"，指粥或麦饭。

以遏，自北走若專注於南而可四五丈，又屈而東，其陰欝蟠然後乃止。有異松，其幹白，其鱗點點而綠，蜿若游龍，空其幹三之二，枝葉不附，至上一分而葉始布，無高低無厚薄，遠望之有若以剪刀用意裁切之也。又有一本而環生十數幹，幹各聳抽，枝葉上盤，高纔數尺，圓如張傘。又有矗矗干霄，可仰而不可狎，根老露地以走，或戴石或穿壇甚奇古，可藉以坐。又有翠甲赤鱗高幾拂天，以寙下枝時得垂陰，皆奇物也異觀也。翠盖花幢，落落交峙。高並遠峰而齊，靜與流水而閒。在空之濤聲，萬竅相應，鋪地之雲影，十畝可蔭。每當天氣澄霽，月輪漸上，隱映松梢，乍近乍遠，及稍稍轉升，松影隨地倒寫。長短疎密，各隨其體，盤虬欝龍，鱗甲屈折，縱橫活動於履舄之下。凜然神竦，不敢遽以足躡其上，而雖畫工不能描其巧也。時以幅巾藜杖，盤桓於壇之上，與諸君者相樂。人之望而見之者，其以余爲人中之仙耶。余聞之老松流脂淪入地，千歲爲茯苓，茯苓千歲化爲琥珀，流脂卽樹之津液精華也，服之可以延年而成地仙。松能使人而成僊則其亦木中之仙耶。

（录自《冠巖全書》册之十五記）

菊坨記

洪敬謨

菊，仙草也。花大而香曰甘菊，花小而黃曰黃菊，九月應候而開者是也。禮之九月之令曰鞠有黃華，鞠色不一而專言黃者。秋令在金，金以黃爲貴，故鞠之色以黃爲正，而人於菊曰黃花而不名也。古之愛菊者，自屈子始，至淵明尤愛之甚，菊之名是以益重。自兹以後，愛者旣多，種者日廣。或以香或以色或以形或以蕊，巧立名目，極其變幻，異品艷態，莫可名狀。如宋之劉蒙泉，范至能，史正志，馬伯州，王蓋臣諸人，皆有菊譜，總爲三百餘種，而所以珍異之者，不獨在於黃而已。則此非深知菊者，而要亦不可謂不愛菊也。山中只有甘菊山菊二種，曄然黃華，華於陰中，鮮鮮色態，纖妙閒雅，可謂邱壑燕靜之娛。則幽人逸士籬落圃畦之間，不可一日無此花也。乃採取數百科，分畦移栽，日事培溉，秋來花綻，如幽人逸士雖荒寒，味道之腴，不改其樂者，而可謂歲寒交矣。夫菊之爲草，四時皆有之，而開於秋者爲正，五色皆有之，而得其黃者爲貴，介烈高潔，不與浮冶易壞之花同其盛衰，而又其花時，秋暑始退，歲事既登，天氣高明，人情舒閒，觴詠風流，亦以菊爲時花，謂之重九節物也。且菊有異於百卉者，春生夏茂秋花冬實，備受四氣飽經露霜。葉枯而不落，花槁而不零者，是豈偶然而已。而其苗可蔬，其葉可啜，其花可餌，根實可藥，囊之可枕，釀之可飲。夫以一草之微，自末至本，罔非有功於人，宜乎神農列之上品。前賢比之君子，隱士采入酒斝，騷人餐其落英，菊之貴重如此。而於君子之道，誠有臭味哉。鍾會贊以五味云，圓花高懸準天極也，純黃不雜后土色也，早植晚發君子德也，冒霜吐穎象勁直也，流中體輕神仙食也。東坡居士杞菊賦云，吾方以杞爲糧，以菊爲糗，春食苗夏食葉秋食花實而冬食根，庶幾乎西河南陽之壽，尤可驗菊之爲仙草也。

（录自《冠巖全書》冊之十五記）

桃疇記

洪敬謨

桃爲五行之精而能制百鬼，乃僊木也。枝幹扶踈，葉狹而長，二月花開，有深紅淡碧淺絳粉白之色。穠華明媚，妍態妖艷，古人所云有艷外之艷，華中之華，衆木不得融，爲桃花者是也。耳溪之上，有平疇若干畝，種之以桃，或移接焉，或扦插焉，又以泥核抛擲於峭壁斷岸之上，數歲而花發滿山，舒若霞光之欲起，散似電彩之將收，澗谷生輝，巖厓鬭奢。時余日夕倚樓而賞之，又與圓翁溪叟飲於花下，有曰此眞是桃源，莫敎花隨水到人間世，恐勾引漁郎來也。曰輕薄子不損折，使老子酒興不空也。曰昔虞松以謂掘月擔風，且留後日，吞花臥酒，不可過時，願毋遽歸。曰東風一夜妬紅粧，吹盡瑤臺滿樹香，則奈何，願復飲一盃。余笑而許飲曰桃源之說，至今傳者武陵人，則世俗寧知僞與眞，而春來徧是桃花水，山中何處非仙源。而山深而地僻，貴游公子之鈿車不倒，不須問損折。相與諸君者吞花臥酒於紅霞錦浪之間，無虛度九十韶光，而但花爲天地之所甚惜，不欲使常常而有也。故花發則風雨隨其後，此非造物者之得已而不已。物之盛衰，雖化翁無以容其力矣。雖然余之栽桃也，高高而下下，色色而形形，此褪則彼艷，彼謝則此續，能不作東園之片時春也。《十洲記》曰東海之上，有山名度索，山有大桃樹，屈盤數千里曰蟠桃，三千歲一開花，三千歲一着子，服之可以後天而死。《神異經》曰東北有樹焉，高五十丈，葉長八尺，廣四五尺，名曰桃，其子徑三尺二寸，食之令人壽。《神仙傳》曰得綏山一桃，雖不能僊，亦足以豪，千歲之桃，非尋常之物，而盖桃是仙木，故仙山多有之云。

（录自《冠巖全書》冊之十五記）

楓林記

洪敬謨

牛耳之洞多楓樹，於兼山樓之右冣多。岡麓坡陀峭壁斷岸之上，雜籬夾布，蔚然成林。其樹枝榦修聳，其葉圓而峙，有脂而香，春夏敷葉，層層積金錢。間以烏桕杏柰之屬，青綠交映，繁艷迷目。巖花砌草更助芳菲，春鳥秋蟬鳴聲相續，玉露纔零，葉始變丹，輕臙淡脂，弄色爭妍。及夫秋深而霜清也，丹者又變而赤，葳蕤斑爛，一山通紅。艷兮如茜裳之耀日，爛兮如彤霞之散天。色分濃淡，態異朝晡，彩暈遠射，巖谷池臺，如在錦繡障中。足破秋來岑寂，而亦助茲樓之一勝也。按《爾雅》釋楓曰欇欇，言風至則欇欇而鳴也，《楚辭》曰湛湛江水兮上有楓，《說文》曰楓木厚葉弱枝善搖，漢宮殿中多植之，至霜後葉丹可愛，故稱楓宸。東海之上有山，山多楓，故名曰楓嶽。夫楓之爲樹，初非佳卉美木，而爾雅釋之，楚辭歌之，宮之稱山之號，亦以是焉，豈不以霜葉之異於凡樹而名之者乎。杜荀鶴山行詩曰：遠上寒山石逕斜，白雲深處有人家，停車坐愛楓林晚，霜葉紅於二月花。毋或到我牛耳之洞，而我無上山停車之勞，坐愛一洞之勝景，使筍鶴見之，必有以羨之也。

（录自《冠巖全書》冊之十五記）

竹欄花木記

丁若鏞

　　余家明禮之坊，坊多公卿巨室。故車轂馬蹄，日交馳乎衖衕之間，而無陂池園林，足以供晨夕之玩者。於是割庭之半而界之，求諸花果之佳者，插諸盆以實之。安石榴葉肥大而實甘者，曰海榴，亦曰倭榴。倭榴四本，榦直上一丈許，旁無附枝，上作盤團然者，俗名棱杖榴一雙。榴有華而不實者，曰花石榴，花石榴一本，梅二本。而世所尚，取古桃杏之根朽敗骨立者，雕之爲怪石形。而梅僅一小枝，附其旁以爲奇。余取根幹堅實，枝條榮暢者爲佳，以善花也。栀二本，杜工部云，栀子比衆木，人間誠未多，蓋亦稀品也。山茶一本，金盞銀臺四本，共一盆者一。芭蕉大如席者一本，碧梧桐生二歲者一本，蔓香一本，菊各種共十八盆，芙蓉一盆。於是求竹如椽者，截其東北之面而欄之，令僕隸行者毋以衣掠花，茲所謂竹欄也。每朝退，岸巾循欄而步，或月下酌酒賦詩，蕭然有山林園圃之趣，而輪鞅之鬧，亦庶幾忘之。尹彝敍李舟臣，韓傒甫蔡邁叔，沈華五尹无咎，李輝祖諸人，日相過酣飲，茲所謂竹欄詩社者也。

（录自《定本與猶堂全書》卷之十四記）

杏壇改封植記代主倅作

南公壽

　　杏直尋常一卉木耳，材不敵杞梓[1]，實不登籩豆[2]，又非有華葉葳蕤之供乎觀玩。然綠野稱碎金之坊，廬山傳董仙之林，尙皆表表有名於古今品題者，無他，特由人而著故也。矧惟吾夫子之所嘗遊息而講禮於是焉，則其敬慕又何如哉，宜乎後世學校之所庭實而愛護焉者也。丙寅冬，余承乏宰是邦。越三日，展拜于夫子之宮，見正門外禿立枯株匿薄于圮砌之上，問之，乃壇杏古植也。既怵焉傷之。翌年季秋，南丈瀛隱翁使人求得杏數三蘖于山中，以囑齋長權斯文度鉏封植于舊址。時十月之上旬也，植既固，聚石以築之，欄其外以衛之，增飾埤堄，制度克井井焉。嗚呼。余過客也，今於是役也，雖未知髡髡弱植，幾年而得干雲之勢，又幾年而聽絃誦聲於此樹之下，而其所以扶植元氣於風摧雨剝之餘

1　音qǐ zǐ，兩木皆良材。
2　借指祭祀。籩和豆，古代祭祀及宴会时常用的两种礼器，竹制为籩，木制为豆；籩盛桃梅，豆盛肉酱。

者，固於此兆之矣。然則太守之適茲會，不亦與有光於來許者乎。嘗聞泗上夫子廟檜，關時運之盛衰。余於早晚壇樹之春回發榮，而卜一方嘉譽之梗楠豫章，蔚然興於異時矣，是爲識。

（录自《瀛隱文集》卷之四記）

藥峯楓壇記

蔡濟恭

有峯峙崇禮門外，可數里許，其名藥峯。峯之脉，迤邐西南行。近東而結爲丘，其高約四五丈。有剩麓張左右翼，衛護丘甚力，而左距丘稍闊，右若肩胛傅人，緊抱如不及，逆硝橋水，舉頭而止，兩翼皆不至遮前，如環之缺焉。其下夷以曠，有負丘而宅者，實成虛白倪舊基，漢陽之始定鼎也。神僧無學相其址以授成氏云，虛白嘗獨夜陞于丘朗誦詩，時夜雞欲鳴，月色微明，有客來宿，驚罷睡從窓隙窺之，以爲仙人夜降，起以蹤之，相視發笑，人至今傳以爲奇事。成氏相傳且二百有餘年，子孫不能守，歸藥山吳公。余少也讀書講學，實在於此。及藥翁下世，子弱不能守，又歸諸我，天地萬物之無常主如此。丘荒廢居然有崩下之勢，余略以石築之，其級有三，爲壇於其上試席之。有栢不知其年壽，枝葉布濩，下覆屋甍，根老露地以走，或戴石或穿壇，奇崛可藉以坐。有松翠甲赤鱗，其陰滿池，雖不風，自然有空籟。檜，矗矗干霄，可仰而不可狎。楓，春夏其葉，層層積金錢。及秋，茜裳耀日，彩暈遠射牕壁，此皆環壇而立，以助壇之勝趣者也。壇正對木覓，蒼翠如可掇，粉堞橫繞松間，高下屈折，乍隱乍現。崇禮呀然呈其竇，車馬人眾之殷殷行者，坐以數，道峯若干朶，縹緲於東邊杳靄之中，簇簇若管城子蛻甲而迸其尖，此皆迴照於壇，以成壇之眼界者也。每當天色微曛，城南萬屋，燈火點綴，星散而棋布也。已而素月冉冉至矣，若栢若松若檜若楓，倒影於十畝庭中，長短疎密，各隨其體，盤虬鬱龍，縱橫活動於履舄之下，此壇之最奇勝者，而於壇而不于夜者，不能識也。余愛壇甚，時使及門者數三十年少，吟詩作賦於其上，以試其遲速高下，否則余之筇無日不楛於壇，而客亦未嘗不從其後也。遂倚壇而令曰，不能譚經史說道義不宜上，不能詩不宜上，不能棋不能琴不宜上，不能評騭¹山水煙霞不宜上。令己書付壁，未知與陶處士我醉欲眠之語，孰厚孰薄。

（录自《樊巖先生集》卷之三十四記）

---

1 评定。騭，音 zhì。

【水石】编

石鏡記

許 穆

吾嘗步於林園，得一石，不方不圓，亦非奇形異狀。荒草下，有石蒼然者，大於斝。忽然睨之，莓苔間，若水光之澄泂者有之，得日月之光，毫末異照，視不可矚。山澤間有神姦物怪，莫得逃其形，使人大驚，疑若鬼神焉。名之曰日月之石，移之階石上，令鑑之者，亦以戒懼其幾心。戊戌孟夏日長至，眉叟識。

（录自《記言》卷之十四中篇田園居）

石假山記

李 溰

淳之郡，越重巘而開都會，或峙而起，迤而迴，四距而無不夥。申公某居于此，乃聚石爲假山，日夕瞻對。溰疑公之不好眞而好假，既而得其說焉。公之好假，非假也，爲似眞也，似者猶好，況其眞哉。今必耽耽於一卷之小者，殆有辭已。夫山一也，人之眼有萬。嵫釐[1] 爲峻則欠其麗者有之，嶺嶜[2] 以邃則欠其秀者有之。岌欲其嶞，巃欲其密，雖徧陟而該觀，終洽乎中蓋鮮。於是登皋而取其酋，入谷而取其窈，合而爲小山，一巒一嶧，皆心度而意裁。加尺太長，減寸太短，一片精神，寧復有不惬乎哉。實好之深而心無不至，以假而慕乎眞，吾知公之樂于山甚矣。

---

1 音 zī lí，高峻貌。
2 音 líng róng，同“岭嵘”，深邃貌。

然非人謂之，天爲之。謂之人，天樸而人巧。天自然而人有迹，巧者樸之散，斲自然而趨有迹，此山者爲手中之翫則優矣。其於觀物審態，抑末也。莊周氏之言曰：混沌鑿竅[1]而死，鳧續脛而憂，無不可使有，短不可使長理也。安知巧而迹者，反不爲看山之累耶。夫木石至賤物，畫之而售價，沐猴一寓屬，刻之而致艷者，貴稀有也。凡手而指目而視，何莫非山。人不覺其有奇，故此特幻造生新，姱于衆，又豈無眼不肉者，不之于此而貴菽水之賤哉。公之心，如云思太白智異之壯，則憑某石而興感，想金剛俗離之秀則對某石而寄趣，以此爲仰止之資。瀷願與公同風，如或非斯而只爲喪志之歸，瀷敢以向說箴焉，其肯否乎。

（录自《星湖先生全集》卷之五十三記）

石假山記

許　穆

　　崇禎十三年九月，穆遊南海上，過浪州，省叔舅閑閑翁於西湖之藏六窩。見庭中石峯數重，其高可仰，蒼然峻屼，魂礧相支。間植佳木異卉，其間常有積氣濃陰，若霞霧駁鬱，隱然若深山之中，神氣變化以發生育，穆甚奇之。蓋翁好奇，嘗於山海間，多得奇怪異石列之庭，除層高累奇積之及刌而成之。從下而上，皆峭壁層巖，石氣成潤。其谷常陰，其植常茂，其亦得山之性也。雖泰山之崔崒，亦不過一拳石之多，則特其所積大小殊耳，其體一也，不必躡層峻慕幽夐，而其樂在此。穆東南行數千里，殆遍遊海上名山，至此竊發愧而嘆也。吾聞仁者樂山，仁者靜，靜者壽，翁潔身遁世，喜慈仁恬靜少爲，年七十康強不

1　同“竅”。

衰云。

（录自《記言別集》卷之九記）

曹氏石假山記

吳道一

余友曹伯興家有假山，峯巒奇峭森簇，若劍立屏鋪狀。其上雜植卉木，蒼翠之色，蔚然可掬。不出戶庭間，杳然有方壺千里之想，儘異觀也。或有問於余者曰，天下之物眞與假懸絕，而此假也其狀酷肖眞，令人目眩，不辨其爲眞假者，何居。余謂凡物之所謂假者，飾僞而狀眞，逞巧而衒外，如綴綵之花，點鐵之金，尙詐力者之行仁義是已。此則異於是，人之稱假，誤也，非宜也。山之成，本資於石。凡宇宙間以名山傑然稱於世如天台，雁蕩，衡嶽，廬阜之屬，其本則莫非聚石以成。《傳》曰今夫山，斯一卷石之多，及其廣大，草木生之，禽獸居之者，以此也。子所謂假山，亦多聚石狀之奇古者崛峍者險怪者磅礴者而成焉。均是聚石而成，則特成之者有天與人之別，而及其成則一也，何必彼爲眞而此爲假哉。不特山，夫人亦然。人之有仁義以成性，猶山之資於石以成形，要之聖與愚均焉。衆人與聖人異者，以氣拘焉慾蔽焉。使仁義之本然者，汨亂否塞，晦盲淪蝕，如奇古崛峍險怪磅礴之石，委棄散落於榛莽埃壒之中而不得聚而成山也。苟力學勉行，以復其性之本，則與生知安行之聖同歸焉。此所以堯舜身之，湯武反之，而其歸一而已。不可以身之反之之異，而謂湯武非眞聖人，則茲山之不可指以爲假也亦明矣。伯興博物好古人也，蓋聞其造茲山也，課僕隸督工役，搬運礌斲之勤，盺盺然未或一日怠也。山之能極其奇且巧若此者，緊伯興之勤是賴。儻於此能以三隅反，移其勤於爲善作聖之功，則茲山也可謂玉吾伯興于成，而不徒爲玩賞資而止耳，豈不休哉。伯興既成茲山，要余爲文以侈其事。余遂記其與或人答問語，贈而勖之。

（录自《西坡集》卷之十七記）

石假山記

姜再恒[1]

仁山東溪多怪石，阿類取數塊爲山焉。高不滿尺，大不滿尋，余謂類曰山乎。曰山也。曰何以謂之山。曰以其體之相似也。余曰，草木生之乎。曰否。曰禽獸居之乎。曰否。曰貨財殖焉乎。曰否。曰然則非山也。曰假也。曰昔揚雄作《太玄》以擬《易》，作《法言》以擬《論語》，王通作《元經》中說以擬《書論》，朱子比之于吳楚僭王，假之不能亂其真如此。《書》曰，爲山九仞，功虧一簣，汝則簣之覆矣，何論乎九仞。作石假山記。

（录自《立齋先生遺稿》卷之十三記）

石假山記

南龍萬[2]

活山之下多石，小大遍野，治田者病之。余廬於其東皐，將爲圃以自養，執耒[3]而推之，鐵過鏗鏗而鳴。鍤以爲溝，一蹴深不一寸。所敷種戴堅，不能坼其甲。爲苗者，每居其半。田器常觸破良，農月更鉏。遇旱焦爛如積炭，爍[4]及禾根。余甚惡之，

1　姜再恒（1689—1756），朝鲜时代后期文臣。
2　南龍萬（1709—1784），朝鲜时代后期学者。
3　音 lěi，古代农具耒耜上的木柄。
4　热，烫。

與童子捲袂而拾，委之於廬之南，既而散漫庭中，甚妨於掃除，夜步或躓足傷，人欲棄之他所，使僕負而至巷，行路多揮呵，餘皆民田，莫肯受者，僕負還復擲之故處，恚罵[1]曰，苦苦石也，將棄汝何地。余於是思棄置而無其處，累之於庭之一邊。先以大者爲本底，環積而高，漸殺其上，盛其瑣細者於內，雜土而實之，使不何頹。大可兩圍，崇三尺有半，遂命曰假山。朝暮倚牖而對，觀其突峙平地，莊栗無斜側處。其體圓而不方，似若無廉隅者然。石面多乖崖，毅然有不同於俗之意。乃種杞於其顛，又其隙罅處，蔓草可生，能遇時而靑，遇時而花，而其鑿鑿然而白者，未嘗改焉。余然後甚愛之，且曰，嚮爾之在圃中也，移而委之庭邊也，及欲棄他所而復還也，見惡於余者久矣，今累而似山也，則又反見愛焉。噫。前後皆石也，愛憎之至變者何也。謂汝假得他名，以媚悅於樂山者，則其造爲山者人也，强以名者亦人也，汝何肯求爲此哉。山成而記之，蓋有所感云爾。

（录自《活山先生文集》卷之五記）

梧谷蓮塘記

李山海

余自少於物無嗜好，獨於蓮最癖。故聞人家有盛開者，則乘馬往賞，不以遠而辭。家居常設一盆池，種紅白數根以爲玩。及來于箕，蝸廬卑隘，四無隙地，如在土穴中，雖欲吟玩花卉，而旣不可得，則昔之翠蓋紅房，未嘗不往來于懷也。閱梧谷在郡北四五里，谷有塘，荷花最盛。一日，携鄰叟而訪焉。亭亭千柄，高聳如束，濯濯出水，紅綠相映。怳如邂逅故人於千里之外。時山雨初歇，濕雲未散，朝日欲射，滴瀝在樹，明珠銀汞，

---

1 音 huì mà，怒罵。

交瀉於玉盤之上，次第相捧，傾覆不停，紅粧微濕，半掩半脫，冉冉清香，芬馥於巾袂杖舄[1]之間，令人徘徊躑躅，竟夕而不能去也。噫。花之馨德，濂溪之說詳矣，余何敢更贅。獨是蓮也，不生於公廨賓館之中，而托根於山野寂寞之濱，葉大而自萎，花艷而自零，香清而無人嗅，實甘而無人摘，非君子而遯世者乎。風來而如舞，雨打而有聲，依依然若自娛於其間，非不見是而無悶者乎。余則非遯世者也，乃見棄於時者也，雖無馨德之可觀，而其終之零落萎折則頗相類，故余誠感而悲之。塘可六七畝，中有島，傍有堤，皆築以土堤，種松柳木瓜。築之者，未知誰，而種蓮者，乃郡吏之姓孫者云。是爲記。

（録自《鵝溪遺稿》卷之三雜著）

攢翠巖記

申維翰

攢翠巖在縣東十里，是寶盖山南麓，而彎環四合，中爲洞天。水自寶盖山谷中出，淙淙而下，至此而爲潭爲湫，色清烱如鑑。奇巖斗起南岸，盤于水上，高二尺，三枝並矗，層稜疊累，可坐可倚，俗呼三峰巖。古松生巖隙，杈枒不挺。北岸多楓松躑躅叢卉，春花秋葉，蘸紅在水。有壇曰祈雨，歲旱官以粢盛牲豕[2]，祀寶盖山川得雨云。壇左十餘武，躡磴而下，又有盤石，淨削似几似榻，容數十人坐卧。水匯而渦，與石下上，或濺衣裾。余以祈雨若課農踏翠，每歲再三至，輒令童子網魚潭際，炊粳石上，與溪翁野客爲逍遙遊，興至沃以酒，解衣槃薄，濯足吟嘯，不知西日之沉矣。第四眺無人屋，時有樵青衲白隔葉相呼。傍

1　音 xì，鞋子。
2　即"牲牷粢盛"，所献赠的牛羊豕。

田數百畮，七荒三墾，是地員[1]所稱五臬之土，疏離臛瘠，不忍水旱，其種菽粟，不能更費，所以逓耕逓休無常賦。姜山人錫朋擬置家，謀材問田而未果，寶盖禪三印又言三淵子屢憩于斯，恨其狹薄不可居。

（录自《青泉集》卷之四記上）

凜巖尋瀑記（一）

金昌協

　　直風珮洞之東，爲凜巖谷。其水西流，至掃月石之下，入于大川。自吾家望之甚近，然不見其有異焉。一日，村民黃姓者爲子益言谷中有瀑泉甚奇，子益以告余，遂欣然同往。大有及寅祥，嶽祥從之。三人者皆騎，而兩兒步焉。至谷口，見人家數四，負山帶水，田疇籬落蕭然。叩之，一老人僂而出，鬚眉皓白，可七八十。問瀑泉何在，爲指徑路所從入甚悉。入谷行里許，棄馬草中，杖而前。即見一盤石，陂陀可坐，水流其上淙淙然。二松覆之，奇壯鬱跂。傍有楓林亦高大，葉正鮮紅。同行遽喜甚，不意此中有許佳勝也。自是徑路曲折，屢得佳處，愈進愈可喜，然迷不知瀑泉所從入。第沿溪而上，凡行五六里許，瀑終不可得。倦坐石上，摘山果啖之。俯仰四顧，峰環嶺疊，澗谷深窈，彌望皆霜林紅黃。其東北，境益幽絕，望之隱隱若有異焉，意甚樂之。然日既昳，又瀑泉不可失也，還從舊路而下，始得一支徑，髣髴向老人所指者，試循之以行。未幾，即行岡脊，登登益上，竟不知瀑所在。俄聞谷中有人聲，乃子益先從澗下至此，謂已得瀑。問其狀，黟石嶔然，重累溛流被之，絕無可觀。

1　见《管子》第五十八篇。《管子》是春秋时期（公元前770—前476）管仲及管仲各学派的言论汇编，大约成书于战国至秦汉时期。

余與大有相視，啞然而笑，謂此何足以償鞋襪費，遂不至而還。飯于陂陀石上，子益笑謂今日以後，當益厭天下辯士無所信，蓋恨爲黃姓人所欺也。既下山，見向老人，告以所見。老人曰，非也。此上自有眞瀑，然從澗下，則路絶不可到，須從岡脊行，可就而俯視，乃知余所道者。正是恨不益努力前行耳，然亦喜瀑之實不止於子益所見，而姑留此以供他日游，更覺有餘味也。游之日，辛未八月二十一日，其翼日爲之記。

（录自《農巖集》卷之二十四記）

凜巖尋瀑記（二）

金昌協

　　白雲山，吾家之外圃也。舊時雖游屢屢至，而每覺有遺勝。今年八月戊戌，偶興發，騎牛而行阿嶽，乘馬隨之。既到寺，日既夕矣。歸馬與牛，就白蓮堂宿焉。己亥，朝飯，入曹溪洞觀瀑泉，至太平洞而還。日尙未中，李齊顔季愚，金錫龜聖寶，聞余爲山行，踵而至。夕復携二君，觀曹溪瀑，適李君觀命，同其族弟某至寺，遣人相聞，卽歸見之。庚子，朝飯，携李愚訪上禪菴，僧大機隨之。金錫龜爲李觀命兄弟所牽去，不得從。至菴少憩，歸飯于白蓮堂。卽出山，余無馬步行。季愚推其馬與嶽兒騎，與余同步行。至仙游潭，徜徉良久，步而歸。是行也，雖未窮高極深，而泉石之觀，視前游所得爲多，聊識其一二，以爲後觀。

　　白蓮堂，在寺左偏，舊時所無也。新構明潔，庭宇蕭然。面前峰嶺竦峙，楓松被之。峭蒨蔥蔚，若雲霞然，溪水演迆。其下，白礫清潭，瑩徹若鏡，有魚數十頭常游焉。余兩宿其中，意甚愜。時適十六七，連夜無雲，月色皎然，輒携酒露坐石上，至夜深猶不欲歸也。

自白蓮堂，緣溪而上凡數百步，皆白石玲瓏，絶無塊礫堆疊之累。水行其間，隨勢停瀉，深淺紆直，皆曲有姿態。從此而入，可達曹溪。曹溪者，古寺也，今廢久矣。而其下有瀑泉甚勝，寺僧憚籃輿勞諱之。今年春，季愚始爲余道之。余至寺，首以是爲問，僧徒不敢隱，然猶不欲余往。余就乞一芒履及一僧爲導，脫然逕往。前得一小菴，有僧翠仙者，引余至其處。溪中白石，陂陁顛委，幾十數丈。泉流横曳，作兩折而下，折處輒爲小泓，清淺可弄，石色瑩膩如玉。溪南蒼壁横帶，亦可觀。大抵意態奇麗，髣髴若楓嶽之碧霞潭而小，要當爲一山最勝處，而緇流秘之，故游人絶無至者。季愚雖聞之，而亦未嘗見也。其實自寺至此，不能數里，逕路又甚夷，余於一日中再往返，而杖屨猶有餘力，不待籃輿游也。山僧固善諱勝，而亦游者自鹵莽耳。

由曹溪瀑以上三四里，溪水分二道。其自東北來者，即太平洞之水也。舊有太平菴在其源，故洞以名焉。余舊聞洞爲此山最深處，幽敻險阻，宜於避地，欲尋一置屋處，倣晦翁雲谷古事久矣。往子益一至洞口而還，頗道其勝，勸余誅茅，余尤傾意。今見之，峰嶺環合，澗谷幽奧，石壁尤清峭可喜。但恨地勢不寬平，溪中雜石，磊魂堆疊，無演迤泓渟之觀。意欲更進以究其勝，而林深路阻，不易便窮。早晚復來，當極意搜索也。

（录自《農巖集》卷之二十四記）

耳溪九曲記

洪敬謨

耳溪之水瀯瀯發三角山，伏行焉懸注焉，委蛇屈折，東注于萬景之臺。臺與三角齊高，圍抱如屏，兩山夾天，衆水爭門。

而巨壁承其喉，橫崎如削，水滑滑從巔而掛下，初猶粘壁，霧雪紛飛，忽然墜空，千絲直下，觸石爲屑，散滿一洞，其激射之勢清壯之氣，可伯仲於曹溪。時方嚮午，與日光相薄，而瀑濺之風復生態。其傍多直立之巖倒垂之松，其西北彫峰削嶂，影交水中，助其勝趣。是爲第一曲，名曰萬景瀑。南下百餘步，山漸低洞復合，松礙迷密，雲寶橫縱，左右脩壁，參差對立，聳揖翔舞，若圍襴屏。水乃橫瀉於兩屏之下，糜沸舂撞，從亂石間吐納，勢如轉轂，聲如擊磬。水底兩厓，悉皆恠石，攲嵌盤屈，水不得直去，則洄旋飛舞，與山爭奇于一罅之內。石多奇，爲霞爲紺爲嵐而摩雲綴日，壓疊而上，其文如畫。水之東西多檜杉柟松楓櫸杻[1]栯森立連亘，翠黛青嵐，點綴迷離於屏上，蒼寒霏微，互爲之色。是爲第二曲，名曰積翠屏。迫屏而攀壁降崟，斜行迤左，沿流而下。洞天幽夐，巖谷窈窕。紋石錯落，大者足以肆筵，小者可分棚角。飲水行其上，緩而不駛，平而不屬。及墜于下，虹飛龍矯，曳而爲練，滙而爲輪，與石遇，齧而鬭不勝，久乃斂狂斜趍，侵其趾而去。左岸層巖，詭特屹峙，上有古松數株，虬枝繆互，鱗葉鬅鬆。從其罅可登，于以攬雲而眺遠。水光山色，澹艷空濛，如畫家妙境。是謂第三曲，名曰攢雲峰。又行數帳，山益夾水益束，珠沫玉屑，纖而爲繒[2]，疎而爲篁，鱗鱗然淙淙然如奏琴筑。奇巖圓秀，臨流屹立，緪之高數仞，陟則容十人樹蔽之。狠獷若瘦臂挐石而上，頮嵐綃綠，自相映發，遠近諸峰，爲之佐妍。趺坐于上，茗飲以爲酒，水紋樹影以爲侑，宛有振衣濯足之想。是爲第四曲，名曰振衣岡。是岡也高古幽奇，無所不極。溪流曲折，觸巨細石皆鬭，故鳴聲徹晝夜不休。自此環山而轉行百餘武，盤陀大石彌亘[3]一壑，高處成壇，低處

1　音 niǔ，檍樹，古书上说的一种树，木材坚韧，可做弓弩等。

2　丝织品。

3　绵延。

爲床，如雪之白如玉之瑩，膩滑砥平，飛流淪漣而下，清徹見底，如鏡之新開而泠光之乍出于匣也。山巒爲微雨所洗，娟然如拭，鮮妍明媚，如倩女之靧面而鬟鬟之始掠也。其他非奇壁則皆穠花異草，幔山而生，紅白靑綠，燦爛如錦，與碧潭相映，爲山中絶景。是爲第五曲，名曰玉鏡臺。水自五曲折而北，行出尾下，爲派爲沚爲潭[1]爲汧[2]。或觸石鬪狠，或抱岸縵回，至數弓而忽又奮激，瀉出于兩岸之間，蓋至此山低地夷故也。左右盤石，一高一低，瑩錯晶磨，中成圓泓，瀾可半畝。上無崩厓，下無堆沙，故水亦斂怒，曠然以澄，融然以和，不齧石而爲暴也。山容之澹冶，水石之明淨，爲九曲之最，而潭如月之圓，尤宜於月下觀影。是爲第六曲，名曰月影潭。自潭而東數十武，嶧然而崧者爲融邱脩巖，蔚然而茂者爲勾松繁藤。水田其中紆徐而行，抵大石伏出，又瀠洄而旁陷石下，墜于小泓，涵淳之光，外暗而中明。溪之東有巖穹窿如屋，可以列坐行觴，可以濯纓釣魚。溪之西有壁嶙峋，向東而峙。朝霞絢彩，有時白雲由溪亭亭而上，延布林邱清爽之氣，下洞空明，與壁經緯，而西望天冠之峯，秀拔橫披，蓋上有冠，下宜有纓也。是爲第七曲，名曰濯纓巖。從巖而下，未及一里，洞府開豁，溪曲縈折。小進而如屋之巖如礷之石，磊落散布，或銳如規，或方如削，或欹側如墜雲，或奇峭如出荷。水遇之怒，大鳴則山頹，小鳴則霅碎，飛湍跳躑，響戛球琅。是爲第八曲，名曰鳴玉灘。又數步層巖承之，仍成小灘。深綠演淳，有似乎湫。自湫而北，溪上有巖。巖上有臺，臺上有亭，是曰水哉。楓松花菓蔚然交翳，對岸村落環連助勢，麥田菜圃隱映於林木間。而燕尾之川相會於亭下，滙爲澄潭，盈科而後下也，轟轟泠泠，能深能淺，極水之態。則源泉之變，

1　音 tān，同"灘"，水中沙堆。
2　音 qiān，《尔雅》：水决之泽为汧。

蓋無窮也。自此行數十弓，兩岸明豁，水清沙白。有亭跨石壓流，名曰在澗亭，即三世相國徐公舊墅。花木分列，蕭灑幽靚，水於是折而東，浩浩然放于大野。是爲九曲之終也。蓋自萬景之洞，至于在澗，塵爲五里，而奇巖層瀑，間步錯出，舉其大者，合而名之爲九曲。初曲雄奇，其氣也凜。二曲孤高，其形也詭。三曲幽森，其色也厲。四曲窈眇，其趣也永。五曲靜麗，其神也粹。六曲舒朗，其容也和。七曲澄潔，其光也瑩。八曲激射，其聲也猛。九曲澹靜，其勢也遠。集九曲之勝而下上溯洄，則可甲乙於嶺之陶山海之石潭。而環京城百里內，瀑以名者無敢與耳溪九曲齒，是知天設靈區，以餉我者奢矣。

（录自《冠巖全書》冊之十五記）

月影潭記

洪敬謨

耳溪九曲，曲曲可遊。而萬景以下數曲，處山之深，幽嶮奧僻。在澗之上，數曲處洞之外，淺露荒散。惟月影潭一曲處於中，窈而奇曠而夷，爲九曲之寵。故人之遊是溪者，舍是潭而不之他。余之巡筇，亦日再焉而不以爲疲也。潭蓋溪之第六曲而小歸堂之外洞也，洞天褰敞，巖谷開朗。盤陀白石全一壑彌亘，左高右低，中拆溪道。水自萬景洞來，至溪頭而稍斂怒，微湍細流，從亂石間濺濺瀉下，少迴而沸，橫流於盤陀之間，瓊跳雪飛，滾墜于地，散而爲潭。如月之圓如鑑之開，演漾澄瀅，可盥可濯。穹巖峭壁左右駢羅，天光雲影上下徘徊，而背後三角蒼翠如可掇，山城粉堞橫繞雲際，高下屈折，乍隱乍現。南望水落諸峯，縹緲於杳靄之中，簇簇若管城子蛻甲而迸其尖，此皆迴照於潭，以成潭之眼界者也，山容水意別是一種趣味。而崇邱急瀑，可列名山，奇峯恠石，堪入畫圖。有松數十株欝欝挺立，疎密皆有古意。翠甲赤鱗，滿地垂陰，雖不風自然有空籟，根老穿地以走，蜿若盤虬遊龍。新霜初染，萬葉通紅，得夕陽回射，輕臙淡脂，弄色爭妍，間之以黃花翠嵐，爛然爲五彩障，此皆環潭而立，以助潭之勝趣者也。乃與二三子，匡坐石上，飲酒樂甚。撚山菊煎糕，斟溪水添杯，取楓枝松鈴擲以觀洑洑[1]翔舞之節。低仰酒政，較柳州投籌尤奇韻，仍坐臥松陰泉聲之間。不覺至西林，少焉天氣澄霽，東峰吐月，隱映樹梢，乍近乍遠。及稍稍轉升，巖洞水石，無不恰受其彩。而於潭而尤玲瓏洞澈，底裡皆透，千形萬影，各隨其體。潭得月而景益奇，月得潭而光益彰，此潭之寂奇者，而不于夜者不能知也。時夜將半，四顧無人，但聞溪聲琤琤如玉珮之儺[2]，山鳥格格飛鳴，使人形開神澈。濁慮之幾年淘汰而不肎淨者，皆逃遁去也。於是諷誦王右丞明月松間照，清泉石上流之句，緩步歸來，泠然有超物表之意。蓋人之遊是溪者，知潭之占勝爲多，而若其得月爲寂[3]勝吾知之，月與潭知之，是乃潭之以月爲名而爲九由之寂者也。

（录自《冠巖全書》册之十五記）

花影池記

洪敬謨

兼山樓處萬山之中，巖壑周遭，庭砌幽靚，眞碩人薖軸之所也。環樓而種百花，規庭而鑿小池。花無不蓄，時無不花，

1　水流盘旋回转的样子。洑，音 fú，旋涡。

2　佩玉之儺：身上挂着配玉，显得婀娜多姿。

3　音 zuì，同“最”。

爭妍鬭姣，絢爛葳蕤。庭除溪岸，馥馥然衆香國矣。池可半畝，淨如開鑑，疊石成島于中。島上植紫蓼青蒲，水澄綠環之，蓋源於燕尾之溪也。溪在樓右，濺濺循崖而走，自溪腰割堤而引之，用隱溝灌于池。方水之將及於池，穿石爲穴，據其池口以受水，水從穴墜下如束，淅淅有聲。及其盈科，又以穴石斜對于左，洩其水入于溪之下流，使不漲而不涸也。養魚數百頭，任其游泳自在。中植君子花，五六月之間，葉田田掩水，花亭亭四出，澹冶鮮妍，風送鏡面之香，可以滌煩消暑。每於春夏，環樓之花疎密整斜，旖旎璀璨，團作五彩障。朝日炳射，艷影倒水，水爲之通紅，錦蕊紋波，上下交蘸，獻笑呈態，不可名狀。遂大刻于池面之石曰花影池。日夕偃仰于樓上，顧而樂之。樂輒曳杖而下，徘徊於池之四畔。有大石旁池而蟠，頭入于池如伏黿，背刻棋罫，時與野老落子，丁丁之響，與溪聲相和。茗飮數盃，誦葛侯陰洞泠泠，風珮清清，仙居永劫，花木長榮之句，仍枕臂倦睡，于時胸中無一念，熙熙然吾且喪我矣。

（录自《冠巖全書》冊之十五記）

眠雲石記

洪敬謨

　　曷[1]之謂眠雲也，眠於雲也。曷不眠北窻清風而眠於雲也。偶來松樹下，高枕石頭眠也。眠之者誰也，冠巖山人也。山人好山水，廬於三角之下，獨寤寐言，永矢不諼。日夕盤桓於烟雲泉石之間，每於飯訖，步自溪亭，轉入萬景洞，洞深時有樵者到而稀矣。奇峯限日，峭壁爭霞。千流萬壑，遊者幾迷。於

1　文言疑问代词。

是振衣於岡,絮而黏屨者雲,散步于林,咽而風絃者澗[1],俯仰景色,屢改席不休。冥然意會,融然心釋,使人便欲仙去。遂解幘[2]披襟趺坐[3]於溪邊之石,詠行到水窮處,坐看雲起時之句,引大白而侑之。嗒爾[4]時窅[5]然若喪我,不覺枕石而臥,對前山駒睡幾局,渾忘雲臥,衣裳冷而睡去。不知天早晚,童子告以西山殘日已無多,乃欠伸而起,曳杖出洞。抗聲歌華山處士對御詞一闋曰,臣愛睡臣愛睡,不卧氈不盖被,片石枕頭,簑衣鋪地,震雷掣電鬼神驚,臣當其時正鼾睡。閒思張良,悶想范蠡,說甚孟德,休言劉備,這三四君子,只是爭閒氣。爭如臣向青山頂頭白雲堆裡,展開眉頭,解放肚皮,且一覺睡,甚玉兔東生,紅輪西墜,歌竟歸卧樓上,踈雲英英,繞身不散。仍以自號曰跂[6]石眠雲人,名其石曰眠雲。余於山居,託懷雅潔,棲神物表,若雲之澹虛也。高尚以自守,消遙以自放,若雲之卷舒也。以無心之趣,寓觀物之樂。日涉乎林皋之下,幽壑清溪,無遠不到。倦則跂石而觀雲,醉則倚石而眠雲。吾爲之澹虛而雲亦澹虛,雲爲之卷舒而吾亦卷舒。不知吾之爲雲雲之爲吾,而心凝形化,如春蠶之眠巨箔,夏蜩之化枯枝,意有所極,夢亦同趣。未知北窓清風,有此睡味否也。

（录自《冠巖全書》冊之十五記）

---

1 出自明代袁宏道《云峰寺至天池寺记》:"幽咽而风弦者曰涧"。
2 音 zé,古代的一种头巾。
3 结跏趺坐,佛教徒盘腿端坐。
4 音 dā ěr,嗒然,物我两忘。
5 音 yǎo,眼睛眍进去,指深远。
6 音 qí,跂石:垂足而坐于石上。

惺心淙記

洪敬謨

　　直小埽堂之西行無多，得小澗。澗自谷中微湍細流，穿巖越壑而瀉出于行松亂樾之間。石皆犬牙，水十步九折，至兼山樓之右，澗道漸濶，始乃放流。過松陰矼[1]而繞樓之前，仍成一曲小瀑，平盈而不屬，舒遲而不駛。砏[2]盤則深淺有態，磯激則高低皆聲。及夫烟鳥初定，群動都息，猶瀺瀺鳴不休。時或細滴，俄又大噴，琮琤如金石之響，清越若竽籟之音。旋作高漸離擊筑聲，踈松助其鏗鏘，宿雲為之飄曳。于斯時也，吾樓溪上也，吾坐樓中也。月皎然而白，風瀟然而至，泉泱然而鳴，則吾耳颯然而聰，眼朗然而明，心泠然而惺。毀譽不入於內，欣戚不動于中，而淵然而靜澹然而虛，皦兮如月之明，湛兮如泉之澄，淨兮如風之清，翛然獨立於埃壒之外，窅然游神於鴻濛之先，悠悠乎與灝氣[3]俱而莫得其涯也。遂怡然自喜，愛其溪而名之曰惺心淙。惺者了慧之謂，吾儒之定靜釋氏之頓悟是也。夫靈明知覺心之體也，牿[4]之以氣質，撓之以人慾，所以至於昏蔽，惟靜而定之，乃復其初。今夫山夜復寂，萬籟俱收，衆聲之達于耳而入于心也。寂寂不亂，惺惺不昧，得其本體之自然，如水之止而如鑑之潔，此特其蹔時之靜，而心體之發見如是。盖靜故定，定故悟也。屈子云壹氣孔神於中夜存，其斯之謂歟。吾將試問諸惺惺主人翁。

（录自《冠巖全書》冊之十五記）

1　音 gāng，（石）桥。
2　音 gǒng，水边石。
3　弥漫在天地间之气。
4　音 gù，同"梏"，桎梏、束缚。

曹溪記

洪敬謨

　　溪之名於近郊者曹溪，而所以名者瀑也。道峰一支，東注盤回，起伏而爲一邱。邱之左，洞壑窈窕，長瀑奇絶，是謂曹溪，而距吾牛耳洞庄五里有奇也。時余讀書于兼山樓，窮覽奇奧，足不停屨，惟曹溪奔注吾胸中者久，而如與澗友期而未逢。時當春暮，犂雨纔過，惠風和暢，乃携筇而出洞。洞人元某釣於溪上，問焉曰向月影潭乎。曰非也。在澗亭乎。曰非也。曰然則何處。曰曹溪也。君其導我，元君捲釣而前，小奚持壺楂跟蹌。而行數里，平疇廣野，與靑巒紫邏相映發，杜鵑杏桃取次而開。花片沾衣，香霧霏霏，瀰漫一路，奇石艷卉，間以點綴，種種奪目，無暇記取。支徑折而西，行里餘越小麓而進，別是一洞天。峭壁削成，澗聲醒耳。道傍瘦松若老龍鱗，蒼翠蔽日，風拂之如奏竽笙，如奔波濤，幽異不可名狀。自此山益夾水益束，雲奔石怒，遞相獻媚。三步而坐，五步而顧，歷遍左右。瀑在山之半腰，而磴路懸絶，遂捨杖牽挽而上。瀑注靑壁下數十丈，虹掛練懸，孤搴千仞，峽風逆之，簾捲而上，忽焉橫曳，東披西帶，殆似鮫人輪綃圖[1]也。及墜于地，有騰而散者，有衝而躍者，或迅而瀉，或擊而碎，其喧萬部雷鼓也，其富千斛珠璣也。水落而渟蓄爲小泓，廣可泛舟。大石如床，可坐數十人。水四面環流而下，望之心目俱駭，久乃叫奇。仍匡坐石上，與元君對飲數杯。幾年塵土面目，爲之洗盡。低徊半晷[2]，宛爾秦餘馬首紅塵，怳若隔世事矣。元君曰與萬景甲乙何居，曰萬景如立玉其觀逸，曹溪如奔電其觀偉，若夫蒼寒霏微簾披綃曳，萬景之無也。元

1　鮫人：古代神话中鱼尾人身的神秘生物，与西方神话中的美人鱼相似。鮫人以织鮫绡作为他们的修行方式。

2　音 guǐ，日影，比喻时间。半晷：半日也。

君曰當夏月雨大至，瀑吼怒如霆霹，其勢欲捲石而去，飛沫四騰，松梢往往有素暈甚奇壯，而名於世也宜也。曰然，古人謂夏山如滴，冬山如睡，瀑亦有之。夏瀑如怒，冬瀑如喜，卻恨吾行之太早，而姑爲留債可乎。遂相笑而起，緩步而歸，日已下春。

（录自《冠巖全書》冊之十五記）

新潭得月記

趙冕鎬

　　出拔雲洞，涓壅[1]激折行三百步，初泄爲二垂瀑。逶互至雲籠岩，又泄爲沐玉瀑，委以湊石橋者南溪也。嘗步月於溪，但聞轟瀨琮錚，未見其泓渟而涵虛也。時六月之望，與客遵溪上下，得溪腹蕈苯叢薉而沮且确者，役園丁剡渫之，不勞而爲一潭也。水瑩晶可愛，深可四五尺，名之曰新潭。觴客與之娛，是夜山月朗穿林梢而上，潭已澄澄然。少焉始見一輪全月，宛轉潭心。若與之相期者，是皆疇曩[2]所未見。客曰公旣得潭，又得月，公雖欲遽歸得乎，使公之心如月，非潭無以受，公之心如潭，非月無以發，是潭與月有遭也。夫以南溪之勝，未始有此。今公有之，是潭與月，其爲公而有者，公豈能舍是而遽歸哉。公無遽歸。余聞已胡盧而書其言，以證新潭之月。

（录自《玉垂先生集》卷之三十記）

1　壅：堵塞。“涓涓不壅，终为江河。”
2　音 chóu nǎng，往日、旧时。

【園居】编

四時林居遣興

許　穆

　　漣西古漳州三十里，有四世丘墓之寄，而自前古無士大夫居之。峽俗樸騃[1]，老人居於此二十年，常無事寓遣者十事。

　　其一，三月山花盛開，巖隅幽鳥相號。

　　其二，林深日晏，陰崖宿霧未捲。

　　其三，曉日，疊山晴霞。

　　其四，雨餘，隔林溪響。

　　其五，雨霽，前溪水主，步出漁磯，理釣絲。

　　其六，溪風吹雨，或落照含山。

　　其七，日夕山氣益佳，林外墟煙暝色。

　　其八，月夜群動皆息，坐愛林影扶疏。

　　其九，秋生暮峽煙嵐，紅樹千重。

　　其十，積雪滿山，澗邊深松，蒼翠可愛。

（录自《記言》卷之十四中篇田園居）

養鶴

許　穆

　　龍洲翁遺我隻鶴，養之園中。見鶴群過則仰而鳴，其聲甚遠。一日有獨鶴過之，回翔不去者良久，可謂同類相求。己酉仲夏。

1　粗陋。

《韻會》曰，鶴，丹頂素翼青脚長喙。《說文》曰，鶴鳴九臯，聲聞于天。

陸佃曰，鶴始生，二年子毛落，三年產伏，七年飛薄雲漢，後七年學舞，又後七年，舞應節，又後七年，晝夜十二鳴，鳴中律，六十年，不食生物，大毛落，背毛生，色白雪，百六十年，雄雌相視，不轉而孕，千六百年，飲而不食。韓詩外傳曰，鶴胎生。

《正義》曰，鶴二百六十年，色純黑，謂之玄鶴。

（录自《記言》卷之十四中篇田園居）

山居十供記

洪敬謨

冠巖山人捿遯山中，日所爲事，厥有十供。一曰讀仙釋書，二曰學晉唐帖，三曰倚樓看山，四曰跂石聽瀑，五曰焚香煎茶，六曰鳴琴呼酒，七曰松下夢蝶，八曰溪上談僧，九曰澆花種竹，十曰劚苓[1]采朮[2]。以仁智之樂，兼經濟之趣，日以爲課，欣欣然自喜曰，此殆高尚遯舉脫然無累者之所可行也。靜居之樂，觀物之趣，無所不寓。其視謝傅家絲竹何如，而不復知有城市車馬之塵，足以忘世而娛老也。繼而啞然笑曰，是豈高尚遯舉脫然無累者之所可行耶。一日之內，其所爲供至於十事，未嘗不隨物自適，亦未嘗不應接不暇。而此心已不勝其役役，役役則累矣，然後安有靜居之樂觀物之趣乎。夫天地萬物，惟靜者觀之，觀之而得其趣，卽柳子厚所云望靑天白雲以自適者是也。靑天白雲，初非望以自適者，嗒然以臥，仰觀其起滅萬態，則誠有以心忘而神融，此子厚所以樂得靜觀之趣也。雖然靜者心

---

1 劚，音 zhú，用砍刀、斧等工具砍削；苓：茯苓。
2 采白术。

之爲也，觀者目之任也，物衆則牽於境而心勞，境新則隨其物而目勞，心與目俱勞，則神亦爲之弊弊，舉吾一身而爲物之役焉。高尙遐舉脫然無累者，焉有爲物之役，勞其目而累其心乎。棲遯於山中者，取其處靜而得閑，樂其觀物之趣，而今若隨境而動，逐物而遷，不能得一時之閒。而物之接於我者旣無窮，則我之役於物者亦無窮，雖世之馳鶩於車塵馬蹄之間者，計其日所爲事，未必至於十也。審如是也，其動者固動矣，靜者亦未嘗靜也。昔羅鶴林舉唐子西山靜似太古日長如少年之詩，因自叙山居日所爲事以註之，其目爲十有三。午睡一也，煮茗二也，讀書三也，步山逕四也，弄流泉五也，飽笋蕨麥飯六也，弄筆七也，展法帖畫卷八也，吟詩草玉露九也，再烹茗十也，步溪十一也，與園翁溪友劇談十二也，倚杖柴門，聽牛背笛十三也，此與余之山居十事。同爲清供，而財半日耳，其數至於十三，則勞其目而累其心者，比余尤豈不夥乎哉。且人於事爲，動而忙故常患日之不足，靜而閒故始覺日長。凡處靜而言日長者，必得乎靜居之趣。而鶴林之十三事，余之十供，俱未免欲靜而反動矣。昔程夫子教學者，必曰靜坐，誠能有得於此，冥然意會融然心釋，而天下之物皆無能以役我，然後我常優游超脫，獨往獨來於無累之中也。

（录自《冠巖全書》册之十五記）

玄山幽居記

丁範祖

玄谿之山，嶪然東峙，南北迤而西，見江而後止。大川溶溶從東來，並南山而西入于江。中開大陸，曠衍饒沃，宜稼穡園圃。臨川而居者六十餘家，而余之草堂居中焉。由堂而東數百步，峰回水折，谺然爲洞者，曰法泉洞。即新羅所創法泉寺舊址，今其碑塔尚在，即其地有高王考祠院。由堂而南渡前川百餘步而爲灘遷，山勢夷爲遷，踰遷而下，皆絕壁。壁浸江底，多大石，激之爲灘，濤瀾洶湧甚壯。循壁折而東，廑半里餘，峙爲層巖，夷爲釣臺。臺下江流渟滙爲潭者，曰愚潭。高王考嘗置亭嵒巓，杖屨攸臨，故學者稱爲愚潭先生。而亭今廢。堂之西大江淵沄，並山而北，折而西，爲漢江。帆檣之下上者，日歷歷榆柳外，而鳧鷺鴈鴈之翔集，皆在几案間。堂之北三里，而遙倚天巉巉者，曰蟾巖。嵒壁雨後益青蒼，巖傍人家，皆爲其暎發。余以短屐入法泉洞，登石塔，讀碑文，歷灘遷，臨泛愚潭，像想吾祖沂雩之樂，而爲俛仰久之。余以小舠，浮西江而下，觀蟾巖，倦而歸。穿桃柳入柴門，則環籬而植者，躑躅、杜鵑、牧丹、芍藥、薔薇、黃鞠之屬，時至坼英[1]，芬芳觸鼻。庭畔有碧梧桐，渭城柳，古松，芭蕉，交枝接葉，蒼翠襲衣。南階有怪石數峰，嵌空戌削[2]，類楓岳。登堂入戶，則案上有三代古文，壁間畫河圖、洛書、八卦、元會運世[3]，及陶靖節柴桑、林和靖孤山。俯仰玩而樂之，不知老之將至，仍扁其堂曰玄山幽居。客有詰余者曰，夫幽居者，離世絕俗，逴然長往者之所得而有焉耳。今子遭遇明時，歷歈臺省，傳遽之召，月一至門，而騎吹呵殿出門而去者，無虛歲，烏在幽居之爲子有，而又奚暇樂之故，余笑應曰，子獨不見夫虛舟乎，激之以風濤，觸之以崖石，日瀊汩旋轉於大江之中，而其爲虛舟自在也。君子之處世亦然，身固不離乎物之外，而心未嘗與之俱遷。故采色之眩目也，聲音之聒耳也，甘脆之悅口也，

1　坼，音 chè，坼英：植物子房初开。

2　裁制得宽窄合度。

3　元會運世：简称"元会"。北宋邵雍用语，虚构的计算世界历史年代的单位。世界从开始到消灭的周期叫做"元"。129600 年为一元，为人类的一个发展周期；每元十二会，每会三十运，每运十二世，即 1 元 =12 会 =360 运 =4320 世 =129600 年。邵雍：北宋著名理学家、数学家、诗人，易经大家，著《皇极经世》。

馨香之襲鼻也，而吾心之淡泊恬虛，守一而不變者，固自在也。是故，吾嘗入而處乎草堂之中，而烟雲山澤，禽魚卉木之蕭然焉，而吾幽居之樂，不以是而有加。吾嘗出而游乎街陌之上，而絓之以簪組，馳之以車馬，棼[1]之以簿書[2]，滾汨之以氛埃波浪，而吾幽居之樂，不以是而有損。吾之智襟性靈，固有素有之幽居，而蓋無往而不爲樂矣。子苟於我，徒外之求而不得其內，則宜乎謂吾不知幽居之樂而有之也。

（录自《海左先生文集》卷之二十三記）

1　音 fén，纷乱。
2　官署中的文书簿册。

引用資料

安錫儆《霅橋集》，木活字本（1906年版），首爾大學校奎章閣藏本

卞季良《春亭先生文集》，木板本(1825年版)，乙酉孟夏初吉，屏嵓書院開刊本

蔡濟恭《樊巖先生集》，木板本（1824年版），高麗大學校中央圖書館藏本

曺兢燮《巖棲集》，影印底本（刊寫年未詳），國立中央圖書館藏本

成海應《研經齋全集》，精寫手澤本（1840年版），高麗大學校中央圖書館藏本

成汝信《浮查集》，影印底本（1775年版），延世大學校中央圖書館藏本

成俔《虛白堂文集》，影印底本（1841年版），成均館大學校中央圖書館藏本

崔岦《簡易文集》，朝鮮裝（刊寫年未詳），早稻田大學図書館藏本

崔鳴吉《遲川先生集》，木板本（刊寫年未詳），延世大學校中央圖書館藏本

崔益鉉《勉菴先生文集》，木活字本（刊寫年未詳），延世大學校中央圖書館藏本

丁範祖《海左先生文集》，木活字本（刊寫年未詳），延世大學校中央圖書館藏本

丁希孟《善養亭文集》，木活字本（1875年版），國立中央圖書館

藏本

丁若鏞《定本與猶堂全書》，影印本（1962 年版），國立中央圖書館
藏本

韓章錫《眉山先生文集》，新鉛活字本（1934 年版），朝鮮印刷株式
會社

黃景源《江漢集》，芸閣活字本（1790 年版），首爾大學校奎章閣
藏本

洪樂仁《安窩遺稿》，木板本（1787 年版），首爾大學校奎章閣藏本

洪良浩《耳溪集》，金屬活字本（四宜堂 1843 年版），延世大學校中
央圖書館藏本

洪敬謨《冠巖全書》，筆寫本（刊寫年未詳），首爾大學校奎章閣
藏本

洪奭周《淵泉先生文集》，筆寫本（刊寫年未詳），延世大學校中央
圖書館藏本

薑沆《睡隱集》，木板本（1658 年版），首爾大學校奎章閣藏本

薑彝天《重菴稿》，筆寫本（刊寫年未詳），首爾大學校奎章閣藏本

薑世晃《豹菴稿》，影印底本（1979 年版），韓國精神文化研究院
藏本

薑至德《靜一堂遺稿》，筆寫本（刊寫年未詳），延世大學校中央圖
書館藏本

姜再恒《立齋先生遺稿》，影印底本（1912 年版），高麗大學校中央
圖書館藏本

姜籀《竹窓先生集》，木板本（1668 年版），首爾大學校奎章閣藏本

金昌翕《三淵集》，影印底本（1732 年版），首爾大學校奎章閣藏本

金昌協《農巖集》，活字本（1710 年版），國立中央圖書館藏本

金長生《沙溪先生遺稿》，木板本（刊寫年未詳），延世大學校中央
圖書館藏本

金尙憲《清陰先生集》，木板本（刊寫年未詳），延世大學校中央圖

書館藏本

金守溫《拭疣集》，木板本（1673年版），韓國古典翻譯院藏本

金允安《東籬先生文集》，木板本（刊寫年未詳），延世大學校中央圖書館藏本

金允植《雲養集》，影印本（1980年版），首爾大學校奎章閣藏本

金若鍊《鬥庵先生文集》，木活字本（刊寫年未詳），延世大學校中央圖書館藏本

金鍾厚《湛軒書》，筆寫本（1939年版），國立中央圖書館藏本

金澤榮《韶濩堂文集定本》，鉛印本（1922年版），高麗大學校中央圖書館藏本

金宗直《佔畢齋文集》，木板本（1938年版），延世大學校中央圖書館藏本

李建昌《明美堂集》，金屬活字本（1917年版），國立中央圖書館藏本

李健命《寒圃齋集》，活字本（1758年版），首爾大學校奎章閣藏本

李南珪《修堂遺集》，影印底本（刊寫年未詳），忠南大學校中央圖書館藏本

李敏求《東州集》，木板本（刊寫年未詳），首爾大學校奎章閣藏本

李爽《桐江遺稿》，芸閣印書體字本（1810年版），首爾大學校奎章閣藏本

李瀷《星湖先生全集》，木板本（刊寫年未詳），延世大學校中央圖書館藏本

李民宬《敬亭先生集》，木板本（刊寫年未詳），高麗大學校中央圖書館藏本

李山海《鵝溪遺稿》，木板本（1659年版），首爾大學校奎章閣藏本

李玄逸《葛庵先生文集》，筆寫本（1724年版），國立中央圖書館藏本

李義肅《頤齋集》，木活字本（1836年版），首爾大學校奎章閣藏本

李植《澤堂先生別集》，木板本（刊寫年未詳），延世大學校中央圖書館藏本

李種徽《修山集》，芸閣印書體字本（1803年版），首爾大學校奎章閣藏本

李種杞《晚求先生文集》，木板本（刊寫年未詳），延世大學校中央圖書館藏本

柳成龍《西厓先生文集》，木板本（1894年版），韓國古典翻譯院藏本

柳楫《白石遺稿》，木活字本（1831年版），高麗大學校中央圖書館藏本

柳夢寅《於於集》，影印本（1979年版），國立中央圖書館藏本

閔在南《晦亭集》，木活字本（1909年版），首爾大學校奎章閣藏本

南公轍《金陵集》，活字本（1815年版），首爾大學校奎章閣藏本

南公壽《瀛隱文集》，木板本（1891年版），國立中央圖書館藏本

南九萬《藥泉集》，鑄字本（1723年版），國立中央圖書館藏本

南龍萬《活山先生文集》，木板本（刊寫年未詳），延世大學校中央圖書館藏本

南有容《雷淵集》，金屬活字本（1782年版），首爾大學校奎章閣藏本

朴弘中《秋山先生文集》，木活字本（刊寫年未詳），延世大學校中央圖書館藏本

樸綺壽《逸圃集》，木活字本（刊寫年未詳），首爾大學校奎章閣藏本

朴彭年《朴先生遺稿》，木板本（1658年版），首爾大學校奎章閣藏本

樸永錫《晚翠亭遺稿》，筆寫本（1986年版），國立中央圖書館藏本

樸允默《存齋集》，木活字本（1875年版），首爾大學校奎章閣藏本

裵龍吉《琴易堂先生文集》，木板本（刊寫年未詳），高麗大學校中

央圖書館藏本

奇大升《高峯先生文集》，木板本（刊寫年未詳），延世大學校中央圖書館藏本

奇宇萬《松沙先生文集》，石板本（刊寫年未詳），延世大學校中央圖書館藏本

權門寅《荷塘先生文集》，木板本（刊寫年未詳），延世大學校中央圖書館藏本

權近《陽村先生文集》，木板本（刊寫年未詳），高麗大學校中央圖書館藏本

權好文《松巖集》，木板本（1758 年版），首爾大學校奎章閣藏本

權尙夏《寒水齋先生文集》，木板本（1761 年版），延世大學校中央圖書館藏本

權以鎭《有懷堂先生集》，木板本（刊寫年未詳），延世大學校中央圖書館藏本

任憲晦《鼓山先生續集》，木活字本（刊寫年未詳），延世大學校中央圖書館藏本

申箕善《陽園遺集》，筆寫本（刊寫年未詳），首爾大學校奎章閣藏本

申景濬《旅菴遺稿》，木活字本（1910 年版），首爾大學校奎章閣藏本

申維翰《靑泉集》，木活字本（刊寫年未詳），國立中央圖書館藏本

宋秉璿《淵齋先生文集》，木板本（刊寫年未詳），延世大學校中央圖書館藏本

宋時烈《宋子大全》，木板本（1787 年版），首爾大學校奎章閣藏本

宋時烈《一蠹先生續集》，木版本（刊寫年未詳），韓國古典翻譯院藏本

宋相琦《玉吾齋集》，芸閣活字本（1760 年版），國立中央圖書館藏本

孫萬雄《野村先生文集》，木活字本（刊寫年未詳），延世大學校中央圖書館藏本

吳道一《西坡集》，古活字本（1729年版），首爾大學校奎章閣藏本

許筠《惺所覆瓿藁》，轉寫本（刊寫年未詳），國立中央圖書館藏本

徐居正《四佳文集》，木板本（刊寫年未詳），延世大學校中央圖書館藏本

徐居正等《東文選》，活字本、木板本（1478年版），首爾大學校奎章閣藏本

許穆《記言》，木板本（1689年版），首爾大學校奎章閣藏本

許穆《記言別集》，刻本（刊寫年未詳），韓國古典翻譯院藏本

徐有榘《楓石全集》，筆寫本（1788年版），首爾大學校中央圖書館藏本

許傳《性齋先生文集》，木板本（刊寫年未詳），延世大學校中央圖書館藏本

尹定鉉《梣溪先生遺稿》，影印底本（刊寫年未詳），國立中央圖書館藏本

尹根壽《月汀集》，木板本（1648年版），首爾大學校奎章閣藏本

尹鍾燮《溫裕齋集》，木活字本（1879年版），國立中央圖書館藏本

俞棨《市南先生文集》，木板本（刊寫年未詳），延世大學校中央圖書館藏本

俞莘煥《鳳棲集》，石印本（1913年版），首爾大學校奎章閣藏本

魚有鳳《杞園集》，筆寫本（1833年版），首爾大學校奎章閣藏本

張維《谿谷先生集》，木板本（1643年版），首爾大學校奎章閣藏本

趙根《損菴集》，木板本（1749年版），首爾大學校奎章閣藏本

趙亨道《東溪文集》，木板本（1809年版），首爾大學校奎章閣藏本

趙希逸《竹陰先生集》，木板本（刊寫年未詳），延世大學校中央圖書館藏本

趙冕鎬《玉垂先生集》，筆寫本（刊寫年未詳），延世大學校中央圖

書館藏本

趙顯命《歸鹿集》，筆寫本（1750 年版），首爾大學校奎章閣藏本

趙翼《浦渚先生集》，木板本（1691–1692 年版），高麗大學校中央
圖書館藏本

鄭道傳《三峯集》，木板本（刊寫年未詳），首爾大學校奎章閣藏本

鄭經世《愚伏先生文集》，木板本（刊寫年未詳），延世大學校中央
圖書館藏本

鄭逑《寒岡先生文集》，木板本（刊寫年未詳），延世大學校中央圖
書館藏本

鄭琢《藥圃先生文集》，木板本（刊寫年未詳），延世大學校中央圖
書館藏本